卓越工程师计划：软件工程专业系列丛书

软件体系结构与设计实用教程

尚建嘎　张剑波　袁国斌　编著

科 学 出 版 社

北 京

内 容 简 介

本书从实用的角度出发，围绕软件架构开发中架构需求、架构设计、架构编档、架构实现等核心过程，结合大量案例，阐述了软件体系结构与设计的有关理论方法与技术，包括软件体系结构的基本概念、软件质量属性、软件体系结构风格、软件体系结构描述与建模、软件体系结构设计与评估、软件体系结构实现与测试、软件体系结构和软件产品线。全书理论联系实际，通过引入几十个案例，包括一个实际项目软件架构设计文档的详细描述，尽可能结合模型（UML 图）、文档甚至代码等具体形式阐述软件体系结构理论知识，有助于读者学习理解有关知识点及提高动手解决实际问题的能力。

本书可作为高等院校相关专业本科生和研究生教材，也适合从事软件设计、开发、项目管理等工作的业界人士参考。

图书在版编目（CIP）数据

软件体系结构与设计实用教程/尚建嘎，张剑波，袁国斌编著. —北京：科学出版社，2016.11

（卓越工程师计划：软件工程专业系列丛书）

ISBN 978-7-03-050477-7

Ⅰ.①软… Ⅱ.①尚… ②张… ③袁… Ⅲ.①软件-结构设计-高等学校-教材 Ⅳ.①TP311

中国版本图书馆 CIP 数据核字（2016）第 265245 号

责任编辑：闫 陶/责任校对：董 丽
责任印制：张 伟/封面设计：陈明亮

科 学 出 版 社 出版
北京东黄城根北街 16 号
邮政编码：100717
http://www.sciencep.com

北京凌奇印刷有限责任公司印刷

科学出版社发行 各地新华书店经销

*

开本：787×1092 1/16
2016 年 11 月第 一 版 印张：18 1/4
2024 年 8 月第六次印刷 字数：429 000

定价：65.00 元
（如有印装质量问题，我社负责调换）

前　言

当今,以互联网为基础的云计算、物联网、移动计算等技术迅速发展,软件的规模和复杂性越来越高,所运用的技术也越来越呈现集成的特点,仅从代码片段很难认识软件。正所谓"只见树木、不见森林"的感觉,人们越发认识到软件体系结构在软件开发中的作用,通过体系结构这个"森林"涉众可以很快了解软件的整体结构,便于指导后续工作及大家的交流、协作。人们认识到研究整个系统的结构和规格说明对提高软件生产率和质量越来越重要,迫切希望对软件体系结构有关理论方法和技术进行系统、深入学习并加以运用。

软件体系结构的真正发展起步于 20 世纪 90 年代中后期,作为软件工程领域一个相对比较新的研究领域,近年来开始被人们广泛接受,社会上出现了"软件架构""架构师"等概念及相关培训、认证,越来越多的高校在软件类专业中开设软件体系结构这门课。但在软件体系结构学科发展和教学中存在一个令人尴尬的境地,人们对"软件体系结构"表现出"既爱又恨"的心态,爱是因为需要,恨是难学、难用。

之所以会出现"难学、难用"的情况,一方面,软件体系结构具有抽象、过程模糊的特点,与人们已有知识结构脱节,因而较难以掌握,突出表现在学习了有关理论方法后仍不知道如何理论联系工程实际加以运用;另一方面,现有教材大多偏重于理论方法,即使有案例也大多可操作性不强,缺乏能让读者"看得着、摸得着"的有形的东西,如模式、风格,视点、视图,极易混淆等相关概念众多,软件体系结构的设计活动、具体步骤及与其他软件过程的融合,编档缺乏好的模板、实例等。

在软件体系结构教学中,由于授课对象多是几乎没有什么项目开发经验的大学生,在他们头脑中很难将软件体系结构的抽象理论和实际联系起来,较容易产生枯燥乏味的感觉。我们认为存在这一问题的根本原因是软件体系结构的知识体系层次超出了学生已有知识体系层次太多,出现了知识断层。在软件设计领域,存在"软件体系结构""设计模式""算法+数据结构"三个层次,分别对应高层大粒度、中层中等粒度、低层细粒度软件构件。一般来讲,通过大学期间的专业学习,学生往往掌握了一定的程序设计语言及数据结构、算法方面的知识,习惯了对这类具体、规范性知识的理解和运用,当面对较为抽象,且相比较而言不够统一规范的软件体系结构方面的知识时,无法在软件体系结构和已有知识之间建立起联系,自然会感觉"难以理解",运用更无从谈起。要解决这一问题,就要设法弥补这种知识的断层,为克服现有教材在指导工程实践方面的不足,且考虑到读者较容易接受代码、模型(UML 图)、文档、工具等具象性知识,本书在编写过程中以软件体系结构理论方法的应用为导向,围绕软件架构开发中"架构需求、架构设计、架构编档、架构实现"等核心过程,通过引入大大小小几十个案例,尽可能结合UML 图、文档甚至代码等具体形式阐述软件体系结构理论知识,帮助读者学习理解有关知识点及提高实际动手能力。

全书从实用角度出发,综合考虑软件体系结构知识体系要求和所涉及的相关活动划分为8 章。第 1 章,软件体系结构的基本概念。本章主要介绍软件架构相关概念和定义,后续学习奠定基础。第 2 章,软件质量属性。本章详细介绍了 5 类多达十几种软件质量属性,学习和掌握这些质量属性是开展后续架构活动的重要基础。第 3 章,软件体系结构风格及案例。鉴于软件体系结构风格是重要的架构设计素材,这部分内容是本书的重要章节,介绍了 10 种常用的软件体系结构风格,且每种风格都给出了 1~2 个具体案例,并给出了实现代码。第 4 章,软件体系结构描述与建模。本章介绍了几种常用的体系结构描述方法,重点介绍了 Kruchten 4+1视图模型及 UML 表达法。第 5 章,软件体系结构设计与评估。本章也是本书的重要章节,介绍了架构为中心的软件开发过程,属性驱动和基于模式两种设计方法,构件级设计与评估方法以及软件架构评估方法。第 6 章,软件体系结构编档。编档是一个操作性、综合性极强的核心软件架构开发过程,本章介绍了选择视图、视图编档、制作文档包相关内容,给出一个来自实际项目的完整软件架构编档案例,读者可以直接使用这一模板并参考该案例编写自己的架构文档。第 7 章,软件体系结构实现与测试。介绍了软件框架构造技术、常见架构级软件框架、常见架构级中间件等架构实现技术以及架构测试。第 8 章,软件体系结构与软件产品线。介绍了软件产品线及其三大基本活动、产品线实践域,给出了产品线案例分析。从软件架构需求捕获到设计、编档、实现的核心过程,读者都可以按照书中所讲述内容实施。每章后附有思考和练习题。

　　本书的编撰获教育部“十二五”期间“高等学校本科教学质量与教学改革工程”建设项目中“中国地质大学(武汉)专业综合改革试点——软件工程专业”子项目的资助。

　　软件体系结构相关知识涉及面广,本书在编撰过程中通过互联网等方式查阅了大量国内外文献资料,从中汲取知识或启发想法,由于篇幅所限,这些资料无法一一列出,在此向相关资料作者致谢。本书的编撰得到了软件工程系老师们的大力支持和帮助,研究生余芳文、郭傲、葛彬、胡旭科等同学参加了资料整理、程序编写、绘图等工作,在此一并致谢。

　　由于作者水平有限,加之时间仓促,书中难免存在谬误和不妥之处,敬请读者批评指正。联系方式:E-mail:jgshang@cug.edu.cn,QQ:476206397。

编　者

2016 年 8 月 8 日

目　　录

第1章 软件体系结构的基本概念

1.1 软件体系结构

1.1.1 软件体系结构的概念

软件体系结构一词从字面上理解为软件的体系结构,因此要了解软件体系结构,就需要分别了解什么是"软件",什么是"体系结构",以及这两者之间的联系。软件在狭义上指的是计算机程序,而广义上则是指计算机程序和相关的文档(如需求规格说明书、软件设计说明书、使用手册)的集合体。传统意义上计算机程序的设计往往意味着"算法+数据结构"的设计。随着软件系统规模和复杂性的增长,现代软件设计已经远远超出了算法和数据结构这一范畴,如何设计和说明整个系统的结构成了一个巨大的挑战,涉及总的控制结构、通信协议、约束和性能、设计元素功能分配、物理部署、设计元素的组合、设计策略选择等一系列问题。

其实"体系结构"的概念起源于建筑学,在建筑学中是指如何使用基本的建筑模块构造一座完整的建筑,其中包括两个基本元素:基本的建筑模块和建筑模块之间的黏结关系。同样,软件也总是具有体系结构的,它包括构件、连接件两个基本元素以及物理分布、约束、性能等因素,其中构件即各种基本的软件构造模块,如函数、对象、模式;连接件用于将构件组合起来形成完整的软件系统。从细节上来看,每一个程序也是有结构的,早期的结构化程序就是以语句组成模块,模块的聚集和嵌套形成层层调用的程序结构就是体系结构。因此,我们说不存在没有体系结构的软件。

在软件体系结构发展过程中,人们曾从不同角度给出了有关软件体系结构的多种不同定义。截至 2005 年末,有大概 24 个国家向卡内基梅隆大学 SEI 提交有关"软件体系结构"的定义多达 156 个。1994 年,Garlan 和 Shaw 定义:软件体系结构是设计过程的一个层次,它处理那些超越算法和数据结构的设计,研究整体结构设计和描述方法。他们认为软件体系结构由构件(component)、连接件(connector)和约束(constraint)三大要素构成。构件可以是一组代码,如程序的模块,也可以是一个独立的程序,如数据库的 SQL 服务器;连接件表示构件之间的相互作用,它可以是过程调用、管道和消息等;约束一般为构件连接时的条件。该模型的视角是程序设计语言,构件主要是代码模块。同样是 1994 年,CFRP 模型定义:软件系统由一组元素(elements)构成,这组元素分成处理元素和数据元素,每个元素有一个接口(interface),一组元素的互连(connection)构成系统的拓扑,互连的语义(connection semantics)包括静态的互连语义(如数据元素的互连)和描述动态连接的信息转换的协议(如过程调用、管道等)。1995年,Boehm 模型定义:软件体系结构是系统构件、连接件和约束的集合,也是反映了不同利益相关者需求的集合,同时是能够展示由构件、连接件和约束所定义的系统在实现时如何满足系统不同人员需求的原理的集合。1998 年,IEEE 610.12—1990 标准定义:体系结构是以构件、构件之间的关系、构件与环境之间的关系为内容的某一系统的基本组织结构,以及指导上述内容涉及与演化的原理。近年来,SEI从另外的角度给出了软件体系结构的定义:所谓系统的软件体系结构就是一种可用来帮助人们理解系统如何执行的系统描述。软件体系结构服务于系统本身以及开发项目,用来定义设计和实现工作组必须完成的工作任务。同时,它也是诸如性能、可修改性、安全性等系统质量的主要载体。假如没有一致的体系结构,就很难确保这些质量能被实现。软件体系结构还可看作一种早期分析的制品,它确保所使用的设计方法能创建出可接受的系统。通过构建有效的体系结构,人们可以识别出早期风险并在开发过程中加以防范。

尽管人们从不同角度所给出的众多软件体系结构概念不尽一致,但通过对已有软件体系结构定义和论述进行分析,不难看出有关软件体系结构的共性。

(1) 软件体系结构提供了一个结构、行为和属性的高级抽象,从一个较高的层次来考虑组成系统的构件、构件之间的连接,以及由构件与构件交互形成的拓扑结构,这些要素应该满足一定的限制,遵循一定的设计规则,能够在一定的环境下进行演化。

(2) 软件体系结构反映的是系统开发中具有重要影响的设计决策,反映多种关注,便于涉众之间的交流,据此开发的系统能完成系统既定的功能和质量需求。

(3) 软件体系结构的有关工作围绕以下几方面展开。

架构设计:怎样创建一个架构。

分析:最终产品质量属性与架构之间的关系。

实现:怎样基于架构描述建立一个实际的系统。

表达:创建怎样的架构制品来解决人与人、人与机器之间的交流问题。

经济:架构问题和商业决策怎样关联。

1.1.2　软件体系结构发展史

作为软件工程学科的一个分支,软件体系结构主要是针对大型软件系统结构的原理性研究。伴随着软件系统规模和复杂性的迅速增加,软件工程和软件开发方法经历了一系列的变革。在此过程中,软件体系结构研究也从最开始对系统的定性描述,发展成了对一些符号、工具、分析技术和构建方法的研究。也就是说,软件体系结构领域最初的研究领域是解释软件实践,而现在它能够为复杂的软件设计和开发提供具体的指导。如今,软件体系结构已经从基础的研究转变为软件系统设计和开发过程中的一个重要元素,已经进入到一个创新和概念形成的黄金时代,并开始进入一个技术更加成熟、应用更加广泛的阶段。按照 Redwine 和 Riddle 定义的技术成熟度模型,从实践的角度看可将软件体系结构的发展大致划分为如下 6 个基本阶段。

1. 萌芽阶段:1985～1994

20 世纪 80 年代中期至 90 年代中期可看作软件体系结构的基础研究阶段,这一阶段随着软件危机的出现,人们愈发认识到从整体而非单一模块考虑软件系统设计的重要性,软件体系结构的萌芽开始出现。这个时期的开发活动中,设计者往往会通过线框图和一些非正式的表述来描述复杂软件系统的结构。其中一些设计者意识到这些结构中存在一定的共性,并总结出一些风格,这些结构有时又被称为架构,但有关通用风格的知识却没有得到系统组织和研究。20 世纪 80 年代中期,伴随着面向对象开发方法的兴起与成熟,信息隐藏、抽象数据类型以及其他将软件元素看作黑盒的概念逐渐形成并得到普及,人们意识到计算机程序仅提供一个正确的输出往往是不够的。同时认识到诸如可靠性、可维护性等其他软件质量属性也是十分重要的,并且能够通过设计良好的软件结构实现这些质量属性。20 世纪 80 年代晚期,人们又开始探索为特定问题提出的特殊的软件结构,形成了一些如航空、示波器、导弹控制等特定产品线或者应用领域的软件系统结构方案。另一些工作则主要关注软件结构的共性部分即架构风格,这些架构风格可被用于更加普遍的问题领域。通过将已有系统进行编排分类,人们定义了一些通用的架构风格,如管道、过滤器、仓库、隐式调用以及协作进程等。

2. 概念形成阶段:1992～1996

这一阶段人们开始研究和探索通过 ADL(架构描述语言)、形式化及分类来描述通用的软件结构,重点放在对实践中发现的系统结构的描述。通过 ADL 这种类编程语言来解释系统的组织思想,可以描述架构各方面的具体细节。这时期出现了 Aesop(探索风格的特殊属性)、C2(探索基于事件的风格)、Darwin(动态分布式系统的设计和规约)、Meta-H(实时航空电子设备控制)、Rapide(动态行为仿真和分析)、UniCon(连接件和风格的扩展集,与代码兼容),以及 Wright(组件交互)等特定架构的 ADL。

早期叙事性的风格分类方法被逐渐扩展为风格分类和支持这种风格的元素分类。一些通用的体系结构形式被描述为模式。由 Buschmann、Meunier 等合著的《面向模式的软件体系结构:模式系统》一书是这方面的开篇之作。

这一阶段,人们开始系统研究架构决策和系统质量属性之间的关系,并将软件架构验证作为一种有效的减少风险策略加以研究。软件互连的度量、架构师检查清单,以及特定属性的架构分析技术促进了架构评估方法的发展,形成了诸如 SAAM 的评估方法。

在这一阶段最重要的当属架构视图概念的出现。早在 1974 年,Parnas 就基于其观察给出了这样的结论:一个软件系统有着多种不同的结构,这些不同的结构着重于不同的工程目标,并且单独描述任何一个视图意义不大。Kruchten 1995 年提出的"4+1"视图模型,引起了业界的极大关注,并最终被 RUP 采纳,现在已经成为事实上的架构设计结构标准。

3. 发展和探索阶段:1996～2003

在这一阶段,人们开始全面探索软件体系结构理论方法的实践问题,架构模式作为一种非正式的设计指导受到普遍关注并被广泛采用。

有关实时系统设计的形式化分析方法也已经出现。例如,分布式仿真的高层次架构的架构说明书能够在实现之前识别不一致性,因而减少了重新设计的开销。

架构分析和评估方法也逐渐发展。在 SEI,软件架构分析方法(SAAM)被架构权衡分析方法(ATAM)代替,该方法不仅支持质量属性的分析还支持质量属性之间的交互。有关应用研究到实践的书籍为外部探索打下了基础。这一时期包括架构评估以及架构编档等有关软件架构实践的书籍开始出现,表明整个领域逐渐成熟。

另一方面,人们也展开了对架构设计策略的进一步探索,这些设计策略作为一些细粒度的架构设计决策,能够形成特定的架构模式。在这个阶段,质量属性的重要性逐渐增大,同样也伴随着达到这些质量属性的架构角色。2000 年初有许多将质量属性和架构设计决策相关联的工作,使得研发自动化的架构设计工具成为可能。

面向对象软件框架的发展为面向对象风格架构提供了一套丰富的开发环境,同时也增强了公众对面向对象开发的热情。面向对象软件框架具有良好的内在组织结构及良好的可用性、可交互性,这些优点使得人们很乐意接受这样的架构,这些都满足了架构的需求。因此,人们不再一味追求通用架构描述语言,转而考虑如何更好地解决特定架构的问题。与此同时,这一架构为基于构件的软件工程提供了一个足够稳固的基础。

从 1997 年发布 UML 1.1 起,在 Rational 的推动下,UML 已经集成了一系列的设计符号并开发了一套系统应用它们的方法,包括用来进行分析、一致性检查,或者将 UML 表达信息与系统代码相互转换的方法。UML 与面向对象技术天然融合并支持模型驱动开发。与UML 紧密相关的是 Rational 的统一过程(RUP),这是将 Kruchten 的“4＋1”视图模型进程产业化的工具。UML 与面向对象技术紧密融合、支持架构设计等特性,使得 UML 在支持实践方面具备了其他 ADL 无法比拟的优势,已经成为事实上的产业标准 ADL。

4. 普及阶段:2003～现在

在实用化架构描述语言方面,随着 Rational 公司推出 Rose 软件以及 IBM 并购 Rational公司后推出 Rational Software Architect(RSA)这一产品,UML 作为产业标准 ADL 的地位得到了进一步增强,也有力地推动了软件体系结构技术的普及。RSA 是一个基于 UML 2.1 的可视化建模和架构设计工具,允许架构设计师和分析师创建系统的不同视图。RSA 构建在Eclipse 开源框架之上,兼具优秀的可视化建模和模型驱动开发能力。无论是普通的分布式应用还是 Web Services,这个工具都是适用的。需要指出的是作为产业标准 ADL 的 UML,尽管最新版本 UML 2.1 和之前版本相比有所改善,但它仍然缺乏基本的软件体系结构概念,如“层”或“连接器”的准确概念;它也缺乏分析视图之间交互作用的能力。这些都需要借助其他方法和工具加以弥补。这也说明,即便今天,在构建功能足够强大且实用化的 ADL 及其配套方法、工具方面还有很长的路要走。

架构模式方面,随着 WWW 和基于 Web 的电子商务等应用的爆炸性增长,且正在引领商业化的浪潮。多层客户-服务器架构、基于代理的架构、面向服务的架构,以及与之相关的接口、描述语言、工具和开发环境及整体实现的组件、层或子系统等架构模式概念得到了广泛应用,并被公众所熟悉。Microsoft 声称其. NET 平台“包括了用来开发并部署一个 Web Service连接的 IT 架构的所有事物:部署 Web Service 的服务器、创建 Web Service 的开发工具、使用Web Service 的应用程序,以及一个世界级的包括超过 35000 个微软认证的合作伙伴机构的网络来提供任何需要的帮助”。互连的服务、工具、应用程序、平台以及厂商的团队,都是围绕着架构进行构建的。

目前,大学里,软件体系结构这门课已成为软件工程类专业从研究生到本科生的必修课,诸如“系统分析与设计”这样的课程也都会有单独章节讲解软件体系结构设计;社会上有关“系统架构师”、“软件架构师”的称呼、岗位、培训、认证考试等已非常普遍;在 ACM/IEEE 的本科生软件工程课程中,有 20％的软件设计单元是关于软件体系结构的;SEBOK 在软件设计章节中将软件架构定义为最主要的部分。

作为领航领域发展的 SEI 自 2000 年以来出版了一系列针对软件体系结构的图书、报告、白皮书,内容涉及软件体系结构设计与开发、质量属性、评估与分析、表达与编档及应用案例等方面。此外,SEI 还结合产业界的需求,推出了许多针对软件体系结构的商业培训课程,大大促进了研究到产业应用的转化。

针对软件体系结构的组织和会议也在持续发展壮大,不仅针对研究团体,还包括用户网络。SEI 架构技术用户网络(SATURN)就是这样一个面向全球企业界、学术界和政府机构人员有关软件、系统和企业架构的组织,每年举办一次年会。

归根结底,软件体系结构作为软件工程学科的一个分支,如何使软件体系结构的研究成果和理念更加具有可实践性是其追求的最终目标。本书以此为目标,以期能为读者进入该领域提供系统知识和设计指导。

1.2　软件架构结构

在医学领域,神经科、血液科以及皮肤科医师对人体的结构有着不同的观察视角。眼科专家、心脏病专家和足病医生研究治疗的是身体的不同部位。运动学家和精神病学家关注的是整个人体行为的不同方面。尽管看待人体的角度不同,但它们都具有内在的相关性,即描述的都是人体的结构。再如,在建筑领域,建造一栋建筑一般会涉及建筑、结构、施工三大类图纸,其中建筑图表述建筑物功能房间布置、平面及竖向交通组织、外观造型、内外装修等,又可细分为建筑平面图、立面图、剖面图等;结构图用来表述建筑物中结构构件的布置、构件材料的选用、构件选型及构件做法等,又可细分为基础图、结构平面布置图、结构构件配筋图等;施工图是施工阶段完成的图纸,主要用途是指导施工。结构图与建筑图两者表达的内容、表达的角度虽各有侧重,但属于一个有机整体,缺一不可。

其实,软件也是如此。由于现代软件系统往往非常复杂,难以一次性对其进行全面的描述。因此,我们在某一时刻往往会将注意力放在系统结构的某一种结构上。为了更有意义地阐述软件架构,往往需要先明确讨论的是哪种或哪些结构,即采用的是架构的哪个视图。

软件结构大体上可分为 3 类,包括模块结构、构件和连接件结构及分配结构,这取决于它们所展示的元素的主要特性。

1.2.1　模块结构

模块结构所体现的是系统如何被构造为一组代码或数据单元的决策。在任何模块结构中,元素都是某种类型的模块(类、层,或仅仅是功能的划分,所有的实现单元)。模块表现了系统的某种静态结构,通常不关注软件在运行时所表现的行为结构。模块结构常关注如下问题:

- 分配给每个模块的主要功能职责是什么?
- 允许模块使用的其他软件元素是什么?
- 它实际使用的其他元素是什么?
- 什么模块通过泛化或继承关系与其他模块相连?

模块结构能够直接传达这些信息。当分配给模块的功能职责发生改变时,也能够通过扩展模块结构来反映其对系统的影响。也就是检测一个系统的模块结构。常用的一些模块结构如下。

(1)分解结构。这些单元是通过“子模块”关系将彼此关联起来的模块,展示了如何将较大的模块递归地分解为较小的模块,直到它们足够小且很容易理解为止。该结构中的模块常被看作设计起点,因为设计师列举了软件单元必须做什么工作,并把项目划分成模块以进行更详细的设计和最后的实现。与模块相关的通常还有针对模块的接口规范、代码和测试计划等。

通过确认将可能的改变限定在局部范围内,分解结构可在很大程度上决定系统的可修改性。分解结构常被用来作为软件开发项目的组织基础,体现在文档结构、集成和测试计划中。

（2）使用结构。这是一类重要但却经常被忽略的结构,这一结构中的模块可能是诸如类这样的单元。单元之间通过"使用"关系这种特殊的依赖关系实现彼此关联。如果一个单元的正确性必须以另一个单元正确执行（不是桩）为前提,那么称第一个单元使用第二个单元。使用结构常用于设计需要通过扩展添加功能,或需要方便提取有用功能子集的系统。这种提取系统功能子集的能力便于进行增量式开发。

（3）分层结构。当以一种特定的方式小心地控制该结构中的使用关系时,就出现了由层组成的系统,在该系统中,一个层就是相关功能的一个一致的集合。在一个严格分层的结构中,第 n 层可能仅使用第 $n-1$ 层提供的服务。然而,在实际情况中这可能会出现多种变体。通常把层设计为将下层的实现细节对上层隐藏起来的抽象（虚拟机）,从而增强了系统的可移植性。

（4）类或泛化结构。这种结构中的模块称为类,模块之间的关系为继承或是实例化。可以根据该视图推断出类似行为或能力（也就是其他类所继承的类）的集合,以及通过划分子类所引起的参数化的差别。类结构能使我们对重用以及功能的增量式增加进行推断。如果一个项目采用了面向对象分析和设计过程,其文档中给出的结构就是类或泛化结构。

（5）数据模型。数据模型描述了数据实体的静态信息结构以及它们之间的关系。例如,在银行系统中,所涉及的实体包括账户、用户以及贷款等。账户有一些属性,如账户号码、账户类型（存款或支票）、状态以及当前收支情况。实体间的关系可以表示为:一个用户可能会包含一个或多个账户,而一个账户可能是属于一个或两个用户的。

1.2.2　构件和连接件结构

构件和连接件结构体现了系统如何被设计为一组具有运行时行为（构件）和交互（连接件）的元素。在这些结构中,元素包括运行时构件（一般来说是计算的主要单元,如服务、客户端、服务器、过滤器以及其他运行时元素）和连接件（组件间通信的工具,如调用返回、处理同步操作、管道等）。构件和连接件视图能够回答如下问题:

- 主要执行构件是什么,它们是如何交互的?
- 主要的共享数据存储是什么?
- 系统的哪些部分是复制的?
- 整个系统中数据是如何处理的?
- 系统的哪些部分可以并行运行?
- 在系统执行时,其结构能够发生怎样的变化?

通过扩展,构件和连接件视图能够反映系统的运行时属性,如性能、安全性、可用性等。在构件连接件结构中,上述模块都已经被编译为可执行形式。所有构件和连接件结构与基于模型的结构之间的关系是正交的,它处理的是系统运行时的动态因素。在所有构件和连接件结构中的关系是"连接",展示了构件和连接件是如何结合在一起的。一些常用的构件和连接件结构如下。

（1）服务结构。此处的结构单元是服务,服务之间通过一定的协作机制进行交互（如SOAP）。服务结构是一个十分重要的结构,对于一个由独立开发的组件构成的系统有重要意义。

（2）客户机/服务器结构。构件是客户机和服务器,连接件是协议和消息。

（3）共享数据或存储结构。构件是作用在数据上的计算单元和数据存储单元。连接件则是提供的数据存取机制。

（4）并发结构。这种结构使得架构师能够决定系统并行的时机以及可能会发生资源争用的位置。此处的结构单元是组件,连接件是它们之间的通信机制。组件被划分成逻辑线程,一个逻辑线程指的是一个计算序列,它能够在之后的设计过程中被分配到独立的物理线程当中。并发结构早期用在设计过程中,用来定义与并行相关问题的需求。

1.2.3　分配结构

分配结构体现了系统将如何在其环境中与非软件结构关联起来(如 CPU、文件系统、网络、部署小组等)。该结构展示了软件元素和创建并执行软件的一个或多个外部环境中的元素之间的关系。分配型结构将回答如下问题:

- 每个软件在什么处理器上执行?
- 在开发、测试和系统构建期间,每个元素都存储在什么文件中?
- 分配给开发小组的软件元素是什么?

分配型结构定义了如何将元素从构件和连接件结构或模块结构映射到非软件的事物上:一般包括硬件、小组以及文件系统等。一些常用的分配型结构如下。

（1）部署结构。部署结构显示了软件是如何分配到硬件处理以及通信元素上的。元素是软件(从构件–连接件的观点看通常是进程)、硬件实体(处理器)和通信路径。它们的关系是"分配给"和"移植到",前者展示了软件元素所驻留的物理单元,后者的条件是分配是动态的。该视图能够使工程设计人员对性能、数据完整性、可用性和安全性进行推断。在分布式或并行系统中,部署结构显得非常重要。

（2）实现结构。该结构展示了软件元素(通常是模块)如何映射到系统开发、集成或配置控制环境中的文件结构上。这对于开发活动和构件过程的管理非常关键。

（3）工作分配结构。该结构将实现和集成模块的责任分配给适当的开发小组。拥有作为架构一部分的工作分配结构,使得由谁来完成这些工作在架构和管理意义上变得很清晰。设计师应该知道对每个小组的技术要求。此外,在大规模多源分布式开发项目上,工作分配结构也是协调处理共性功能并把它们分配给某个小组的手段。

1.3　软件架构视图模型

1.3.1　视图

视图原意是指视觉范围内(看到的)某物的一幅图景,由于对待同一物体观察角度不同看到的内容不同,引申后指从一个特定位置或者角度看事物的方式,为了较完整地描述事物,往往需要给出从不同视角观察得到的多个视图。视图在不同领域具有不同的含义。在软件体系结构领域,一个架构视图是对于从某一视角或某一点上看到的系统所做的简化描述,描述中涵盖了系统的某一特定方面,而省略了与此方面无关的元素。例如,一个安全视图往往关注于安全问题,一个安全视图的模型则仅包含那些与安全相关的视点模型。

1.3.2 视点

视点是系统工程中的一个概念,它用来描述系统中关注点的划分问题。采用视点这一概念,有助于分别表达人们所关注的某些方面的问题。一个好的视点选择会将系统设计划分为不同的技术领域。

视点提供了构建、表达和分析视图的约定、规则和语言。ISO/IEC 42010:2007(IEEE-Std-1471—2000)中规定:视点是一个有关单个视图的规格说明。视图是基于某一视点对整个系统的一种表达。一个视图可由一个或多个架构模型组成。

1.3.3 视点建模

给定一个视点,就可以构建一个系统模型,使它仅包含从这一视点看来可见的对象,但同时也可包含系统中与这一视点相关的所有对象、关系和约束。这样的模型被看作视点模型或从这一视点看来系统的视图。

一个给定的视图可看作基于特定视点有关系统一个特定抽象层次的表达。不同抽象层次包含不同细节层次。高层视图使得工程技术人员可在一个较大的层面理解系统设计,识别和解决问题。低层视图则允许工程技术人员集中于设计和开发的细节层面。

就系统本身而言,出现在不同视点模型中的说明最终都要在实现构件给出实现细节。关于某些构件的说明有可能来自不同视点。另外,由于特定构件的功能分布和构件之间交互而引起的说明,又会折射出不同于原视点的关注点划分。因此,创建新的视点,弄清楚单个构件的关注点并进行系统自底向上综合或许都是必要的。

1.3.4 架构模型

无论是房屋、飞机、汽车等物理模型,还是数学模型、软件模型,其实质都是一种抽象,即被构建的真实事物的近似代表。一个软件架构模型就是一张基于某一标准创建含义丰富且严谨的图及其文字描述,其主要用来说明一个系统或生态系统结构和设计方面的折中方案。但如果一个图不是架构意义上的图则不应被看作架构模型。软件架构师使用架构模型来和其他涉众交流。一个架构模型可看作软件架构中视点的一种表达。例如,在软件设计当中所使用的UML图,如果其是架构意义上的图(如构件图、部署图),就可称为架构模型。

1.3.5 视图模型

在系统工程和软件工程领域,一个视图是关于整个系统某一方面的表达,一个视图模型则是指一组用来构建系统或软件架构的相关视图的集合,这样一组从不同视角表达系统的视图组合在一起构成对系统比较完整的表达。

Kruchten 于 1995 年提出的"4+1"视图模型是最典型的多视图模型,包括逻辑视图、开发视图、进程视图、物理视图和场景,用来从上述 5 个视点描述软件密集型系统的架构。IBM 公司 Zachman 于 1987 年提出的 Zachman 框架的实质是一种企业架构的视图模型,该模型关注开发过程中"什么""怎样""谁""哪里""什么时间"等问题,相应的框架中每一类视图表达某一方面的关注,如功能视图回答"该怎样完成任务"这一问题,技术人员可在进行功能分解时使用过程和活动建模来创建这样的视图。

1.4　软件体系结构核心元模型

1.4.1　构件

构件是具有某种功能的可复用的软件结构单元。广义上讲,任何在系统运行中承担一定功能、发挥一定作用的软件体都可看作构件,如程序中的函数、模块、对象、类,甚至是文件。狭义上讲,构件指系统中主要的计算元素和数据存储,如传统意义上的软件组件。构件可以是简单的或复合的,构件粒度有粗有细,粗到可以将一个系统看作一个构件,细到可以把一个代码类或函数看作一个构件。小粒度构件灵活性高,复用度高,但交互复杂,使用效率低下,大粒度构件则相反。根据需要选择恰当的构件粒度非常重要。软件体系结构中的构件往往指软件中的一个粗粒度的抽象,如客户机、服务器、层。构件之间只能通过连接件进行通信,很多实质性的工作都是由连接件本身完成的。

本节主要讨论几个和构件相关的主题,包括构件类型和构件实例、模块和构件之间的关系、子构件的使用等。

类型和实例。如同类与对象的关系,构件也有类型-实例这样的泛化关系。在面向对象编程语言中,程序员在编程时定义类,在运行时看到的是对象。如果有一种直接支持构件的编程语言,就可能在语言中声明构件类型,而在运行时可能看到构件实例。类和构件类型都定义在模块视图类型中,因为在源代码中能直接看到它们;对象和构件实例都能在运行时视图类型中看到,因为直到运行时它们才是可见的。

与模块的关系。构件的组成和模块的组成是一样的(如源代码和配置文件),但是构件的意图是让用户在运行时看到构件实例。构件实例之间只能通过端口和连接件以一种受限的、易于理解的方式进行交互。相比之下,模块是实现制品(类、接口等)的集合,这些制品被随意地组织在一起(如数学函数、现有的程序、数据交换类型、别人写的代码等),在运行时很少会被实例化,同时,在如何与其他模块交互方面,也没有什么约束。

子构件和实现。每一个系统都至少包含一个构件,那就是系统本身。在系统内部嵌套构件是一种很好的实践,因为内部的每一个构件都相对独立,更易于理解和分析。嵌套的构件被称为子构件,嵌套可以重复多次,但不能无限重复。在选择的某些点上,嵌套必须停下来,此时的构件不再包含子构件,而是由类、函数、过程等来实现。在决定系统应该有多少构件,以及应该使用多少层级的嵌套时,有很多影响决策的因素,包括构件的规模、现有构件的可用性、不同编码语言或物理部署地点所具备的天然分割点。开发人员最后会作出判断,而经验会使判断变得容易一些。一般来说,很少看到只有一个类或几行代码实现的子构件。

1.4.2　连接件

连接是构件之间建立和维护行为关联与信息传递的途径,连接需要两方面的支持:首先是连接发生和维持的机制,该机制是实现连接的物质基础;其次是连接正确有效地进行信息交换的规则(或协议),这保证了连接能够正确、无二义、无冲突地进行。因此,这两方面的支持简称

"机制"和"协议"。

从连接目的看有三类连接:操作/过程调用、控制/事件/消息发送、数据传输。

除了连接机制/协议的实现难易之外,影响连接实现复杂性的因素之一是"有无连接的返回信息和返回的时间",分为同步(synchronous)、异步(asynchronous),同步连接需要返回信息,且需要等待执行完毕后才能返回,异步链接正好相反。

连接具有如下一些特性。

(1)方向性。

主控方和被控方:谁控制连接? 谁只是参与连接?

信息的发送方与接收方:谁发送信息? 谁接收信息?

在一般的连接中,通常伴有双向的信息交换。

(2)角色:连接的双方所处的不同地位的表达。

过程调用:调用方(caller)和被调用方(callee)。

管道:读取方(reader)和写入方(writer)。

消息传递:发送者(sender)和接收者(receiver)。

(3)激发性:定义为"引起连接行为的方式",分为主动方和被动方的激发性。

主动方:操作调用、事件触发。

被动方:状态查询、事件触发。

连接的发出方式有 1:1(点对点)和 1:n(1 对多)。

(4)响应特性:包括连接的被动方对连接请求的处理实时性、时间、方式、并发处理能力等。

同步/异步(synchronous/asynchronous)。

并发/互斥(concurrency/mutually exclusive)。

连接件可以定义为:"两个或更多构件之间运行时的交互通道",一个构件上的端口通过连接件和另一个构件上的端口连接。软件体系结构中,连接件的概念是泛指的,它包括了各种常见的通信方式,如过程调用和事件,同时包含了更复杂的通信机制,如管道、批量传输、增量复制。它还包括间接的通信,如中断和共享内存。有些连接件的实现还包括远程过程调用、远程同步、基于 HTTP 的 SOAP 及企业服务总线。表 1-1 显示了连接件的常见类型。

表 1-1　常见连接件类型

连接件类型	说明
本地过程调用	当构件都在同一个内存空间时,这是最常见的连接件
远程过程调用	具体例子包括 SOAP 和 HTTP 请求。本地和远程过程调用连接件都是某种请求-响应连接件
SQL 或其他数据存储	用户装载、存储数据的说明性语言
管道	构件之间简单的生产者-消费者关系
共享内存	快而复杂的通信方式
事件广播	消费者仅仅依赖于事件,而不是生产者
企业总线	标准内联网应用的通信方式,用于大型系统的装配
增量式复制	处理状态同步

连接件也可看作一类特殊的构件,区别在于一般的构件是软件功能设计和实现的承载体,而连接件是负责完成构件之间信息交换和行为联系的专用构件。传统方法中,构件之间的连接关系通常并不独立存在,而是从属于构件,且表达能力较弱。但由于以下原因,表达构件之间的关系的连接件应该从中分离出来,作为同构件平等的第一类实体:首先,连接件可能要表达构件之间相当复杂的关系语义,需要详细定义和复杂的规约;其次,复杂连接件的定义应当局部化,而不是分散定义在多个构件之中,以保证系统具有良好的结构;此外,构件之间的关系并非是固定不变的,有可能随着系统的运行需要动态改变,这种改变应封装在连接件中;再次,连接件和构件一样,都应该是独立的和各有分工的。构件应该只定义它的能力(包括功能和非功能两方面),连接件应该规定构件之间的交互;最后,系统开发时常常复用已有的连接件,如过滤器、客户-服务器协议、数据库访问协议等。

1.4.3　配置

软件体系结构的配置或拓扑是构件和连接件的连接图,描述了系统结构适当的连接、并发和分布的特性以及符合设计启发式规则和风格规则。通过该连接图,我们可以看出构件和连接件是如何组成的以达到系统的主要目标,这种结构的组成即为软件体系结构配置或拓扑。

1.5　软件架构风格

1.5.1　概念

在建筑学中,建筑风格等同于建筑体系结构的一种可分类的模式,通过诸如外形、技术和材料等形态上的特征加以区分。之所以称其为"风格",是因为经过长时间的实践,它们已经被证明具有良好的工艺可行性、性能与实用性,并可直接用来模仿和复用。

软件系统同建筑一样,也具有若干特定的"风格",软件体系结构风格是描述某一特定应用领域中系统组织方式的惯用模式,反映了领域中众多系统所共有的结构和语义特性,并指导如何将各个模块和子系统有效地组织成一个完整的系统。按照 Shaw 和 Garlan 的说法,"一种体系结构风格定义了构件类型和连接件类型的词汇表,以及它们如何组合的约束条件",即软件体系结构风格主要定义了一组构件和连接件类型,以及这些构件的拓扑分布。软件体系结构风格是描述软件系统组织方式的常用模式,在实践中已经被多次应用。软件体系结构设计的一个核心问题是如何有效地使用重复的体系结构风格,即达到软件体系结构级的软件重用。

1.5.2　软件架构风格分类

目前国内外有关软件体系结构风格尚没有一个统一的分类方法。本书在 Shaw 和 Garlan 对软件体系结构风格分类的基础上,给出了经典软件架构风格分类,如表 1-2 所示。

表 1-2 经典软件架构风格分类

类别	风格
数据流系统	批处理
	管道−过滤器
调用−返回系统	主程序子过程
	面向对象
	层次结构
独立构件	进程通信
	事件系统(隐式调用)
虚拟机	解释器
	基于规则的系统
数据中心系统	数据仓库
	超文本系统
	黑板
交互系统	模型−视图−控制器
适应性系统	插件
	微内核
异构体系结构	C2
	客户服务器

进入 21 世纪,随着互联网技术的快速发展和普及,尤其是近年来移动互联、云计算、大数据等新一代信息技术的迅猛发展,新型软件系统层出不穷,也出现了许多新型的软件体系结构风格,这些软件体系结构风格多以分布式、移动计算为主要特征,如面向服务的软件架构、移动应用软件架构、云计算软件架构等。

1.6 其他相关概念

1.6.1 模式

模式的本意是指某种事物的标准形式或使人可以照着做的标准样式,也称"模板"。在工程设计领域,当人们求解一个特殊问题时,往往首先会想起已解决过的相似问题,并尽可能重用其解法的精华来解决新问题。这里讲的某一问题及其求解方案就是一种模式。

每个模式是一条由三部分组成的规则,它表示了一个特定环境、一个问题和一个解决方案之间的关系。一个软件模式描述了一个出现在特定设计语境中的特殊的再设计问题,并为它的解决方案提供了一个经过充分验证的通用图式。解决方案图式通过描述其组成组件、它们的责任和相互关系以及它们的协作方式来具体指定。

一般来说,软件架构模式有如下几个属性。

(1) 一个模式关注一个在特定设计环节中出现的重现设计问题,并为它提供一个解决方案。

（2）各种模式用文档记录下现存的经过充分考验的设计经验。它们不是人工发明或创造的，它们提炼并提供一种手段来重用从有经验的实践者获得的设计知识。

（3）模式明确并指明处于单个类和实例层次或组件层次之上的抽象。典型情况下，一个模式描述几个组件、类或对象，并详细说明它们的职责和关系以及它们之间的合作。所有的组件共同解决模式关注的问题，而且通常比单个组件更有效。

（4）模式为设计原则提供一种公共的词汇和理解。如果仔细选择模式名称，则这个名称会成为广泛传播的设计语言的一部分。它有助于设计问题及其解决方案的有效讨论。

（5）模式是为软件体系结构建立文档的一种手段。设计一个软件系统时，这些模式可以在设计者脑海中描述一个构想。这避免了在扩展和修改初始体系结构时或修改系统代码时违背这个最初的构想。

（6）模式支持用已定义的属性来构造软件。模式提供一个功能行为的基本骨架，从而有助于实现应用程序的功能。例如，有的模式用于维护合作组件之间的一致性，有的模式提供透明对等的进程间通信。另外，模式清楚地描述了软件系统的非功能性需求，如可更改性、可靠性、可测试性或可重用性。

（7）模式有助于建立一个复杂的和异构的软件体系结构。每个模式提供组件、作用以及相互关系的预定义集。它可以用于指定具体软件结构的特定方面。这种使用预定义设计人工制品的方法提高了设计的速度和质量。

（8）模式有助于管理软件复杂度。每个模式描述一种用来处理所关注问题的已证明是可行的方法，这些问题包括：所需组件的种类、它们的作用、要隐藏的细节、应为可视化的抽象，以及各要素是如何工作的等。

在软件领域，有些模式有助于把一个软件系统分解成子系统。另一些模式支持子系统和组件的细化或它们之间关系的细化。其他模式有助于实现特定编程语言中的特殊设计方面。模式可按其抽象程度和用途不同进一步细分为架构模式、设计模式和惯用法三类。其中，每一种类型都由具有相似规模或抽象程度的模式组成。

1.6.2　架构模式

在软件架构设计中，需要根据一些整体构建原理来建立可行的软件体系结构，可用架构模式来描述这些原理。架构模式表示软件系统的基本结构化组织图式。它提供一套预定义的子系统，规定它们的职责，并包含用户组织它们之间关系的规则和指南。

架构模式可作为具体软件体系结构的模板。它们规定一个应用的系统范围的结构特性，以及对其子系统的体系结构施加的影响。所以架构模式的选择是开发一个软件系统时的基本设计决策。

架构模式代表了模式系统中的最高抽象级别，它有助于明确一个应用的基本结构。后面的每个开发活动（如子系统的详细设计、系统不同部分之间的通信和协作，以及它后期的扩展）都遵循这种结构。

除包含在本书和其他一些图书中的常见软件体系结构风格外，Buschmann 等还提出了面向模式的软件体系结构的概念（pattern-oriented software architecture，POSA），迄今共出版了5 卷 POSA 系列图书，给出了多达 200 种软件体系结构模式。

1.6.3 设计模式

软件体系结构的子系统,以及它们之间的关系,通常由几个更小的体系结构单元构成,可以用设计模式来描述它们。

设计模式(design pattern)提供一个用于细化软件系统的子系统或组件,或它们之间的关系的图式。它描述通信组件的公共再现结构,通信组件可以解决特定语境中的一个一般设计问题。

设计模式是中等规模的模式,它们在规模上比架构模式小,但又独立于特定编程语言或编程范例。设计模式的应用对软件系统的基础结构没有影响,但可能对子系统的体系结构有较大影响。许多设计模式提供分解更复杂的服务或组件的结构,其余的设计模式则关心它们之间有效的合作。

由于面向对象语言在软件开发中的主导地位,设计模式大多是针对面向对象设计中反复出现的问题的解决方案,通常描述了一组相互紧密作用的类与对象。最为著名的是 Gamma 等提出的 23 个经典设计模式。

若排除影响力因素,理论上讲任何是一个独立于特定编程语言的设计经验总结都有可能成为设计模式,只要它满足能解决一类反复出现的问题,具有一套可重现的解决方案。因此,除了 23 种经典设计模式之外,人们提出了各种各样的设计模式用于指导软件设计。

1.6.4 惯用法

惯用法用于处理特定设计问题的实现。惯用法(idiom)是具体针对一种编程语言的底层模式。惯用法描述如何使用给定语言的特征来实现组件的特殊方面或它们之间的关系。

惯用法代表最低层模式,它们关注设计和实现方面。大多数惯用法是针对具体语言的,它们捕获现有的编程经验。经常会出现这样的情况:同一个惯用法对不同的语言看起来不一样,有时候一种惯用法对一种编程语言有用而对另一种语言却无意义。例如,C++中使用"引用-计数"这一惯用法来管理动态分配的资源;而 Smalltalk 提供无用单元收集机制,所以不需要这样的惯用法。

1.7 思考与练习题

1. 简要说明为什么软件工程领域要引入软件体系结构?
2. 给出一种你认为较恰当的软件体系结构定义?
3. 软件体系结构中涉及哪几种结构?简述其含义,并举例说明。
4. 举例说明视图、视点、模型之间的区别和联系。
5. 列举一些具有本书给出的软件体系结构风格的系统?
6. 比较架构模式、设计模式、惯用法(idom)的区别和联系。

第2章 软件质量属性

质量原意是指好的程度,与目标吻合的程度。在软件工程领域,目标自然就是需求。ISO给出的软件质量定义是:与软件产品满足声明的或隐含的需求能力有关的特性和特性的总和。软件质量属性指的是一个系统的可衡量的并且可测试的属性,这些属性会影响到系统的运行时行为、系统设计方式以及用户体验等。质量属性的优劣程度反映了设计是否成功以及软件应用程序的整体质量。

软件质量与需求密切相关。在进行系统软件体系结构设计时,需要综合考虑多种功能性需求和非功能性需求。一般而言,功能性需求定义了系统的行为,与此对应的软件质量属性主要是正确性;非功能性需求则定义了系统的特性,如性能、可扩展性、易用性等软件质量属性。在实际开发中,开发者往往更加重视功能性需求,这显然不对,因为满足功能需求只是对软件的一个最基本的要求,真正区分同类软件好坏的往往是非功能特性质量。想象一下,若在原有系统基础上开发一个新系统,多数情况下并非是因为原系统存在功能缺陷,而是因为这些系统通常难以维护、移植、扩展或是运行效率低下等。这些因素都是对系统具有潜在影响的不同质量属性关注点,因此,在架构设计时,需要明确定义质量需求并确保系统对这些关注点的支持。

2.1 理解质量属性

2.1.1 架构和需求

无论需求来自需求文档、系统原型、已存在系统、用例等哪种形式,所有的需求基本可以划分为如下几类。

(1) 功能性需求。这些需求明确了系统必须实现的功能,以及系统在运行时接收外部激励时所做出的行为或响应。

(2) 质量属性需求。这些需求是对功能或整个产品的质量描述,其中功能的质量描述指一个功能的正确性、执行效率及其对错误输入的容忍度等因素,而整个产品的质量描述指的是部署产品所需的时间或者是该产品运行成本的限制等因素。

(3) 约束。约束是一种零度自由的设计决策,如使用特定的编程语言或是重用一个特定的软件模块等。

系统架构对于不同类型需求也有不同的"响应"。

(1) 功能性需求的实现需要在整个设计过程中分配合适的职责,对架构元素分配职责是架构设计决策的基础。

(2) 质量属性需求则通过架构的多种不同设计结构以及这些设计结构元素间的行为和交互实现。

(3) 约束通过考虑多种设计决策并衡量与其他设计决策之间的得失来实现。

2.1.2　功能性

功能性是系统完成预定工作的能力。在所有需求中,功能性与架构的关系应当是最为特殊的。首先,功能并不决定系统的架构。在给定了一组需要的功能后,针对该功能需求所创建的架构是复杂多变的,因为你可以以任何方式将功能进行划分,并将其分配到不同的架构元素中。例如,同样的功能既可以使用 PC 浏览器完成也可在智能手机等移动终端上完成,两种情况分别对应不同的架构模式。事实上,如果功能性是唯一需求,甚至完全不需要对系统进行划分,一个无内部结构的单一模块即可满足功能。然而事实并非如此,我们将系统设计为结构化的一些相互协作的架构元素——子系统、层、类、服务、数据库、线程等,以实现程序的可理解性和其他一些目的,即质量属性。

然而,尽管功能性是独立于任何特定结构的,但功能性是通过将职责分配给不同架构元素来实现的,从而形成了系统架构整体结构的基础。虽然职责可以任意分配到不同模块,但当其他质量属性足够重要时,软件架构将对职责的分配产生约束。例如,当系统被划归不同的人进行协作开发时,架构师对于功能性的考虑重点在于它如何与其他质量属性交互以及如何约束其他的质量属性。

鉴于软件功能需求的质量属性主要就是正确性且显而易见,而软件非功能性需求所描述的质量属性是软件主要的质量属性,本书将主要讨论后者。

2.1.3　质量属性

如同系统的功能无法脱离质量属性一样,质量属性自身也不是独立的,它们很大程度上也涉及系统的功能。例如,一个系统的功能性需求是“当用户按下绿色按钮时,将出现选项对话框”,与其相关的性能质量属性将描述对话框出现的时间,可用性质量属性将描述这项功能失效的频率以及将其恢复所需的时间,易用性质量属性则描述了使用这项功能的容易程度。

早在 20 世纪 70 年代开始,系统的质量属性就引起了软件工程领域研究者的关注。截至目前,已经有许多关于质量属性的定义和分类,但从架构师的角度看,以前对系统质量属性的讨论存在以下 3 个突出问题。

(1) 为属性提供的定义是不可测试的。单纯地说系统具有“可修改性”是毫无意义的。因为对于一组变化来说,系统是可修改的,但对于另一组变化来说系统又有可能是完全不可修改的。其他质量属性也类似。

(2) 讨论的重点通常是一个特定方面属于哪个质量属性。例如,系统故障属于可用性方面、性能方面、安全性方面还是易用性方面。当发生系统故障时,这四个不同的质量属性相关团体可能都会说故障来自于拒绝服务(DoS)攻击。虽然在某种程度上他们说的也都是正确的,但是这并不能帮助架构师理解并创建相应的架构解决方案来管理质量属性关注点。

(3) 每个质量属性相关团体都有自己的词汇。性能团体会说有“事件”到达系统,安全性团体会说有“攻击”到达系统,可用性团体会说系统发生“错误”,易用性团体则说“用户输入”。这些也许都指的是同一情况,却以不同的术语描述出来。

前两个问题(不可测试的定义和重复强调的属性)的解决方案是使用质量属性场景作为刻画质量属性的手段。第三个问题的解决方案是集中在其根本的关注点上简要讨论一下每个质量属性,以说明该属性团体最基本的概念。

　　在一个复杂系统中,各个质量属性无法孤立地进行实现。一个质量属性的实现,往往对另外一个质量属性的实现有着正面或者负面的影响。一般来说,几乎所有的质量属性都会对性能有着负面的影响。例如,对可移植性来说,达到这一质量属性的主要手段是去除系统依赖,而这将引入系统执行时的负载(通常是作为进程或者程序边界),从而影响了系统的性能,因此做出满足所有质量属性需求的决策实际上是在做出一个合适的权衡策略。

2.1.4　质量属性分类

　　软件质量是各种特性的复杂组合,它随着应用的不同而不同,同时随着用户提出的质量要求不同而不同。但基本上许多软件质量属性都具备相似的特征,可以划分为同一类。因此,有必要讨论各种质量属性的分类方式。

　　目前,比较常见的质量属性分类方式包括三种模型。首先,第一种是由 Boehm 等在 1976年提出软件质量模型的分层方案,如图 2-1 所示。

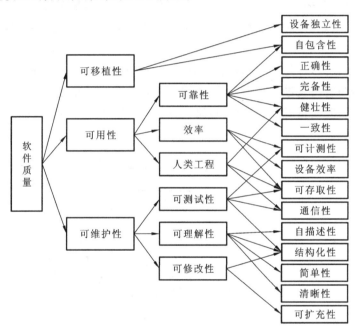

图 2-1　Boehm 质量模型分层方案

　　在此之后,McCall 等于 1979 年改进 Boehm质量模型又提出了一种软件质量模型。模型的三层次式框架如图 2-2 所示,其中质量模型中的质量概念基于 11 个特性之上,而这 11 个特性分别面向软件产品的运行、修正、转移。

　　第三种软件质量模型按照 ISO/IEC 9126-1:2001 将软件质量模型分为内部质量模型、外部质量模型以及使用质量模型,其中又将内部和外部质量分成六个质量特性,将使用质量分成四个质量属性,如图 2-3 所示。外部度量是在测试和使

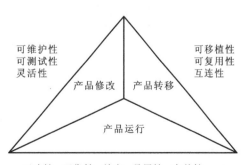

图 2-2　McCall 软件质量模型

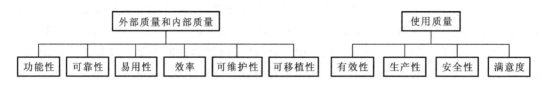

图 2-3　ISO 9126 模型:外部质量、内部质量和使用质量

用软件产品过程中进行的,通过观察该软件产品的系统行为,执行对其系统行为的测量得到度量的结果;内部度量是在软件设计和编码过程中进行的,通过对中间产品的静态分析来测量其内部质量特性。内部度量的主要目的是确保获得所需的外部质量和使用质量,与外部关系是相辅相成,密不可分的;使用质量的度量是在用户使用过程中完成的,因为使用质量是从用户观点来对软件产品提出的质量要求,所以它的度量主要是针对用户使用的绩效,而不是软件自身。

通过分析这些质量属性模型,可以看出质量属性的划分与关注点密切相关。质量属性表示在应用程序级别对各逻辑层和物理层具有潜在影响的不同领域关注点,一些质量属性是与整个系统设计相关的,一些质量属性则是针对运行时或设计时的,还有些质量属性是针对用户的。

本书综合上述模型,首先从功能和非功能质量角度划分,对于非功能质量则从系统设计、实现、运行的实践角度出发进一步划分,从整体上将质量属性划分为五大类,即功能正确性、设计时质量属性、运行时质量属性、系统质量属性、用户质量属性,同时补充描述了一些其他质量属性,如图 2-4 所示。

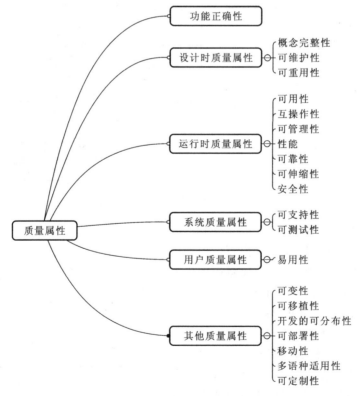

图 2-4　软件质量属性分类

2.1.5 质量属性需求说明

质量属性需求是软件体系结构分析、设计、评估等工作的主要依据,就像描述功能需求一样,我们同样需要对质量属性需求进行描述。一个软件质量属性需求应当是明确的并且可测试的。这表明质量属性需求必须能够指定应用程序应该怎样实现一项目标,例如,单纯地说一个系统"可伸缩"是完全没有意义的,因为这对用户来说不够精确。为了有意义地说明质量属性需求,我们需要借助质量属性场景对其进行描述,这点类似使用用例场景来描述用户功能需求。场景就是对某个实体与系统的一次交互的简要描述,质量属性场景是一个有关质量属性的特定需求,本书参考 Bass 等提出的质量属性需求描述方法,使用一种统一的形式来表示质量属性场景,其一般形式由如下 6 部分组成。

(1) 刺激源。某个生成该刺激的实体(人、计算机系统等)。

(2) 刺激。当到达时引起系统进行响应的条件。

(3) 环境。刺激到达时,系统所处的状态,如系统可能处于过载,或者正在运行或处于其他情况;或指该刺激在系统的某些条件内发生。

(4) 制品。被刺激的部分。这可能是整个系统,也可能是系统的一部分。

(5) 响应。表示系统在刺激到达后所采取的行动或措施。

(6) 响应度量。当响应发生时,我们以某种方式对其进行度量,便于我们对需求进行测试。

图 2-5 以图形化方式描述了质量属性场景的各组成部分。此外,我们将一般的质量属性场景(一般场景)与具体的质量属性场景(具体场景)区分开来。前者是指那些独立于系统,很可能适合任何系统的场景,后者是指适合正在考虑的某个特定系统的场景,是一般质量属性场景的一个特例。

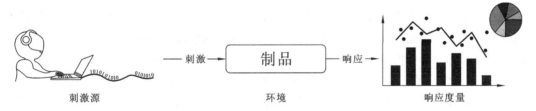

图 2-5 一般质量属性场景组成部分

不同的系统,对于质量的关注点往往是不一样的。本章的 2.2～2.6 节将分别给出功能的正确性、设计时质量属性、运行时质量属性、系统质量属性和用户质量属性的基本概念和特点,各质量属性对系统架构的影响因素,以及各质量属性的通用场景描述。

2.2 功能的正确性

对任何系统而言,能按照功能需求正确执行应是对其最基本的要求。正确性是指软件按照需求正确执行任务的能力,这无疑是第一重要的软件质量属性。它反映了软件行为与基于功能的需求、设计相吻合的程度。正确性看起来容易做起来难,因为从"需求开发"到"系统设计"一直到"实现",任何一个环节出了问题都可能导致软件功能不正确。除了业务正确以外,还需要数据正确,所以任何软件开发者都需要为"正确"二字而竭尽全力。其实,正确性作为一种最重要、最基本且需要最先满足的质量属性,大多数软件工程方法和开发技术,涵盖从业务建模、需求、分析设计、实现到测试等工作流程,无不是围绕这一重要的质量目标展开的。也正是鉴于此,本书把与软件结构相关的质量属性作为重点内容进行阐述,这些是一般软件技术涉及较少的内容。

功能性质量除了与正确性密切相关之外,其实还与可用性、可靠性、安全性等大多运行时质量属性相关。表 2-1 是功能正确性通用场景的通用描述。

表 2-1　功能正确性通用场景

场景元素	可能的值	示例
刺激源	需求人员、设计人员、开发人员	开发人员
刺激	需求分析、系统设计、系统开发	开发系统模块
制品	组件、代码、文档、系统	代码
环境	设计、开发	开发
响应	需求人员捕获正确的功能需求,设计人员按照需求进行系统设计来满足相应的功能,开发人员按照需求文档和设计文档,实现正确的功能	参照文档要求实现对应的模块
响应度量	功能需求实现的比例	正确实现功能需求

2.3　设计时质量属性

2.3.1　概念完整性

概念的完整性是指架构设计的一致性。它有助于理解架构,减少概念混乱而引发的错误。在系统开发中,"概念完整性"(conceptual integrity)这一术语最早由 Brooks 于 1975 年在其所著的《人月神话》一书中提出:

"概念完整性是系统设计中最为重要的一项考虑因素。一个忽略了某些异常特征和可改进之处但能够反映其一致性设计思想的系统,优于一个拥有很多良好但独立且不协调思想的系统。反过来概念完整性决定了设计必须反映某一个人的思想,或者是反映了一个具有一致性的小组的思想。"

Brooks 的观点充分体现了概念完整性在系统设计中的重要性,同时指出了保持系统完整性的主要方法,即任何设计必须反映整个软件项目的一致性思想。概念完整性反映了系统的某种质量属性,定义了整体设计的一致性和连贯性。该质量属性保证了在整个系统中所有的概念及其相互关系始终保持一致。也就是说,当审视系统中的任何一部分时,都能够指出这部分设计是系统整体设计的一部分,这既包括较高级别的组件或模块的设计方式,也包括较低级别的格式以及命名规范。当系统发生意外情况且必须尽快解决时,概念完整性往往显得十分重要。如果系统有一个保证了一致性的统一设计,就可以更容易通过确定与整体的设计一致的方案来解决这些问题,这在当初的设计人员不在时显得尤为重要。

以下是关于概念完整性的一些著名的例子。

(1) UNIX。基于"文件"的概念,如目录、设备、文件系统、管道和套接字等都是某种文件。

(2) Smalltalk。"所有事物都是对象",以及与其相关的一些其他准则。

(3) SQL。"所有的数据都是表",包括键值和约束。

(4) Lisp。所有事物都是列表(list)。

概念的完整性要求整个架构中同一件事情按照同样的方式被执行。一个具有概念完整性的架构,少即是多。例如,构件之间的信息发送可以采取很多种方式,如消息、数据结构、事件信号等。按照架构概念一致性要求我们仅能采用一种发送方式。此外,若确有必要我们也仅提供一种替代方案。类似地,构件应该采用同一种方式报告和处理出错信息,按同一种方式记录日志或事务,按同一种方式与用户交互,诸如此类。一般来说,一些重要的决策通常是由一个人做出的,而非一个团体。例如,在电影中,做出决策的角色是导演;在工地上,做出决策的角色是建筑师;在软件项目中,则一般是架构师做出决策。当这些人做出决策时,往往体现了较为合适的行动方针。而当他们无法做出决策时,会组织小组或和领域的专家进行讨论,做出保持一致性的决策意见。

实际开发中,概念完整性涉及的关键问题及常用解决方案包括如下几方面。

(1) 在设计时混合了不同的关注点。可以考虑首先确定关注点,然后酌情将其分组到设计的不同逻辑层次中。

(2) 缺乏一致的开发过程。应该考虑引入应用生命周期管理(ALM)评估,以及使用经过验证和测试的开发工具和方法学。

(3) 软件生命周期中参与的不同小组之间缺乏协作和沟通。应该考虑创建统一开发过程并整合一些工具来推动处理流程、沟通和写作的协调统一。

(4) 缺乏设计和编码标准。应该考虑发布一套有关设计和编码规则的指导原则,以及为开发过程引入代码审查机制,以确保大家都遵循这些指导原则。

(5) 存在一些已有(遗留)的系统,使得重构和迁移到新平台或新规范难以进行。需要考虑创建遗留技术的升级之路,并将应用与外部依赖隔离。例如,使用外观设计模式来和遗留系统进行整合。

通过以上分析,我们现在可以描述概念完整性的通用场景,归纳为表 2-2。

表 2-2　概念完整性通用场景

场景元素	可能的值	示例
刺激源	开发人员、设计人员、架构师	开发人员
刺激	重构、迁移、新成员、小组沟通	在实时定位系统中,对系统某一定位算法功能进行重构
制品	组件、代码、文档、系统	代码,设计文档
环境	在设计、开发、编译、部署或运行时	系统正常运行
响应	开发人员根据一致的概念重构代码;将系统迁移到新的平台运行;新成员遵循编码规范进行编码;建立协调和统一的沟通方式	移除原有算法,将重构后代码集成到系统中
响应度量	开发人员重构的时间;系统迁移所需工作量等	系统重构所修改的代码行数

2.3.2 可维护性

可维护性是指系统可以承受一定程度修改的能力。当增加或修改功能、修复错误，以及满足新的业务需求时，针对应用程序进行的修改可能会影响组件、服务、特性以及接口。可维护性还包括为了升级让某个操作出现中断或移除某个操作之后需要花费多少时间才能让系统恢复正常的能力。提供系统的可维护性可以增加可用性及减少运行时带来的影响。

举个例子来说，有个系统需要动态访问多个数据库，并且随着业务的发展，很可能添加更多的数据库配置。如果采用静态的方式，在应用启动时读取所有数据库配置，那么当新添数据库配置时，就不得不重启和发布应用；而如果采用动态的方式，在应用启动时读取数据库配置，并且在新添数据库时发布事件来触发重新读取数据库配置，就不需要重启和发布应用了，这无疑降低了维护成本，保证了系统的可维护性。

软件的可维护性是软件开发阶段的关键目标。影响软件可维护性的因素较多，设计、编码及测试中的疏忽和低劣的软件配置，缺少文档等都会对软件的可维护性产生不良影响。一般来说，涉及可维护性的关键问题包括如下方面。

(1) 组件和层之间过度的依赖，以及对具体类不恰当的耦合都会增加替换、更新和修改的难度，并且使得修改具体类会同时牵连整个系统。可以考虑把系统设计为定义明确的层或关注点，以分离系统的 UI、业务过程和数据访问功能。也可以考虑通过使用抽象（如抽象类或接口），而不是具体的类作为跨层的依赖，并且最小化组件和层之间的依赖。

(2) 使用直接的通信方式，使得组件和层的物理部署进行改动变得困难。需要选择合适的通信模型、格式和协议。以及考虑通过设计一些使用插件模块或适配器的接口，实现插件式架构，这样可以很方便地进行升级和维护，并且可以提高可测试性，以最大化灵活性和可扩展性。

(3) 对于诸如身份验证和授权等特性，如果依赖自定义的实现，那么会阻碍重用性和可维护性。应该尽可能使用平台内置的功能和特性来避免这个问题。

(4) 组件和片段逻辑代码不够内聚，使得替换变得困难，并且造成了对其他组件不必要的依赖。需要将组件设计成"高内聚，低耦合"，这样可以最大化灵活性并且推动可替换性和重用性。

(5) 缺乏文档，会阻碍重用、管理以及将来的升级。应该确保提供了文档，至少也应该介绍应用程序的整体结构。

综合以上因素，可以归纳出可维护性的通用场景，如表 2-3 所示。

表 2-3 可维护性通用场景

场景元素	可能的值	示例
刺激源	系统内部、外部，设计人员，开发人员	开发人员
刺激	组件替换、系统测试、系统更新等	更新报表系统的界面
制品	组件、类、系统、使用文档等	组件
环境	设计、开发、编译、部署或运行时	系统正常运行
响应	开发人员替换系统组件；测试人员进行回归测试等	分离出原来的界面，并将新的界面集成到系统中
响应度量	替换系统组件所需的工作量；是否有系统使用文档；系统更新难易程度等	1 人在 1 个工作日完成

2.3.3　可重用性

可重用性定义了组件和子系统在其他应用程序或应用场景中进行重用的能力。可重用性最小化了组件的重复性及实现时间。确定各种组件之间的公共特性是构建用于大型系统中的小型可重用组件的第一步。

大多数情况下所讨论的软件可重用性指软件本身的可重用性，即软件代码实现的可重用性。而实际上，软件的可重用性远不止这些，软件开发的全生命周期都有可重用的价值，包括项目的组织、软件需求、设计、文档、实现、测试方法和测试用例都是可以被重复利用或借鉴的有效资产。

由于软件代码的可重用性最为直观和普遍，同时代码的可重用性也会直接影响系统的整体架构，故本节内容重点讨论代码的可重用性的相关内容。

一般来说，具有可重用性的代码具备如下特点。

（1）可重用性部分必须是可理解的。软件可重用的部分应该是清晰的模型。对可重用性部分的需求甚至比那些特定应用程序部分更加严格。

（2）可重新部分必须有着较高的质量。它们必须是正确的、可靠的而且健壮的。一个可复用部分的错误或弱点可能会产生深远的影响，同样，其他程序员对可重用部分有着高度的信心也是十分重要的。

（3）可重用部分必须具备适应性。为了最大限度地发挥其重用的潜力，可复用的部件必须能够适应多种用户的需求。

（4）可重用部分必须是独立的。必须能够单独地使用该可重用部件，而不必也引入其他与其无关的部分。

例如，在 GOF 所著的《设计模式》一书中，策略模式（strategy pattern）提倡将相关算法的每个成员封装在一个通用的接口下，以便于客户端代码可交换地使用其算法。由于一个算法通常被作为一个或几个独立的过程进行编码，这种封装更注重执行单独任务的过程的重用，而不是执行多种任务的、包含代码和数据的对象的重用。这一步骤体现了代码重用性的基本思想。

一般来说，涉及可重用性的关键问题包括如下几方面。

（1）使用了不同的代码或组件在多个地方实现相同的功能。例如，在多个组件、层或子系统中具有重复或相似的逻辑。要检查应用程序设计并确定公共功能，在独立的组件中实现这些功能以便重用。检查应用程序设计确定诸如验证、日志和身份验证等横切关注点，在独立组件中实现这些功能。

（2）使用了多种相似的方法来实现相似的任务。应该使用一个方法，通过参数的变化来实现行为的变化。

（3）使用了几个系统来实现相同特性或功能，而不是在另外一个系统中，或是跨多个系统、跨应用程序中的不同子系统来共享或重用功能。考虑通过服务接口从组件、层以及子系统暴露功能，供其他层和系统使用。考虑使用平台无关的数据类型和数据结构，这样不同的平台都可以访问和识别。

根据以上因素，可以归纳出可重用性的通用场景，如表 2-4 所示。

表 2-4　可重用性通用场景

场景元素	可能的值	示例
刺激源	系统、设计人员、开发人员	开发人员
刺激	使用可重用组件、调用接口等	使用系统中的数据访问模块
制品	代码、类、组件、子系统等	代码
环境	设计、开发、编译或部署时	设计时
响应	通过可重用组件搭建领域相关的新系统,通过调用接口实现系统的某一新功能等	通过调用封装好的数据库访问模块(DAO)实现对数据库的透明访问
响应度量	搭建系统所编写代码量;实现新功能所需代码量等	无须修改直接访问数据库内容

2.4　运行时质量属性

2.4.1　可用性

可用性定义了系统正常运转并发挥功能的能力,它受系统故障及其相关后果影响。当系统出现故障时,将不能提供其规范中所说明的功能和服务,导致系统可用性降低,系统的用户(人或其他系统)可以观察到这些故障。

导致系统故障的原因是多样的,系统错误、基础结构问题、恶意攻击及系统超负荷都会引发故障。例如,应用程序中隐藏的错误,在一定条件下会转化成异常,从而导致系统崩溃。拒绝服务(DoS)攻击,数据服务器宕机,不正确的使用服务器资源等,也都可能会导致系统出现故障。

可用性所关注的方面包括:如何检测系统故障;系统故障发生的频度;出现故障时会发生什么情况;允许系统有多长时间非正常运行;什么时候可以安全地出现故障;如何防止故障的发生以及发生故障时要求进行哪种通知。要提高系统可用性,就需要从不同层次控制系统故障的发生。

系统的可用性可以通过系统正常运行的时间比例来衡量,通常我们将系统运行的时间分为正常运行时间(up time)和系统"宕机"或修复(down time)时间。由于用户可以观察到系统故障,因此,系统修复时间就是从出现故障到用户看不到故障的时间。这可能是很短的响应时间延迟,也可能是技术支持人员从公司到指定客户单位解决软件故障所需要的时间。图 2-6 表示了系统正常运行和系统宕机时间之间的关系。

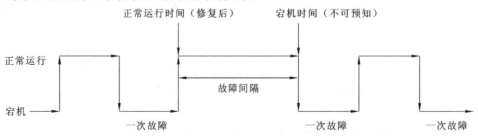

图 2-6　系统正常运行和系统宕机时间关系

因此,一般将系统可用性的公式定义为:

$$\alpha = \frac{MTBF}{MTBF + MTTR}$$

其中,MTBF 是平均故障间隔时间(mean time between failure),MTTR 是平均修复时间(mean time to repair)。MTBF 和 MTTR 的计算方法如下:

$$MTBF = \frac{\sum(宕机时间 - 正常运行时间)}{故障次数}$$

$$MTTR = \frac{总的宕机时间}{故障次数}$$

表 2-5 所示是某系统的运行时间表,则该系统在一年(按 365 天计)内的可用性计算如下:

$$MTBF = \frac{8205.3}{12} = 683.8$$

$$MTTR = \frac{112.5}{12} = 9.4$$

$$\alpha = \frac{683.8}{683.8 + 9.4} = 98.6\%$$

表 2-5　某系统运行时间表(单位:小时)

开始	结束	运行时间	宕机时间
0	708.2	708.2	
708.2	711.7		3.5
711.7	754.1	42.4	
754.1	754.7		0.6
754.7	1867.5	1112.8	
1867.5	1887.4		19.9
1887.4	2336.8	449.4	
2336.8	2348.9		12.1
2348.9	4447.2	2098.3	
4447.2	4452		4.8
4452	4559.6	107.6	
4559.6	4561.1		1.5
4561.1	5443.9	882.8	
5443.9	5450.1		6.2
5450.1	5629.4	179.3	
5629.4	5658.1		28.7
5658.1	7108.7	1450.6	
7108.7	7116.5		7.8
7116.5	7375.2	258.7	
7375.2	7384.9		9.7
7384.9	7952.3	567.4	
7952.3	7967.5		15.2
7967.5	8315.3	347.8	
8315.3	8317.8		2.5
	总时间=	8205.3	112.5

在行业里,通常用"多少个 9"来代表系统可用性的高低。系统可用性为 4 个"9",是指可用性达到 99.99%,即每年系统可能存在的宕机时间少于 53 分钟。5 个"9"(可用性可达到 99.999%),即每年可能存在的宕机时间少于 5.3 分钟。6 个"9"(可用性可达到 99.9999%),即每年可能存在的宕机时间少于 32 秒。对于用户数量和交易数量可预测或者凭经验可以了解的,而又关系到国计民生的行业,譬如银行、电信企业来说,一般都要求达到 5 个"9"。要达到 5 个"9"的服务可用性,需要付出的代价和挑战是相当巨大的,需从基础设施和应用系统等多个方面来提高可用性。

可用性涉及的关键问题有:

● 物理层宕机或不响应可能会引起整个系统宕机,例如数据库服务器或者应用服务器。需要考虑如何为系统物理层设计故障转移策略。

● 拒绝服务(Dos)攻击会阻止授权用户正常访问系统,如果因为需要处理时间不够或网络配置和网络阻塞等原因,系统不能及时处理大量请求,那么可能会中断操作。

● 不正确的使用资源会降低可用性。

● 应用程序中的 bug 或错误会让整个系统出问题。

● 频繁升级,比如添加安全补丁或对用户应用程序升级会降低系统可用性。

● 网络故障会导致应用程序不可用。

● 考虑应用程序中的信任边界,确保子系统实现了某种形式的访问控制或防火墙,同时使用了大量的数据验证,这样可以增加应用程序的任性和可用性。

表 2-6 中给出了可用性的通用场景。

表 2-6　可用性通用场景

场景元素	可能的值	示例
源	系统内部/外部:人、软/硬件、物理环境	学校办公网网络故障
刺激	遗漏、崩溃、不恰当的时间、不正确的响应	无法登录系统
制品	系统的处理器、通信通道、持久存储器、进程	通信通道
环境	正常操作,启动,关闭,修复模式,降级操作,过载操作	降级模式
响应	检测和隔离错误:记录错误,通知适当的人或系统; 从错误中恢复:禁止导致错误或故障的事件源;使得系统在指定时间内不可用;运行于降级模式(提供有限容量和功能)	通知网络中心工作人员,通过公告告知用户故障情况
响应度量	可用性百分比; 故障检测时间,修复时间,系统在降级模式下运行的时间间隔,系统可用的时间间隔	99.99%

2.4.2　互操作性

互操作性是指描述两个或多个软件构件协作的能力,即不同来源的构件能相互协调、通信,共同完成更复杂的功能的能力。一个可互操作的系统使得信息可以在内部和外部进行更方便的交换和重用。互操作性要考虑通信、协议、接口及数据格式等因素。当然,互操作性的定义不仅包括具有交换数据的能力(语法互操作性)，而且包括能正确地解释所交换的数据的能力(语义互操作性)。

互操作性受系统的交互能力所影响。如果系统采用标准化的接口设计，外部系统就可以参照接口标准设计自身体系结构，与系统进行交互。或者可以使用更通用的互操作的方式，如桥接口方式，来设计自己的系统，这样就可以在系统软件生命周期后期，如编译时或者运行时，与其他系统提供的服务和系统进行绑定。

显然，一个独立的系统是不能体现互操作性的。任何关于系统互操作性的讨论都需要识别其包括的上下文信息，如在什么情况下，谁和谁进行交互，以及进行哪些交互操作。系统之间进行交互操作主要有两个原因。

(1) 系统提供了一些将被未知系统使用的服务。系统不需要了解存在哪些外部系统，总之它们需要和它进行交互。Google 地图就是一个很好的例子，它提供了许多地图服务供全球用户使用。

(2) 通过一些已有的系统来构建提供特定功能的复杂系统，系统之间需要进行交互。例如，一个分布式系统可能是由多个分布在不同物理环境下的子系统构成的，其子系统之间需要进行数据交互。

互操作性涉及的关键问题有以下几个。

(1) 与使用不同数据格式的外部系统或遗留系统进行互操作。可考虑如何让系统在保持独立性或可替代性的同时又支持互操作。

(2) 边界模糊使得不同系统的环境相互融合。可考虑如何使用服务接口和映射层来隔离系统。如使用基于 XML 或标准类型的接口来暴露服务以支持和其他系统的互操作。

(3) 缺少对标准的遵循。要了解所从事领域已经有的正式标准，应尽量使用既有标准而不是重新创建一份自己的标准。

表 2-7 给出了互操作性的一般场景。

表 2-7　互操作性通用场景

场景元素	可能的值	示例
源	一个要向其他系统进行互操作请求的系统	国家气象局天气预报 JSON 接口
刺激	系统间交换信息的请求	请求天气预报信息
制品	接收请求的系统	目标系统
环境	运行前或者运行中	运行中
响应	以下情况中的一个或多个： (1) 请求被拒绝，通知适当的实体(人或系统) (2) 请求被接收，信息成功交互 (3) 请求被一个或多个相关系统记录	系统接收国家气象局天气预报接口返回的 JSON 数据，并在系统中显示
响应度量	以下情况中的一个或多个： (1) 正确交换信息的百分比 (2) 正确拒绝信息的百分比	正确交换率 99.99%

2.4.3　可管理性

可管理性是指查看和修改指定系统或软件状态的能力,它描述了系统管理员管理应用程序的难易程度。一般通过大量有用的指示器来监控系统,以及进行调试和优化性能。可以通过暴露足够多有用的指示器来监控系统和调试以及优化性能,让系统易于管理。系统管理是一个非常广泛的概念,包括全面深入地了解系统的运行状况,定期做系统维护以降低系统故障率,发现故障或系统瓶颈并及时修复,根据业务需求调整系统运行方式,根据业务负载增减资源,以及保证系统关键数据的安全等。

可管理性与软件系统的复杂程度有关。为适应软件运行环境和运行模式的变革,降低软件维护成本,提高软件在运行阶段的可管理性成为软件开发阶段需要关注的问题。从广义上讲,软件的可管理性主要表现在四方面。

(1) 系统配置,软件能够方便地安装、部署、配置和集成,并提供机制对整个过程进行有效的规划、监督和控制。

(2) 系统优化,通过调整软件自身参数、属性、行为以适应外界不同的计算环境和应用需求,使软件功能和效能得到最大的发挥。

(3) 系统诊断,软件出现故障或潜在隐患时,能够具备某种手段对问题进行定位、报警,并依照一定的策略在必要时采取措施补救。

(4) 系统防护,当软件运行要素被无意破坏或被恶意攻击时,软件应能够对其加以识别和采取可能的应对方案,并及时修复和恢复。

大多数系统管理任务由系统管理员通过使用一系列管理工具来完成,少数管理任务需要领域专家的参与,另外一些任务可由管理系统自动完成。令人遗憾的是,很多软件系统由于没有管理工具而导致管理功能缺失,还有一些管理系统或工具存在设计缺陷,导致系统的管理复杂烦琐。

Microsoft SQL Server 2008 提供了基于策略的系统,可以管理一个或多个 SQL Server 实例,也提供了性能监视、故障排除及微调的工具,可让管理员更有效率地管理数据库和 SQL Server 实例。SQL Server 2008 提供了许多功能来支持可管理性,包括如下几项。

(1) 包含了可让管理员顺利执行以及可在多个服务器和实例之间扩展的工具。

(2) 提供了包括性能数据收集,SQL Server 诊断信息的收集、分析、故障排除,实时诊断性能,以弹性方式微调环境等功能。

(3) 使用了自动化和策略,减少管理员花在日常维护工作上的时间,并帮助管理员立刻拥有生产力。

可管理性直接影响系统的可靠性、可用性和安全性,是系统可靠性的关键因素。因此,提高软件的可管理性,对改善软件开发质量,提高软件开发效率具有重要的理论意义和实用价值。

可管理性涉及的关键问题如下。

(1) 缺乏健康监控、跟踪及调试信息。可考虑创建健康模型来定义会影响系统性能的重要状态改变,并使用这个模型来说明管理指示器需求。同时实现一些指示器,如事件和性能计数器检测状态改变,并通过事件日志、Trace 文件或 WMI(Windows management instrumentation,Windows 管理规范)标准系统来暴露这些改变。

（2）缺乏运行时可配置性。可考虑如何根据运营环境的一些需求，如基础结构或部署改变动态来改变系统的行为。

（3）缺乏故障调试工具。可考虑包含一些创建系统状态快照的代码用于故障调试，并通过创建自定义的指示器来提供详尽的运营和功能报表。

表 2-8 给出了可管理性的一般场景。

表 2-8　可管理性操作场景

场景元素	可能的值	示例
源	系统管理员，以及系统自身	系统管理员
刺激	系统配置：安装、部署或者集成系统 系统优化：调整软件参数 系统诊断：对故障进行定位、报警 系统防护：恶意攻击或破坏	提高实时定位系统中位置更新频率
制品	目标系统	实时定位软件
环境	进行管理操作时，系统应该是在运行中	定位平台运行中
响应	改变受管理组件运行行为 从特定组件中捕获用于报告和通知的运行时事件和历史事件 　对于故障能够及时修复和恢复	定位引擎向定位监控软件传输定位数据 　的频率提高
响应度量	管理操作花费的时间、成本等	在定位监控软件设置修改参数即可，2 秒 钟之内定位引擎降低传输速度

2.4.4　性能

性能与时间有关。性能表示的是系统的响应速度，也就是要在一定时间间隔之内完成指定行为的能力。可以通过延迟和吞吐量来衡量性能，延迟是指对事件完成响应之前的时间，吞吐量是指一定时间之内发生的事件数量。

在影响性能的众多因素中，最主要的两个因素是事件源的数量和到达模式。事件可以来自用户请求、其他系统或系统内部。商业购物网站中，网站服务器从众多客户机处获得购买请求等事件（成千上万），而对于消费者使用的购物终端软件，则同一时间只会得到服务器返回的一个响应，并将结果展示给消费者。

对于网站服务器，响应可能是在一分钟内可以处理的请求的次数。对于终端软件，响应可能是一次服务请求的处理。在每种情况下，均可以刻画事件到达模式和响应模式，这种刻画形成了用于构造一般的性能场景的语言。

可以将事件的到达模式刻画为周期性的或随机的。例如，周期性事件可以每隔 10 毫秒到达，在实时系统中最常见周期性事件，随机到达意味着事件是根据某种概率分布到达的。事件也可以偶尔到达，也就是说，以一种周期性或随机特性均不能捕获的模式到达。

还可以通过改变事件的到达模式对多个用户或其他负载因素进行建模。换句话说，从系统性能的角度来说，它并不关心是一个用户在一段时间内提交了 20 个请求，还是两个用户在这段时间内每人提交了 10 个,重要的是在服务器端的到达模式和请求中的依赖关系。

系统对刺激的响应可用以下方法度量:延迟(刺激到达和系统对其做出响应之间的时间)、处理期限(例如,移动定位软件获取导航请求后,得到导航数据并进行解析,再对数据进行显示)、系统吞吐量(如系统在一秒钟内可以处理的请求次数)、响应抖动(延迟的变化),由于系统太忙所以无法做出响应所导致的未处理事件的数量,以及因为系统太忙所丢失的数据。

在移动应用领域,要打造值得信赖的移动应用用户体验,产品在性能方面的表现是极其重要的关键因素。中看不中用的产品只会破坏自己的信誉,用户很快就会察觉其缓慢的运行速度,甚至会因为难以忍受的加载时间或频繁崩溃而认为这款应用根本无法使用;这会导致用户的大量流失,对产品的可用性和品牌感知都是极大的损害。用户对移动应用的性能表现的感知来自多方面,包括启动速度、界面加载时间、动画效果的流畅程度、对交互行为的响应时间、出错状况等。在努力尝试更加特色鲜明、外观精致的设计方案的同时,需要重点考虑设计与性能的关系,为用户打造更好的用户体验。

影响性能的关键问题有以下几个。

(1) 客户端响应时间的增加、吞吐量的减少和服务器资源的过度使用。

(2) 内存消耗增加导致性能降低,大量缓存失效,数据源访问增加。因此要设计有效及正确的缓存策略。

(3) 数据库服务器处理的增加导致吞吐量下降。因此要确保选择有效率的事务类型、锁、线程和队列的实现方式。

(4) 网络带宽使用的增加导致响应时间延迟以及客户端和服务器负载的增加。

(5) 当仅需要一部分数据时却要从服务器获取全部数据,从而引起不必要的服务器负载。

(6) 不恰当的资源管理策略导致应用程序创建多重资源实例,从而增加响应时间。

表 2-9 给出了刻画性能的一般场景的元素及示例。

表 2-9　性能通用场景

场景元素	可能的值	示例
源	大量的独立源中的一个,可能来自系统内部	游戏玩家
刺激	定期事件到达、随机事件到达、偶然事件到达	通过敲击键盘,向服务器发送游戏指令
制品	目标系统	游戏服务器
环境	正常模式、超载模式	正常模式
响应	处理刺激,改变服务级别	进行数据处理,并转发到其他玩家
响应度量	延迟、期限、吞吐量、抖动、缺失率、数据丢失	延迟时间为 32 毫秒

2.4.5　可靠性

关于软件可靠性的确切定义,学术界曾经有过长期的争论,目前对软件可靠性定义的理解有广义和狭义两种。

广义的可靠性:是指一切旨在避免、减少、处理、度量软件故障(错误、缺陷、失效)的分析、设计、测试方法、技术和实践活动。与之相关的内容有软件可靠性度量、软件可靠性设计、软件可靠性建模、软件可靠性测试和软件可靠性管理等。

狭义的可靠性：是指软件无失效运行的定量度量，常表达为软件在规定的运行环境中和规定的时间内无失效运行的概率。所谓失效，是指发生了造成软件背离所期望输出的错误故障。

人们常常对可靠性与可用性之间的差异产生误解，两者的定义似乎非常相似。但是两者有一个重要的差别，那就是系统是可维修的还是不可维修的。可靠性通常低于可用性，因为可靠性要求系统在 $[0, t]$ 的整个时间段内需正常运行；而对于可用性，要求就没有那么高，系统可以发生故障，然后在时间段 $[0, t]$ 内修复。修复以后，只要系统能够正常运行，它仍然计入系统的可用性。因此，可用性大于或等于可靠性。

软件可靠性可以用可靠性函数 $R(t)$ 描述，即软件在 $[0, t]$ 时间内不发生失效的概率，也可以用失效率函数等方式来描述。

可靠性函数 $R(t)$ 的公式定义为：

$$R(t) = e^{-(t/\theta)}$$

其中，θ 是可靠度水平，可用 MTBF 或 MTTF(mean time to fail) 表达，t 是运行的时间。由公式不难看出，对同一系统而言所考察的系统运行时间越长，则可靠性越低。

失效率是指工作到某一时刻尚未失效的产品，在该时刻后，单位时间内发生失效的概率。一般记为 λ，它也是时间 t 的函数，故也记为 $\lambda(t)$，称为失效率函数，有时也称为故障率函数或风险函数。

$$\lambda(t) = \lim_{\Delta t \to 0} \frac{1}{\Delta t} P\,(t < T \leqslant t + \Delta t \mid T > t)$$

影响可靠性的关键问题有：

● 系统崩溃或不响应。要确定一些方式来检测故障并且自动触发故障转移，或重定向负载到后备系统。

● 输出不一致性。要实现诸如事件和性能计数器之类的指示器，来检测性能问题或是发送到外部系统的失败请求，然后通过诸如事件日志、Trace 文件或 WMI 等标准系统来暴露信息。

● 诸如系统、网络和数据库等客观条件故障引起的系统故障。要找出一些办法来处理不可靠的系统、通信故障或是交易失败。

表 2-10 给出了可靠性的一般场景生成表。

表 2-10　可靠性通用场景

场景元素	可能的值	示例
源	用户，系统	具有 WiFi 指纹定位功能手机
刺激	发生软件故障，导致系统失效运行	无线信号变弱
制品	目标系统	定位系统
环境	正常运行，或降级运行	降级运行
响应	在出现系统故障时，有很多可能的反应，包括记录故障、通知选择的用户或其他系统、切换到降级模式（容量较小或功能较少）、关闭外部系统或在修复期间变得不可用	定位精度降低或定位失败
响应度量	响应度量可以指定可靠性函数 $R(t)$，失效率等来度量	系统失效的时间

2.4.6 可伸缩性

可伸缩性是一种衡量软件系统适应系统规模(用户数量、数据量、网络节点)增长的能力,目标是在负载增加的情况下维护系统的可用性、可靠性和性能。高可伸缩性代表一种弹性,在系统扩展成长过程中,软件能够保证旺盛的生命力,通过很少的改动甚至只是硬件设备的添置,就能实现整个系统处理能力的线性增长,实现高吞吐量和低延迟高性能。

对于许多应用软件(尤其是网络应用)而言,随着用户数量的增加或业务需求的不断变化,如果系统不具有良好的可伸缩性,最终将导致系统无法正常运行,或运行速度缓慢,产生瓶颈,此时,就有可能导致系统重新设计或编码,这是费时费力且代价昂贵的事情。因此,开发人员需要在设计阶段就开始考虑系统的可伸缩性,去应对未来的业务需求变化和预期的增长。

为改善系统的可伸缩性,从硬件角度考虑,有两种扩展系统资源的方式:垂直扩展和水平扩展。垂直扩展意味着在单个服务器上增加处理器、硬盘驱动器和 I/O 设备等的数量。水平扩展则意味着增加更多的服务器,而不是更大的服务器。当进行水平扩展时,单个服务器的处理速度和容量不影响整个网络的处理能力。仅靠安装更多更快的处理器和 I/O 设备,可以使性能有所改善,但是不能成功地做到性能的线性增长,因为这与软件还有很大的关系。

垂直扩展使系统在不需要改变底层源代码的情况下,就可以增加容量。而水平扩展会造成系统体系结构整体复杂度提高,集群维护难度增大,对软件体系结构设计要求较高。因此,软件和硬件之间保持平衡的合作关系,做到采用可伸缩的硬件和支持该硬件特制的软件的平衡搭配选择。

软件设计过程中必须考虑可伸缩性,可伸缩性不是一个可以在软件开发过程中添加的孤立功能。同其他软件质量属性一样,在前期设计和早期编码阶段所采用的决策和方法,将很大程度上决定该应用程序的可伸缩性。

云计算是一种服务的交付和使用模式,它旨在通过网络把多个成本相对较低的计算实体整合成一个具有强大计算能力的完美系统,它的特点之一就是能够实现动态的、可伸缩的扩展。Google 云计算平台已经拥有 100 多万台服务器,Amazon、IBM、微软、Yahoo 等的"云"均拥有几十万台服务器,企业私有云一般拥有数百上千台服务器。"云"的规模可以动态伸缩,大大满足了应用和用户规模增长的需要。

影响可伸缩性的关键问题有以下几个。

(1)应用程序不能处理越来越高的负载。需考虑如何设计使逻辑层和物理层具有可伸缩性,以及考虑这样的设计会如何影响应用程序和数据库向上扩展和向外扩展的能力。

(2)用户遇到响应延迟,以及需要更长时间才能完成操作。要考虑如何处理流量和负载的高峰。

(3)系统不能对请求进行排队,在负载降低的时候再去处理。可以实现存储和转发或是基于缓存消息的通信系统。

根据以上问题的分析,可伸缩性的一般场景如表 2-11 所示。

表 2-11　可伸缩性通用场景

场景元素	可能的值	示例
源	用户	用户
刺激	用户数量增加或者业务调整	用户数量增加
制品	软件系统	电子商务网站
环境	正常运行、超载运行	正常运行
响应	硬件方面,添加新的硬件设备,或提升硬件性能;软件方面,支持分布式的计算集群,支持添加新的计算设备	通过水平扩展的方式,增加新的服务器
响应度量	增加的计算/存储资源容量,扩展的节点/服务器数,系统的可用性、可靠性和性能	增加 1 台应用服务器,性能提升

2.4.7　安全性

软件安全性是指在软件生命周期内,系统在向合法用户提供服务的同时,阻止非授权使用,即防止恶意行为或系统设计的使用方式之外行为的能力,以及防止信息泄露和丢失的能力,从而确保系统安全性的错误已经减少到或控制在一个风险可接受的水平内。提高安全性还可以增加系统的可靠性,因为安全性提高了,攻击成功的可能性以及攻击对系统造成的损害就降低了。

试图突破安全防线的行为被称为攻击,攻击可以有很多形式,它可以是未经授权试图访问数据或服务,或试图修改数据,也可能是试图使系统拒绝向合法用户提供服务。对很多介质来说,攻击经常发生,其范围从进行电子转账时盗取资金到修改敏感数据;从盗窃信用卡号到破坏计算机系统上的文件,以及由蠕虫或病毒执行的拒绝服务攻击。

影响系统安全的因素是机密性、完整性和可用性,用于让系统更安全的特性包括身份验证、加密、审计和日志。机密性针对的是防止对信息进行未授权的“读”。完整性要面对的是防止或者至少是检测出未授权的“写”(对数据的改变)。

在许多情况下,软件安全性还受其他质量属性影响,如系统不可靠也会导致系统不安全。当系统发生故障时,不仅影响系统功能的实现,而且有时会导致事故,造成人员伤亡或财产损失。但是安全性还不完全等同于可靠性,它们的着眼点不同:可靠性着眼于维持系统功能的发挥,实现系统目标;安全性着眼于防止事故发生,避免人员伤亡和财产损失。可靠性研究故障发生以前直到故障发生为止的系统状态;安全性则侧重于故障发生后故障对系统的影响。

由于系统可靠性与系统安全性之间有着密切的关联,所以在系统安全性研究中广泛利用、借鉴了可靠性研究中的一些理论和方法。系统安全性分析就是以系统可靠性分析为基础的。

影响安全性的关键问题如下。

(1)伪造用户身份。使用授权和身份验证来防止伪造用户身份。确定信任边界,并且在跨越信任边界的时候进行授权和身份验证。

(2)由诸如 SQL 注入以及跨站脚本等恶意输入引起的危害。通过确保验证输入的长度、范围、格式以及类型,并且使用约束、拒绝以及过滤原则来防止产生此类危害。

(3)数据篡改。把网站分成匿名用户、标识用户和经过身份验证的用户。使用应用程序指示器记录日志及暴露可监控的行为。

(4)用户行为的否认。对于一些重要的应用程序行为。可以使用一些方式来审计和记录所有用户行为。

（5）信息泄露及敏感数据的丢失。需要让应用程序的各个方面都能防止敏感系统信息和敏感应用程序信息的被访问和暴露。

（6）诸如拒绝服务之类的攻击会导致服务中断。考虑减少会话超时时间，以及通过代码或硬件来检测此类恶意攻击。

表 2-12 给出了安全性的一般场景。

表 2-12　安全性一般场景

场景元素	可能的值	示例
源	正确识别、非正确识别或身份未知的个人或系统，它来自内部/外部；经过了授权/未经授权 它访问了有限的资源/大量资源	通过身份识别的用户
刺激	试图显示数据、改变/删除数据、访问系统服务、降低系统服务的可用性	删除未经授权的数据
制品	系统服务、系统中的数据	系统中的数据
环境	在线或离线、联网或断网、连接有防火墙或者直接连到了网络	正常连接网络
响应	对用户身份进行认证；隐藏用户的身份；阻止对数据或服务的访问；允许访问数据或服务；授予或收回对访问数据或服务的许可；根据身份记录访问/修改或试图访问/修改数据/服务；以一种不可读的格式存储数据；识别无法解释的对服务的高需求；通知用户或另外一个系统，并限制服务的可用性	对用户身份进行验证，阻止其删除数据
响应度量	用成功的概率表示，避开安全防范措施所需要的时间/努力/资源；检测到攻击的可能性；确定攻击或访问/修改数据或服务的个人的可能性；在拒绝服务攻击的情况下仍然获得服务的百分比；恢复数据/服务；被破坏的数据/服务和/或被拒绝的合法访问的范围	成功阻止的概率

2.5　系统质量属性

2.5.1　可支持性

可支持性是系统在不正常工作的情况下，提供信息以确定和解决问题的能力。它是指技术支持人员来安装、配置和监控计算机产品，识别异常或故障，调试或隔离故障原因分析，并提供硬件或软件的维护能力，最终将解决问题，恢复产品及服务。

通过可支持性的促进功能，通常会产生更高效的软件维护能力，降低软件运营成本，并保持业务的连续性。可支持性工程也可能包含一些日常系统维护相关的功能。

导致软件可支持性降低的关键问题主要有以下几个。

（1）缺乏调试信息，无法监控系统活动和性能。

（2）缺乏故障排查工具，缺少用于故障调试的系统状态快照，以及一些自定义指示器来提供详尽的运行和功能报表。

（3）缺乏跟踪工具。可以使用公共组件在代码中提供跟踪支持，通过面向方面编程技术或者依赖注入来实现。

（4）缺乏健康监控。缺少定义系统性能重要状态的改变的健康模型，然后使用这个模型来指定管理指示器需求。缺乏相关的指示器,如事件和性能计数器,检测状态改变,并且通过如事件日志、Trace 文件或 Windows 管理规范的标准系统来反映这些改变。

表 2-13 给出了可支持性的一般场景。

表 2-13　可支持性一般场景

场景元素	可能的值	示例
源	系统内部	系统
刺激	系统发生异常或故障,导致系统无法正常运行	出现内存泄漏异常
制品	目标系统	系统
环境	非正常运行	停止运行
响应	提供系统调试信息、系统状态信息,以及其他的监控信息	弹出警告对话框,同时在日志文件中输出相关的异常信息
响应度量	提供支持信息与出现故障次数的比例	提供相关异常信息

2.5.2　可测试性

软件可测试性是指通过测试(通常是基于运行的测试)揭示软件缺陷的容易程度。可测试性衡量的是为系统及其组件创建测试标准,以及执行这些测试来确定是否满足标准的要求。在开发设计良好的系统的成本中,至少有 40% 用在了测试上。如果软件设计师能够降低此成本,则将会收到巨大的回报。

目前,可以采取两种技术来提高测试的效率,一种方法是选择有非常强的故障揭示能力的测试软件来进行软件的测试;另一种方法是在软件进行设计时,就把可测试性的要求考虑进去,从而设计出当存在故障时出错可能性很大的程序。软件的可测试性设计就定位于此。

测试由各种开发人员、测试人员、验证人员或用户进行,它是软件生命期各部分的最后一步,可以对代码部分、设计和整个系统进行测试。可测试性的响应度量处理的是测试在发现缺陷方面的效率,以及要想达到某个期望的覆盖范围,需要用多长时间进行测试。

在已开发的软件中,通常存在一些影响软件测试的因素,主要是以下几方面。

(1) 软件产品开发的文档不完整、不清晰、不准确。

(2) 隐藏故障的代码难以测试。例如,由输入引起的故障,没有直接通过一个可观察的故障输出状态表现出来,这样的软件错误就非常难于发现并将其独立出来。

(3) 缺乏合适的测试工具和测试培训,测试效率低。

在软件生命周期的早期就确定它的可测试性,在设计时就充分考虑可测试性的问题,就可以既省时又省力地提高软件的可测试性。

影响可测试性的关键问题有以下几个。

(1) 一个具有许多处理变化复杂应用程序,如果设计成一个整体,由于难以进行自动化或细粒度的测试,会导致测试产生不一致性。

(2) 缺乏测试计划。在开发生命周期的早期就要开始测试。可以在早期测试的时候使用 mock 对象,并且构造简单的、结构化的测试解决方案。

(3) 人工和自动化测试的测试覆盖都不够。考虑如何可以自动化用户交互测试,以及如何最大化测试覆盖和代码覆盖。

（4）输入/输出不一致，简单来说就是输出不一样，在提供了所有已知输入变化的时候，输出没有完全覆盖输出域。

表 2-14 描述了可测试性的通用场景。

表 2-14 可测试性通用场景

场景元素	可能的值	示例
源	开发人员、增量开发人员、系统验证人员、客户验收测试人员、系统用户	单元测试人员
刺激	已完成的分析、架构、设计、类和子系统集成；所交付的系统	执行单元测试
制品	设计、代码段、完整的应用	系统的组件
环境	设计时、开发时、编译时、运行时	组件完成时
响应	提供对状态值的访问，提供所计算的值，准备测试环境	组件输出单元测试结果
响应度量	已执行的可执行语句的百分比； 如果存在缺陷出现故障的概率； 执行测试的时间； 测试中最长依赖的长度； 准备测试环境的时间	在 3 小时内测试了 85% 的路径

2.6　用户质量属性

2.6.1　易用性

易用性关注的是对用户来说完成某个期望任务的难易程度和系统所提供的用户支持的种类。易用性是把用户作为开发过程的中心，这种"以用户为中心进行设计"的概念，是从设计过程的开端便把用户所关注的东西包含于其中，并规定用户应该是任何设计决定中最重要的因素。易用性包含易理解性、易学习性和易操作性。应注意的是，有时候人们也把这里所说的易用性称为"可用性"。以下三点，一定程度上决定了软件易用性的质量。

1）易理解性

易理解性是指用户认识软件的结构、功能、逻辑、概念、应用范围、接口等难易程度的软件属性。该特征要求软件设计过程中形成的所有文档语言简练、前后一致、易于理解以及语句无歧义；功能名称、图标、提示信息等应该直接明了，容易理解；使用手册应该站在读者的角度，充分考虑普通用户的接受水平，避免专业术语。

2）易学习性

易学习性是指用户学习软件应用（运行控制、输入、输出）难易程度的软件属性。要求提供的用户文档内容详细、结构清晰并且语言准确；要求用户进入操作界面后一目了然，能够很直观、很容易找到自己要使用的功能菜单，方便地完成操作；在业务功能屏幕中不宜提供过多的操作功能，简单的界面更能突出功能的强大；操作或处理错误的提示信息明确。

3）易操作性

易操作性是指用户操作和运行控制软件的难易程度的软件属性。该特征要求软件的人机界面友好、界面设计科学合理以及操作简单等。易操作的软件让用户可以直接根据窗口提示上手使用，无须过多的参考使用说明书和参加培训；各项功能流程设计得很直接，争取在一个窗口完成一套操作；一旦出现操作失败，要有及时的信息反馈。

在电子商务市场中竞争非常激烈,要想吸引和保留更多的用户,就必须保证网站更加容易使用。提高网站的易用性,在于让购买过程更加简单和快捷。可以通过制作一些抢眼的按钮,帮助用户识别购物车、注册等常用功能。用户在没有注册的情况下也可以购买商品,省略或者简化烦琐的注册过程,能够增加一次性消费。设置用户所在位置导航,特别是下订单时,顾客需要知道自己处在购买过程的哪个步骤,以及方便地回退到之前的步骤等。以上方法都不同程度地提高了电子商务网站的易用性。

正常的开发过程通过构建原型和进行用户测试来检测易用性问题。问题发现得越晚,修复对软件体系结构的影响就越大,时间和预算方面也就越紧张。在一般场景中,我们所关注的是易用性对软件体系结构有主要影响的方面。因此,在软件体系结构设计开始前,这些场景必须是正确的,以便在用户测试或建立原型时不会发现易用性问题。

易用性涉及的关键问题有以下几方面。

(1)进行某项任务需要太多的交互(如大量单击)。必须确保设计了必要的屏幕和输入流程及用户交互模式来最大化易用性。

(2)不正确的多步界面流程。应尽可能使用工作流来简化多步操作。

(3)数据元素和控件分组不合适。应选择合适的控件类型(如单选框和多选框),并且使用被大家所接受的 UI 设计模式进行控件和内容布局。

(4)没有提供良好的用户反馈,特别是应用程序在遇到错误和异常后不能响应。

表 2-15 给出了易用性的一般场景。

表 2-15 易用性的一般场景

场景元素	可能的值	示例
源	最终用户	用户
刺激	想要学习系统特性、有效使用系统、使错误的影响最低、适配系统、对系统满意	执行了错误操作,需要降低错误影响
制品	系统	系统
环境	在运行时或配置时	运行时
响应	系统提供以下一个或多个响应来支持"学习系统特性"; 帮助系统与环境联系紧密;界面为用户所熟悉;在不熟悉的环境中,界面是可以使用的; 系统提供以下一个或多个响应来支持"有效使用系统"; 数据和/或命令的聚合;已输入的数据和/或命令的重用;支持在界面中的有效导航;具有一致操作的不同视图;全面搜索;多个同时进行的活动; 系统提供以下一个或多个响应来"使错误的影响最低"; 撤销;取消;从系统故障中恢复;识别并纠正用户错误;检索忘记的密码;验证系统资源; 系统提供以下一个或多个响应来"适配系统"; 定制能力;国际化; 系统提供以下一个或多个响应使客户"对系统满意"; 显示系统状态;与客户的节奏合拍	取消当前操作
响应度量	任务时间、错误数量、解决问题的数量、用户满意度、用户知识的获得、成功操作在总操作中所占的比例、损失的时间/丢失的数据量	取消在 1 秒内完成

2.7　其他质量属性

2.7.1　可变性

可变性表示系统及其支持的制品(如需求、测试计划、配置说明书等)适应变化的能力。可变性在软件产品线(将在第 8 章介绍)上是一个十分重要的属性,它表示了核心资产对于不同产品上下文的适应能力。可变性的目标是在一段时间内能够在软件产品线上轻松地构建并维护产品。可变性的场景将处理变化的绑定时间以及所需花费的人工时间。

2.7.2　可移植性

可移植性指构建于一个平台上的软件能够运行到另外一个不同平台上的容易程度。通过最小化软件对平台的依赖性,将依赖独立到定义良好的位置,或编写软件运行于封装了平台依赖的"虚拟机"(如 Java 虚拟机)中。描述可移植性的场景包括:将软件转移到一个新的平台,而无须过多工作量;或是记录转移软件需要更改之处的数量。

2.7.3　开发的可分布性

开发的可分布性指的是设计的软件支持分布式软件部署的能力。许多系统的开发团队分布在全球各处,需要协调开发团队之间的活动。这种情况下,系统设计需要最小化团队之间的协调,这种协调同时包括代码和数据模型。此外,工作于需要相互通信模块的小组需要将这些模块的接口进行协商,这是因为当一个模块被许多其他模块使用且每个模块都由独立的小组开发时,它们之间的沟通和谈判变得更加复杂和烦琐。该质量属性的描述场景包括:处理系统数据模型和通信结构的兼容性,以及开发过程中的协调机制等。

2.7.4　可部署性

可部署性考虑一个可执行文件如何到达主机平台,以及如何依次被调用,如何到达主机,这包括推和拉两种方式,"推"是指更新自动发送给用户;而"拉"则表示用户必须主动请求更新。可部署性还将考虑如何集成到已有系统以及是否能够在已有系统运行时完成。一般来说,描述可部署性的场景包括:处理更新的方式(推或拉)、更新的形式(媒介,如 DVD 或 Internet 下载、打包等),集成到已有系统的结果,执行该过程的效率和相关风险。

2.7.5　移动性

移动性处理平台的移动和功能可供性问题,如尺寸、显示类型、输入设备类型、带宽可用性和容量,以及电池寿命等。移动性包括的问题有:电池管理、连接断开一段时间后重连、不用的用户接口以支持多种平台等。描述移动性的主要场景包括:指定移动性和功能可供性的期望效果,处理软件在不同平台上部署的差异等。

2.7.6　多语种适应性

应用系统在一个地域和全球范围内使用时,首先也是最明显的区别就是语言。全球性应用通常有多种语言需求,这意味着系统需要支持说不同语言并使用非英文字母书写的用户(如有重音的语言,以及西里尔语和汉语)。例如,即便系统仅在美国内部使用,也有可能用于有大量非英语国家移民人口的地区。设计多语种系统的一个最大挑战就是把原来的语言完美地翻译成另一种新语言。有着相同意思的词汇往往能够传达不同的微妙含义。所以在翻译技术词汇时熟练地使用专业翻译技巧是十分重要的。

另一个挑战通常是屏幕空间。一般来说,英语信息要比同样的法语或西班牙语信息少用20%～30%的文字。设计全球性的系统,需要分配比使用英语版本更多的屏幕空间。

一些提供被设计成能够同时应对多语种需求,以使用户能在不同的国家里同时使用多种语言,即一个系统同时支持几种不同的语言(并行多语言系统)。另一些系统包含用不同语言编写的独立部分,在使用某一特定语言版本之前必须重新安装,即不同的语言由不同版本的系统提供,所以一次安装只能使用一种语言(如离散多语言系统)。任何一种方法都是有效的,但这个功能必须在系统投入运行之前设计到系统中。

2.7.7　可定制性

对全球化应用而言,项目团队需要考虑定制需求,即系统在多大程度上由总部控制和在多大程度上进行本地化管理。例如,一些公司允许其位于另一些国家的子公司忽略或增加某些功能。这种决定需要在灵活性和控制性之间进行权衡,因为用户化定制往往使项目团队开发和维护应用变得更加复杂。它同时意味着对组织不同部门的培训可能有所不同,当员工从某处换到另一个地方时,定制就可能出现问题。

2.8　思考与练习题

1. 功能需求、质量属性需求、约束分别对软件架构产生哪些影响?

2. 软件可管理性主要表现在哪些方面,并以一款软件,如 Microsoft SQL Server 2010 为例分析其可管理性。

3. 从软件测试的角度分析,如何检验软件的正确性?

4. 系统非功能需求是什么含义?与其对应的质量属性有哪些?

5. 为提高系统设计时质量属性:概念完整性、可维护性、可重用性,可采取哪些设计策略?

6. 为提高系统运行时质量属性:可用性、可管理性、性能、可靠性、可伸缩性、安全性,可采取哪些设计策略?

7. 为提高系统质量属性:可支持性、可测试性,可采取哪些设计策略?

8. 就你曾经开发或目前正在开发的系统而言,最重要的质量属性需求是什么?试着使用质量属性场景描述这些需求(给出图表)。

9. 简述可靠性和可用性的区别和联系。

10. 质量属性(QA)场景简明地表示了超功能需求,请对比分析 QA 场景和功能场景的区别和联系。

11. 以下选取的是某系统分别在 6 周时间内的运行情况,图中 U 表示运行时间的时间线,D 表示宕机时间的时间线。请分别计算两种情况下的可用性和可靠性。

（1）总共运行时间为：U1＋U2＋U3＋U4＋U5＋U6＋U7＝900 小时，宕机时间为：D1＋D2＋D3＋D4＋D5＋D6＝108 小时。

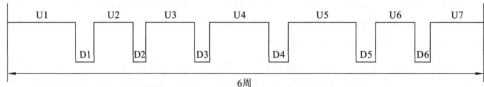

（2）总共运行时间为：U1＋U2＋U3 ＝900 小时，宕机时间为：D1＋D2 ＝108 小时。

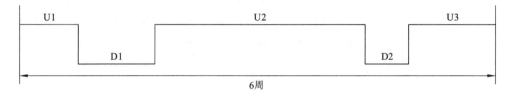

第3章 软件体系结构风格及案例

3.1 概　　述

软件架构风格是一个面向一类给定环境的架构设计决策的集合,这些通用的设计决策形成了一种特定的模式,为一族系统提供粗粒度的抽象框架。本质上讲,每一个软件系统都有其占主导地位的软件架构风格。我们讲软件架构风格"从软件中来,到软件中去"。所谓"从软件中来"是指软件架构风格是人们从大量实际的软件案例中提炼出来的可复用的架构层面解决方案,与其他解决方案相比较它们通常更加优雅、高效、可靠。"到软件中去"是指软件架构风格对应的设计决策可用于指导特定系统架构设计,能够用来决定从系统顶层结构到子系统结构在内的所有结构,从而构成软件系统架构的初始或细化设计中的关键因素。架构风格通过为常见的问题提供解决方案,增强了对问题的分解能力,提升了设计重用的水平。可以说,软件体系结构风格是进行软件体系结构设计的重要基础,对有关风格的学习在软件体系结构学习体系中占有非常重要的地位。

在软件系统和软件开发技术的发展过程中,逐渐形成了一些经典软件架构风格,它们较早出现在各类软件中,相应设计决策更为成熟、可靠,同时衍生出一些新的软件架构风格,可以说层出不穷。我们可以把架构风格和模式看作形成应用程序的一组原则。理解架构风格有很多好处,最大的好处在于它提供了通用表达方式,还为技术无关的讨论提供了机会,能让人们在不涉及具体细节的情况下针对模式和原则进行高层的讨论。本章选取了这些软件架构风格中应用较为普遍的一些架构风格,针对每一种架构风格首先描述了基本概念、关键原理,接下来通过列举1～2个案例来对其进行进一步说明,最后对其特征进行分析,给出其优缺点。为便于读者加深理解和开展实践,书中就每种风格都给出了案例实现思路和关键代码。

3.2 数据流风格

3.2.1 原理与结构

数据流风格的直观结构如图 3-1 所示,系统在数据到达时即被激活,无数据时不工作。数据流风格中数据的可用性决定着处理(计算单元)是否执行,数据在各处理之间有序移动。在纯数据流系统中,处理之间除了数据交换,没有任何其他的交互。

数据流风格的基本构件(component)是处理,构件接口包括输入端口和输出端口,构件在工作时从输入端口读取数据(road),经过计算/处理(comp),向输出端口写数据(write),如图 3-2所示。

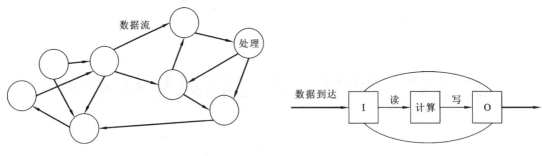

图 3-1　数据流风格的结构　　　　　　　图 3-2　"处理"构件的工作原理

数据流风格的连接件(connector)即数据流,它是一个特殊的构件,具有读和写两个接口,如图 3-3 所示。数据流负责把数据从一个处理的输出端口(I)传送到另一个处理的输入端口(O),这种传输是单向的,通常是异步、有缓冲。

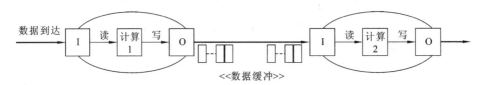

图 3-3　数据流连接件的工作原理

数据流架构风格有两种典型子风格:管道-过滤器(pipe-and-filter)系统和批处理(batch-sequential)系统。

1)管道-过滤器

在管道-过滤器风格中,系统分解为几个序贯的处理步骤,这些步骤之间通过数据流连接,一个步骤的输出是另一个步骤的输入,每个处理步骤由一个过滤器实现,处理步骤之间的数据传输由管道负责,这里的过滤器即构件,管道即连接件,如图 3-4 所示。每个过滤器构件都有一组输入和输出,构件读输入的数据流,经过内部处理,然后产生输出数据流。这个过程通常通过对输入流的变换及增量计算等来完成,包括通过计算和增加信息来丰富数据,通过浓缩和删减来精炼数据,通过改变数据表现方式来转化数据,将一个数据流分解为多个数据流以及将多个数据流合并为一个数据流。管道-过滤器系统中在输入被完全消费之前,输出便产生了。

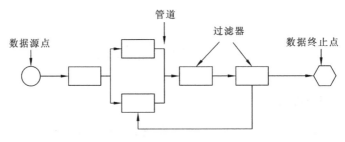

图 3-4　管道-过滤器风格

在管道-过滤器架构风格中,数据从管道流向过滤器,过滤器会对数据进行处理,这与化学处理厂中的液体流经管道的情况类似。这种风格的一个关键特征是,整个管道-过滤器网络持续地、增量式地处理数据。它与之后要介绍的批处理风格的区别在于,后者在每个阶段都对数据进行完全的处理,然后交给下一个阶段。

管道-过滤器风格由四个元素组成:管道、过滤器、读端口和写端口。工作时,过滤器从一个或几个输入端口读取数据,进行一些处理,然后写入一个或多个输出端口,重复进行直到结束。过滤器可以补充、删减、转化、细化以及合并数据,而管道则仅仅按照一个方向和次序来传输数据,不会改变数据。可以认为每一个过滤器就是在输入上应用了一个函数。

在单进程管道过滤器实现中,管道通常以队列的形式实现。采用并发性域对象(domain object)实现管道允许增量和并发性数据处理,正如并发性过滤器一样。在分布式实现中,管道采用一些如消息(messaging)机制的方式在远程的过滤器之间传递数据流。将管道实现为域对象可以使得过滤器不需要知道其特定实现,而且能透明地替换不同的实现方式。这种设计支持分布式管道过滤器风格系统的灵活部署。消息有助于封装管道中传送的数据流。

数据流风格特别适合于数据源源不断地产生,系统需要对这些数据进行若干处理(分析、计算、转换等)的场合,在实际当中有广泛的应用,如 UNIX 管道、编译器、图像处理及信号处理等系统都可看作典型的数据流风格。

2)批处理

批处理风格是管道过滤器风格的一种特例,实际上,将每个管道过滤器风格中的过滤器的输入/输出限制为单一的,则管道-过滤器退化为批处理。批处理风格中,每一步处理都是独立的,并且每一步是顺序执行的,只有当前一步处理完后,后一步处理才能开始。数据传送在步与步之间作为一个整体。组件为一系列固定顺序的计算单元,组件间只通过数据传递交互。每个处理步骤是一个独立的程序,每一步必须在前一步结束后才能开始,数据必须是完整的,以整体的方式传递。

3.2.2　案例

案例一、电子邮件应答系统

考虑这样一个处理电子邮件的系统,该系统将读取电子邮件,如果系统自身确定已理解了请求,将自动回复邮件。如果不能完全理解,将交给人工处理。

图 3-5 为该电子邮件应答系统的组合结构图。系统从邮件输入端口接收电子邮件,对它们进行分类,最后从人工处理端口或自动应答端口发出邮件。对于一些会不断接收到重复电子邮件(如航运跟踪单号的查询)的公司来说,这一系统将会省去很多处理重复邮件的麻烦。

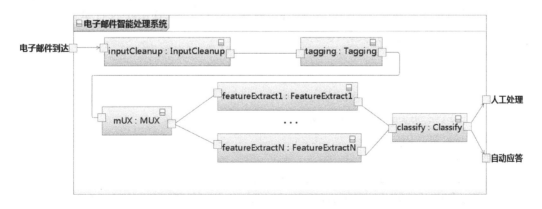

图 3-5　电子邮件应答系统的组合结构图

　　该系统可看作使用管道过滤器风格进行实现的。在该系统中,电子邮件的处理会经过几个阶段,每一个阶段对应着管道过滤器风格中的一个过滤器,邮件则作为传输数据在这几个过滤器之间传递。其中,第一个阶段是对原文进行处理,例如,移除 HTML 和其他标记,产生一个纯文本的消息,对应 InputCleanup 过滤器。然后,消息文本被打上标记,标示出主题、发送者、段落、句子、单词、账号、姓名和跟踪单号,对应 Tagging 过滤器。接着,几个特性分析器识别消息中的特征,并进行大量的密集计算,这包括 FeatureExtract1~FeatureExtract$N$ 的 N 个过滤器。最后,特性分析器得到的结果汇聚后被送入分类器,即 Classify 过滤器,分类器如果理解了该消息,就会对邮件进行回复,否则送交人工处理。该系统使用管道–过滤器风格实现,是因为整个处理流程可以让特性分析器很好地进行并行处理,从而有效提高系统的执行效率。

案例二、一个单词排序程序

　　另外一个例子则是一个管道–过滤器风格的单词排序程序,该程序需要将一个文本文件中的所有单词按照字典顺序进行排序。一般来说,这种文本的每一行包含一个单词;同样,排好序的输出文件中每行也是一个按照顺序排列的单词。

　　该程序可以使用管道–过滤器风格来实现,其具体解决方案如图 3-6 所示,其中单词产生器 WordSortGenerator 负责从磁盘中读取文件,并将数据流输入到 Pipe 当中;Pipe 则负责数据的传输工作,将数据传送到单词排序过滤器 WordSortFilter 进行处理;WordSortFilter 对传入的数据流进行排序,然后将结果写入文件。

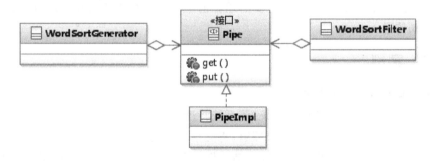

图 3-6　单词排序程序类图

　　该程序的输入为 word.txt 文件,文件中每一行包含一个单词。文件中的每一个单词经由管道 PipeImpl 进入到排序过滤器 WordSortFilter 中后,WordSortFilter 执行单词排序操作,并输出按顺序排列的单词。其具体代码实现过程如下。

　　(1) 管道接口:

```
interface Pipe{
    public boolean put(Object obj);
    public Object get() throws InterruptedException;
}
```

　　(2) 管道实现代码:

```
public class PipeImpl implements Pipe{
    private List buffer=new ArrayList();
    public synchronized boolean put(Object obj){
        boolean bAdded=buffer.add(obj);
```

```
            notify();
            return bAdded;
        }
        public synchronized Object get() throws InterruptedException{
            while(buffer.isEmpty()) wait();//pipe empty- wait
            Object obj=buffer.remove(0);
            return obj;
        }
    }
```

（3）单词产生器代码：

```
    public class WordSortGenerator extends Thread {
        private Pipe pipe=null;
        public WordSortGenerator(Pipe _pipe) {
            pipe=_pipe;
        }
        public void run() {
            try {
                BufferedReader br= new BufferedReader(new FileReader("words.txt"));
                String word=null;
                while((word=br.readLine())!=null)
                    pipe.put(word);
                pipe.put(null);//null signals no more input
                br.close();
            }catch (IOException ioex) {
                ioex.printStackTrace();
            }
        }
    }
```

（4）单词排序过滤器代码：

```
    public class WordSortFilter extends Thread {
        private Pipe pipe=null;
        private List< String> wordList=new ArrayList< String> ();
        public WordSortFilter(Pipe _pipe) {
            pipe=_pipe;
        }
        public void run() {
            String word=null;
            try {
                while ((word= (String) pipe.get())!=null)
                    wordList.add(word);
            } catch (InterruptedException intrtex) {}
            //now sort the word list        //接下来进行排序(sort)
            Collections.sort(wordList);
```

```
//print the sorted word list and write it to a file
//输出排序后的单词并将其写入文件
try {
    FileWriter fw= new FileWriter("sortedwords.txt");
    for (String s : wordList) {
        System.out.println(s);
        fw.write(s+ "\n");
    }
    fw.close();
} catch (IOException ioex) {
    ioex.printStackTrace();
}
}
}
```

(5) 具体调用过程：

```
Pipe pipe= new PipeImpl();
Thread wordGenerator= new WordSortGenerator(pipe);
Thread wordSortFilter= new WordSortFilter(pipe);
wordGenerator.start();
wordSortFilter.start();
```

3.2.3 特点

总的来看，数据流风格的系统具有如下一些优点：构件间仅通过数据传递进行交互，使得构件设计具有良好的隐蔽性和高内聚低耦合的特点；只要提供适合在两个过滤器之间传送的数据，任何两个过滤器都被连接起来，从而支持良好的软件复用特性；新的过滤器可以很方便地添加到现有系统中来，替换掉旧的过滤器，系统维护和增强系统性能相对简单；每个过滤器负责完成一个单独的任务，因此可与其他任务并行执行。此外，允许对一些如吞吐量、死锁等特性进行分析。

与此同时，也正是由于数据流风格系统自身的结构特征，使其存在一些缺点：虽然过滤器可增量式地处理数据，但它们是独立的，所以设计者必须将每个过滤器看成一个完整的从输入到输出的转换，这通常导致系统进程成为批处理的结构，整体性能不高；不适合交互应用；因为在数据传输上没有通用的标准，每个过滤器都增加了解析和合成数据的工作，这样就导致了系统性能下降，并增加了编写过滤器的复杂性。

1) 管道-过滤器风格特点

过滤器能够当作一个黑盒子，这种功能上的分离能够增强一些质量属性，如信息隐藏、高内聚、可修改性和可重用性。

过滤器和其他构件以一种有限的方式进行交互，这种连接的简单保证了低耦合的特性。

管道和过滤器能够组成层次结构。高级别的过滤器能够由任何低级别的管道和过滤器创建。

管道和过滤器序列的构造可以延迟到运行时（后期绑定），这允许一个控制器组件基于当前应用程序的状态定制一个进程。

由于过滤器的进程与系统其他组件是隔离的，这使得管道-过滤器系统能够并行地运行于多处理器上,或运行于一个处理器产生的多个线程上,从而提高效率。

　　然而,在管道–过滤器系统中,问题被分解为一系列的步骤,使用这种风格难以实现整体交互的应用程序。

　　过滤器通常需要输入的数据类型为最低级别的格式,如字节或字符流。这意味着如果处理的是信息串(单词、文本、记录),每个过滤器需要额外的负载来解析这些数据流。

　　如果过滤器在接收到其所有输入之前无法产生任何输出,该过滤器需要一个无大小限制的缓冲区。如果使用的是固定大小的缓冲区,系统将产生停顿。

　　2)批处理风格特点

　　一般来说,批处理系统与管道–过滤器风格系统具有近似的质量属性,因为从结构上讲,它们都是将系统分解为几个序贯的处理步骤,彼此间只通过数据传递进行交互,使得系统具有良好的可复用性、可修改性等特性。一个不同之处是,管道–过滤器系统增量式地产生输出,而批处理系统的最终输出既可能为空,也可能不为空,这将影响系统的可用性。另一个不同之处在于,由于阶段不能并行执行,所以并行处理机会更少,除非有多个作业都是贯穿整个系统的。批处理系统在概念上更加简单,因为在一个给定的时刻,只有一个阶段在运行,它们可能有更大的吞吐量。

3.3　过程调用风格

3.3.1　原理与结构

　　与其他软件架构风格相比,过程调用风格可算是最老的一种架构风格,自从有了高级程序设计语言,这种风格就一直在架构风格中占据主导地位,无论是过去的一些经典编程模式还是如今广泛使用的编程模式都支持这种风格。过程调用风格系统的拓扑结构如图 3-7 所示,主要通过子程序调用和返回完成系统功能,通过传递参数/获得返回值以及共享数据实现构件交互,通过对子程序的不同调用顺序实现程序流程控制。这里所讲的子程序泛指一系列计算机指令的集合,它可以完成一个特定的任务,被打包为一个程序单元。在以后的程序开发中每当需要执行同样的任务时,都可以使用这一程序单元。子程序既可以在主程序中定义,也可以封装成独立的库,供多个程序使用。需要指出的是,在不同的程序设计语言中,这种子程序的叫法有所不同,如过程、函数、方法、子程序等。

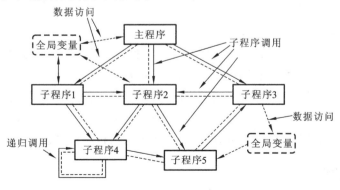

图 3-7　过程调用风格的结构

随着软件系统的发展,逐渐出现了这种风格的一些子风格,包括有共享数据的主程序/子程序体系结构风格、数据抽象和面向对象体系结构风格,以及层次体系结构风格等。其中的每一种子风格都有着各自的特性。由于层次系统风格已经逐渐被各类大型系统和小型应用所广泛使用,形成了其独立的风格特点,在软件架构中占有非常重要的位置,故将这一风格分离出来单独讲解,本节主要介绍主程序/子程序体系结构风格及数据抽象和面向对象体系结构风格。

1）主程序/子程序体系结构风格

主程序/子程序常见于 C、Fortran、Pascal 以及 Basic 程序中,对熟悉这类编程语言的程序员来说并不陌生。与非结构化程序中所有的程序代码均包含在一个主程序文件中不同,主程序/子程序风格是一种结构化的程序结构。这种风格一般使用单线程控制,把问题划分为若干处理步骤,从功能的观点按照自上而下的方法,基于"定义–使用"关系,对系统进行逐层分解,构件即为主程序和子程序,子程序通常可合成为模块。过程调用作为交互机制,即充当连接件。调用关系具有层次性,其语义逻辑表现为,子程序的正确性取决于它调用的子程序的正确性。

2）数据抽象和面向对象体系结构风格

如图 3-8 所示,这种风格的构件是对象,对象是抽象数据类型的实例。在抽象数据类型中,数据的表示和它们的相应操作被封装起来。对象的行为体现在其接受和请求的动作。连接件是对象间交互的方式,对象是通过函数和过程的调用来交互的。对象具有封装性,一个对象的改变不会影响其他对象。对象拥有状态和操作,也有责任维护状态。这种结构风格中包含封装、交互、多态、集成和重用等特征。

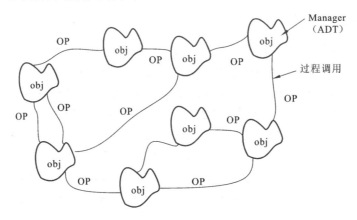

图 3-8　面向对象体系结构风格中各对象的调用关系

3）层次体系结构风格

层次系统组织成一个层次结构。构件在一些层实现了虚拟机。连接件通过决定层间如何交互的协议来定义,拓扑约束包括对相邻层间交互的约束。这个风格的特点是每层为上一层提供服务,使用下一层的服务,只能见到与自己邻接的层。大的问题分解为若干个渐进的小问题,逐步解决,隐藏了很多复杂度。修改一层最多影响两层,而通常只能影响上层。上层必须知道下层的身份,不能调整层次之间的顺序。层次体系结构风格将在 3.5 节进行详细讲解。

3.3.2　案例

过程调用风格在实际中应用广泛,几乎所有的程序都或多或少地包括主程序/子程序调用风格;同时,在面向对象开发中,所有的程序也是自然的使用数据抽象和面向对象体系结构风格。这里简单介绍一个例子,主要功能是实现华氏温度和摄氏温度的相互转化,其解决方案包括主程序/子程序和面向对象风格两种情况。

在主程序/子程序体系结构风格中,该功能可以分解为两个函数,例如,以下示例代码:

```
private static float Fah2Cels(float fah){
    return (5/9f)*(fah-32);
}
private static float Cels2Fah(float cels){
    return cels*(9/5f)+32;
}
public static void main(String[] args) {
    float cels=32.5f;
    System.out.println(Cels2Fah(cels));
    float fah=100.5f;
    System.out.println(Fah2Cels(fah));
}
```

而在面向对象体系结构风格的解决方案中,这种数据的转换工作可以封装到一个类当中,在需要转换时,只需通过改变类的实例对象来调用相应的函数即可。

```
public class TempTransfer {
    public float Fah2Cels(float fah){
        return (5/9f)*(fah-32);
    }
    public float Cels2Fah(float cels){
        return cels*(9/5f)+32;
    }
}
```

具体调用过程如下:

```
TempTransfer transfer=new TempTransfer();
float cels=32.5f;
System.out.println(transfer.Cels2Fah(cels));
float fah=100.5f;
System.out.println(transfer.Fah2Cels(fah));
```

3.3.3　特点

1) 主程序/子程序风格特点

优点:已被证明是成功的设计方法,被广泛接受;模块之间的数据共享方便;不同的计算功能被隔离在不同的模块中。

缺点:对于大规模程序,如超过 10 万行则表现不好;程序太大,开发太慢,测试更加困难;对数据存储格式的变化将会影响几乎所有的模块;对处理流程的改变与系统功能的增强也很难适应,依赖于控制模块内部的调用次序;这种分解也难以支持有效的复用。

2）面向对象风格特点

面向对象风格天然继承了面向对象技术的优点，主要表现为以下几方面。

只通过接口与外界交互，内部的设计决策则被封装起来，这种信息隐藏，便于复用和维护。

通过隐藏数据表示来增强抽象度，维护数据表达格式的完整性。

系统对象与现实世界往往具有很好的对应关系，使得系统容易理解并利于处理复杂问题。

但是，面向对象的系统也存在着某些问题：管理大量的对象，继承尤其是多重继承引起系统复杂性增大，并导致性能降低。此外，为了使一个对象和另一个对象通过过程调用等方式进行交互，必须知道对象的标识。只要一个对象的标识改变了，就必须修改所有其他明确调用它的对象。相比较而言在管道-过滤器系统中，一个过滤器则不需要知道其他过滤器的任何信息。

必须修改所有显式调用它的其他对象，并消除由此带来的一些副作用。例如，如果 A 使用了对象 B，C 也使用了对象 B，那么 C 对 B 影响可能产生对 A 不可预料的副作用。

3）数据流风格与过程调用风格的比较

以管道-过滤器为代表的数据流风格是异步/数据驱动控制方式，按数据处理步骤划分程序结构，依靠数据流实现数据/控制传递。而以主程序－子过程为代表的过程调用风格则是同步/阻塞控制方式，以一种自顶向下的层次分解方式划分程序结构，以参数/返回值实现数据/控制传递。

3.4　独立构件风格

3.4.1　原理与结构

随着软件系统变得越来越复杂，需求变化越来越快，独立构件风格系统愈发受到人们的关注，因为该风格能够很好地支持软件重用和演化，很容易将一个构件集成到系统当中。独立构件风格主要包括进程通信体系结构风格和基于事件的隐式调用风格两种子风格类型。

1. 进程通信体系结构风格

构件是独立的进程，连接件是消息传递。消息传递通常用来实现进程之间的同步和对共享资源的互斥操作。这种架构风格的典型例子是客户机/服务器架构，其中服务器通常用来为一个或多个客户端提供数据服务，客户端用来向服务器发出请求，针对这些请求服务器通过同步或异步方式进行请求响应。

2. 基于事件的隐式调用风格

在基于事件的隐式调用风格中，构件不直接调用一个过程，而是触发或广播一个或多个事件。系统中其他构件中的过程在一个或多个事件中注册，当一个事件被触发时，系统自动调用在这个事件中注册的所有过程。一个事件的触发就导致了另一个模块中过程的调用。这种系统称为基于事件的系统（event-based system）。

一般来说，事件系统的基本构成与工作原理如图 3-9 所示。

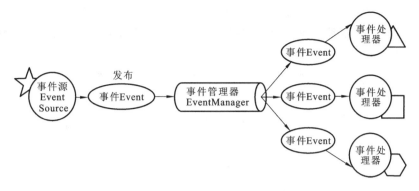

图 3-9　事件系统的基本构成与工作原理

该体系结构风格中的基本构件可以是对象或者过程,如可以是事件本身,也可以是一些过程或函数,而这些过程或函数充当事件源或事件处理器的角色。事件系统的连接机制(连接件)为事件-过程绑定,过程(事件处理器,事件的接收或处理方)向特定的事件进行注册,构件(事件源)在合适的时间发布事件。当某些事件被发布时,向其注册的过程被隐式调用,且调用的次序是不确定的。此外,在某些情况下,一个事件还可能触发其他事件,从而形成事件链。

这种风格的主要特点是事件的触发者并不知道哪些构件会被这些事件影响,相互保持独立。这样就不能假定构件的处理顺序,甚至不知道哪些过程会被调用;且各个构件彼此之间无连接关系,各自独立存在,通过对事件的发布和注册实现关联。这种风格中的构件是非命名的过程,它们之间交互的连接件往往是以过程之间的隐式调用(implicit invocation)来实现的。

在事件系统中,当事件发生时,系统将会自动调用已向该事件注册过的过程并执行。然而,这些事件是如何被分发到已注册的模块中的呢? 这种事件的调度可通过两种策略实现,一种是没有派遣模块的事件管理器,一种是带有派遣模块的事件管理器。

其中,无独立调度模块的事件系统中,各模块被称为"被观察者/观察者",每一个模块都允许其他模块向自己所能发送的某些消息表明兴趣,当某一模块发出某一事件时,它自动将这些事件发布给那些曾经向自己注册过此事件的模块。这可通过"观察者"模式来进行实现,如图3-10 所示。

在图 3-10 中,ConcreteSubject 类可以附加多个 Observer,当产生事件时,ConcreteSubject对象将通知其关联的所有 Observer 对象,每个Observer 类中包含一个 update 方法,一旦被通知到,Observer 对象将会自动调用 update 方法,并执行相应的操作。

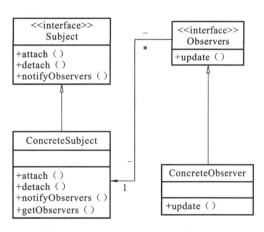

图 3-10　观察者模式

另一方面,在有独立调度模块的事件系统中,事件派遣模块负责接收到来的事件并派遣它们到其他模块。而派遣器应该怎样派遣,又存在两种策略:一种是广播式(all broadcasting),即派遣模块将事件广播到所有模块,但只有感兴趣的构件才去响应事件,触发自身的行为,如

图 3-11 所示；另一种是选择广播式（selected broadcasting），即派遣模块仅将事件传送到那些
已经注册了的构件中，如图 3-12 所示。选择广播式的派遣策略包括点对点（point-to-point）模
式和发布–订阅（publish-subscribe）模式。

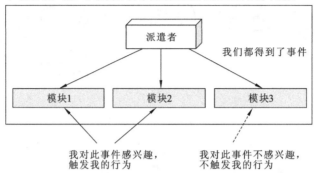

图 3-11　广播式事件派遣策略

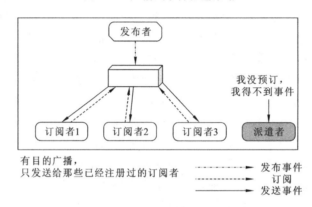

图 3-12　选择广播式事件派遣策略

　　在选择广播式的点对点模式中，系统安装并配置一个队列管理器，定义一个命名的消息队
列，某个应用向消息队列注册，以监听并处理被放置在队列里的事件，其他的应用连接到该队
列并向其中发布事件。队列管理器存储这些消息，直到接收端的应用连接到队列，取回这些消
息并加以处理消息只能够被唯一的消费者所消费，消费之后即从队列中删除。而在发布–订阅
模式中，事件发布者向"主题"发布事件，订阅者向"主题"订阅事件，一个事件可以被多个订阅
者消费；事件在发送给订阅者之后，并不会马上从 topic 中删除，topic 会在事件过期之后自动
将其删除。图 3-13 显示了这两种模式的基本结构。

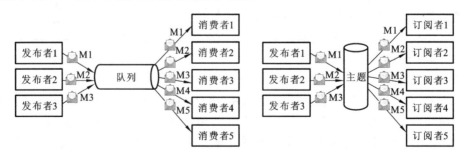

图 3-13　点对点模式和发布–订阅模式

事实上,作为一款主流的视窗操作系统,Windows 操作系统本身就是一个大的事件系统,Java、VC++等程序设计语言也都有对事件系统开发的支持,在此基础上开发的应用程序可充分利用相关的事件处理机制,尤其是交互式应用程序中对鼠标、键盘等的处理更离不开事件处理。此外,目前已经存在一些支持大型分布式应用的专门消息中间件产品,主流的有 Sun 的 JMS、IBM 的 MQ Series、BEA 的 MessageQ、Apache 的 ActiveMQ 等。此类中间件能利用高效可靠的消息传递机制进行平台无关的数据交流,并基于数据通信来进行分布式系统的集成。通过提供消息传递和消息排队模型,它可以在分布式环境下扩展进程间的通信。消息中间件既可以支持同步方式,又可以支持异步方式。异步中间件技术又分为两类:广播方式和发布-订阅方式。由于发布-订阅方式可以指定哪种类型的用户可以接收哪种类型的消息,更加有针对性,事实上已成为异步中间件的非正式标准。

3.4.2　案例

案例一、调试器

支持基于事件的隐式调用的应用系统很多。例如,在编程环境中用于集成各种工具,在数据库管理系统中确保数据的一致性约束,在用户界面系统中管理数据,以及在编辑器中支持语法检查。下面以一个调试器为例来说明隐式调用的具体过程。图3-14显示了一个调试器(Debugger)的具体工作流程。

编辑器和变量监视器可以注册相应 Debugger 的断点事件。当 Debugger 在断点处停下时,它声明该事件由系统自动调用处理程序,如编辑程序可以

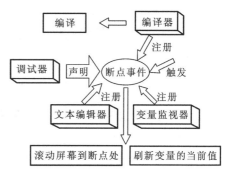

图 3-14　调试器工作流程

卷屏到断点,变量监视器属性变量数值。而 Debugger 本身只声明事件,并不关心哪些过程会启动,也不关心这些过程作什么处理。因此,在调试过程中,这些触发操作都是通过隐式调用实现的,用户在使用时并没有主动进行任何函数调用操作。

案例二、Java GUI 程序事件处理

另一个例子是 Java 的 GUI 程序中的事件处理机制。本示例需要实现一个简单的按钮响应功能:当一个按钮被单击时,会出现响应按钮单击的提示信息。

在 Java 程序中,处理事件的一般步骤是(类似 Win32 事件机制):①注册监听器以监听事件源产生的事件(如通过 ActionListener 来响应用户单击按钮事件);②定义处理事件的方法(如在 ActionListener 中的 actionPerformed 中定义相应方法)。这有两种实现方式:第一种是可以使用多个监听器来分别响应不同组件产生的各种事件,其实现方式与事件的选择广播式派遣策略相对应,当按钮单击事件发生后,该事件将仅会传递到注册过的 ActionListener 中,并进行处理;第二种则利用继承自父类的监听器以及多个 if 语句来决定是哪个组件产生的事件并加以处理,该事件处理机制与事件的广播式派遣策略相对应,即按钮单击事件发生后,该事件会派遣到各个对象(Button)中,由该对象决定是否处理该事件。两种不同实现方式的具体类图如图 3-15 所示。

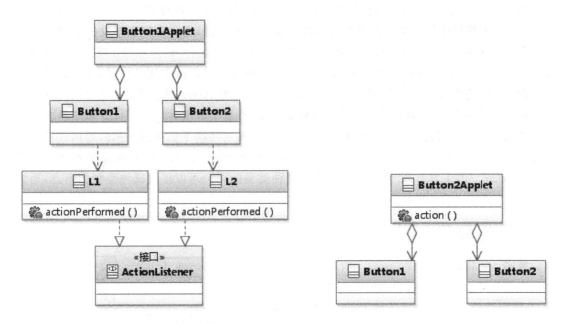

图 3-15　Java GUI 程序两种事件处理机制

（1）使用多个监听器分别响应各种事件：

```java
public class Button1Applet extends Applet{
    Button b1= new Button("Button 1");
    Button b2= new Button("Button 2");
    public void init(){
        b1.addActionListener(new L1(this));
        b2.addActionListener(new L2(this));
        add(b1);
        add(b2);
    }
}
class L1 implements ActionListener{
    private Applet applet;
    L1 (Applet applet){this.applet= applet;}
    public void actionPerformed(ActionEvent e) {
        applet.getAppletContext().showStatus("Button 1 pressed");
    }
}
class L2 implements ActionListener{
    private Applet applet;
    L2 (Applet applet){this.applet= applet;}
    public void actionPerformed(ActionEvent e) {
        applet.getAppletContext().showStatus("Button 2 pressed");
    }
```

```
        }
```

（2）利用继承自父类的监听器决定响应的事件：

```
    public class Button2Applet extends Applet{
        Button b1= new Button ("Button 1");
        Button b2= new Button ("Button 2");
        public void init(){
            add(b1);
            add(b2);
        }
        public boolean action (Event evt,Object obj){
            if(evt.target.equals(b1))
                getAppletContext().showStatus("Button 1 pressed");
            else if(evt.target.equals(b2))
                getAppletContext().showStatus("Button 2 pressed");
            else
                return super.action(evt,obj);
            return true;
        }
    }
```

3.4.3　特点

独立构件风格的实质就是基于事件的隐式调用风格，其主要特点是事件的触发者并不知道哪些构件会被这些事件影响。这样不能假定构件的处理顺序，甚至不知道哪些过程会被调用，因此，许多隐式调用的系统也包含显式调用作为构件交互的补充形式。

基于事件的隐式调用系统的主要优点如下。

（1）能够很好地支持交互式系统（如用户输入/网络通信等），系统中的操作可异步执行，不必同步等待执行结果。

（2）为软件复用提供了强大的支持。当需要将一个构件加入现存系统中时，只需将它注册到系统的事件中。

（3）为系统动态演化带来了方便。构件独立存在，当用一个构件代替另一个构件时，不会影响到其他构件的接口。

（4）对事件的并发处理将提高系统性能。

（5）健壮性。一个构件出错将不会影响其他构件。

基于事件的隐式调用系统的主要缺点如下。

（1）分布式控制方式使得系统的同步、验证和调试变得异常困难。

（2）构件放弃了对系统计算的控制。一个构件触发一个事件时，不能确定其他构件是否会影响它。而且即使它知道事件注册了哪些构件的构成，也不能保证这些过程被调用的顺序。

（3）既然过程的语义必须依赖于被触发事件的上下文约束，关于正确性的推理存在问题。

（4）传统的基于先验和后验条件的验证变得不可能。

（5）数据交换的问题。有时数据可被一个事件传递，但另一些情况下，基于事件的系统必须依靠一个共享的仓库进行交互。在这种情况下,全局性能和资源管理便成了问题。

(6) 相比直接方式的连接,隐式调用增加了中间层必要的消耗,会降低事件的响应速度。

3.5　层次风格

3.5.1　原理与结构

层次化作为一种复杂系统设计的普遍性原则,被广泛应用于计算机软件、硬件和通信系统的设计中。众多复杂软件设计的实践,大到操作系统,中到通用软件平台,小到一般应用,几乎都是按照层次化结构建立起来的。

1. 层次系统基本原理

在层次系统中,系统被组织成若干个层次,每个层次由一系列构件组成。层次之间存在接口,通过接口形成调用/返回的关系。一般来讲,下层构件向上层构件提供服务,上层构件被看作下层构件的客户端。因此,层次系统也常被看作过程调用风格。事实上,层次风格除具有过程调用的特性外,反映出很多独特的特性。

层次风格的基本构件是各层次内部包含的构件,连接件是层间的交互协议,拓扑结构是分层,约束是对相邻层间交互的约束。层次风格也称为重用的倒金字塔,每一层对直接下层的职责和抽象进行聚合。这种风格支持基于可增加抽象层的设计,这样允许将一个复杂问题分解成一个增量步骤序列的实现,同时可以帮助系统设计者有效地分离关注点,从而增进灵活性和可维护性。

一般来讲,层次风格系统中的每一层都要承担两个角色。首先,它要为结构中的上层提供服务;其次,它要作为结构中下面层次的客户端,调用下层提供的功能函数。每一层的功能都和同一个角色或职责相关,层之间的通信是显式的和松耦合的。对于严格的层次结构来说,层中的构件只能和相同层或直接下层中的构件进行交互,同时提供抽象接口供直接上层调用。由于每一层最多只影响两层,同时只要给相邻层提供相同的接口,允许每层用不同的方法实现,同样为软件重用提供了强大的支持。而较松散的分层结构则允许层中的构件和相同层以及任何下属层中的构件进行交互。图 3-16(a)所表示一种严格分层,图 3-16(b)所表示的是一种松散分层。

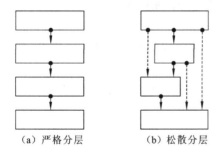

　(a) 严格分层　　　(b) 松散分层

图 3-16　严格分层与松散分层

针对分层系统的动态行为,存在两种基本的交互模式:由上而下的交互模式和由下而上的交互模式。在由上而下的交互模式中,外部实体与系统中的最高层交互。最高层使用较低级别层的一个或多个服务。反过来,每个较低级别都使用它下面的层,直到到达最低层。在松散分层系统中,上层有可能绕过中间层而直接调用它下面某一层的服务。例如,数据维护应用程序可绕过任何中间业务逻辑层而直接访问数据访问层。在由上而下的交互模式中,较高层直接调用较低层,因此高层依赖于低层。这种由上而下的信息和控制通常被描述成“请求”。

在由下而上的交互模式中,外部实体与系统中的底层交互,通常用来监视某些底层系统的状态变化。当被监控对象状态发生改变时,触发系统底层的某些服务;每个较低级别回调它上面的层的服务,直到到达顶层;在此模式中,客户端只能使用底层的一组服务,而无法直接了解任何较高的层。在由下而上交互模式中,较低层通过事件、回调和委派来与较高层通信。这种由下而上的方式被描述为"通知"。

2. 逻辑分层

层次软件体系结构风格侧重于把软件中的相关功能和组件分成独立的逻辑分组,即逻辑层(layer),从而组织成一个层次结构。无论设计的是何种类型的软件,不管是否有用户界面,或者只是暴露服务的服务程序,一般情况下都可以把软件组件的设计分为若干逻辑层。层有助于区分组件进行的不同类型的任务,这样使得我们的设计可以很容易支持组件重用。每一个逻辑层包含许多独立的组件类型并可分组成子层,每一个子层执行特定类型的任务。

通过找出大多数解决方案中一般存在的组件类型,就可以为应用程序或服务构建一张"地图",然后把这张"地图"作为设计的蓝图。把程序划分为具有不同角色和不同功能的层不仅有助于最大化代码的可维护性,而且能通过改变部署方式最优化应用程序的工作方式,以及提供一个清晰的描述展示各个位置上必须实现的技术或设计决策。

从最高级的和最抽象的角度来说,任何系统在逻辑架构层面都可以看作是把一组相互协作的组件分组成逻辑层。图 3-17 给出了一种简化的常见应用程序高层次逻辑分层的表示,并且演示了层和用户、调用这个应用程序业务层中实现的服务的其他程序、诸如关系型数据库及提供数据访问的数据层,以及应用程序使用的外部或远程服务之间的关系。

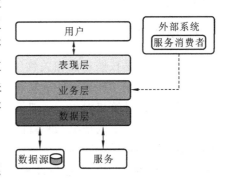

图 3-17　常见层次系统逻辑架构

1) 表现层

这个层包含面向用户的功能,负责管理用户和系统之间的交互,通常使用 GUI,不包含或仅包含一部分业务逻辑。表现层通常包含如下两类组件。

(1) 用户界面组件。应用程序的可视化元素,用于将有关信息展现给用户并接收用户的输入信息。

(2) 表现逻辑组件。表现逻辑是一段应用程序代码,以一种和特定的用户界面实现无关的方式,定义了应用程序的逻辑行为和结构。如果实现了表现分离模式,表现逻辑组件可能包含表示器(presenter)、表现模型(presentation model)和视图模型(view model)组件。表现层可能还会包含封装了业务逻辑层中数据的表现层模型(presentation layer model)组件,或以一种更易于表现层使用的形式封装业务逻辑和业务数据的表现实体(presentation entity)组件。

2) 业务层

这个层实现了系统的核心功能并且封装了相关业务逻辑。它通常由如下一些组件构成:一些组件可能会暴露服务接口供其他调用者使用。

(1) 应用程序外观。这是一个可选的组件,它把多个业务操作组合成为一个操作来简化逻辑使用,一般为业务逻辑组件提供简化的接口。这样做是因为外部调用方不需要知道业务组件的细节和它们之间的关系,因此也就可以减少依赖。

（2）业务逻辑组件。所谓逻辑组件也就是任何有关获取、处理、转换和管理应用程序数据、应用程序业务规则和策略，以及确保数据一致性和有效性的应用程序逻辑。要最大化重用，业务逻辑组件不应该包含任何只能用于特定用例或应用场景的行为或应用程序逻辑。业务逻辑组件可以进一步划分为业务工作流组件和业务实体组件。

3）数据层

这一层提供针对寄存在系统边界内的或者由其他联网系统暴露的数据的访问，这种访问可能是通过服务的方式进行的。数据层会暴露一些业务层可以使用的通用接口。数据层通常包含如下组件。

（1）数据访问组件。这些组件抽象了访问底层数据存储的必要逻辑。这些组件集中管理一些通用的数据访问功能，使得应用程序更容易配置和管理它们。有一些数据访问框架可能需要开发人员在单独的可用帮助助手或小工具数据访问组件中定义和实现通用数据访问逻辑。其他的一些数据访问框架，包括很多对象关系映射（O/RM）框架，会自动实现类似的组件，减少了开发人员需要写的数据访问代码量。

（2）服务代理。如果业务代理组件必须访问由外部服务提供的数据，就需要实现代码管理和各种需求，并且提供诸如缓存、离线支持等额外的服务，以及对服务暴露的数据格式和相应程序需要的数据格式之间的映射。

3. 物理分层

逻辑层往往是按照功能相关性组合成的逻辑软件构件，不考虑物理位置。物理层（tier）描述的却是如何把功能和组件从物理上部署到独立服务器、计算机、网络或远程位置。它通常与系统部署中的计算机对应。一般情况下，一个独立运行的服务器就是一个物理层。也有几个服务器组成一个层的情况，如集群服务器就可看作是同一个层。值得注意的是，尽管逻辑层和物理层有时会使用相同的一组名词（表层、业务逻辑、数据），但要记住只有物理层才指物理分离。在提及诸如两层、三层以及多层分布式模式的时候通常指的是物理层。

对于层次风格的系统，很多时候，逻辑层和物理层并不完全一致。逻辑层可能放在相同的物理机器上（相同物理层）或是分布在独立的机器上（N 物理层），并且每一层中的组件通过明确定义的接口来和其他层中的组件进行通信。逻辑层和物理层之间的映射存在如下三种情况：1 对 1，即一个逻辑层运行在一个物理层；1 对多，即一个逻辑层运行在多个物理层；多对 1，多个逻辑层运行在一个物理层。对于将层次系统逻辑层映射到不同物理层的情况，也称分布式部署。这种情况下，可以针对特定运营需求和系统资源的使用情况对特定物理层的服务器环境进行分别优化。分布式部署能针对各层的应用服务器进行配置，这样可以保证最大程度上满足每一层的需求。分布式部署提供了一种更加灵活的环境，它使得用户可以在遇到性能瓶颈或是需要增加处理能力时，可以简单地为每一个物理层进行横向扩展或纵向扩展。但是，需要谨记：增加更多的物理层也就增加了复杂性、部署工作量和成本。

通常情况下，如果一个逻辑层能运行在一个独立进程中，通常它就可以运行在一台独立的计算机上，因此这样的逻辑层就可以对应一个物理层。然而，若两个逻辑层分别运行在两个独立的进程中，并且它们之间需要进行通信，但所实现的进程间通信不是基于分布式方式，而是基于局部共享内存方式。那么，这种情况下这两个逻辑层就只能运行在同一台计算机上的两个进程中，而不能运行在两台计算机中。除非进程间通信方式改为 Socket 这样的分布式通信方式，否则尽管这两个逻辑层运行在同一台计算机上的不同进程中,但依然被看作是一个物理层。此外,也有几个逻辑层运行在一个进程中或一个逻辑层运行在几个进程中这样的情况。对前一种情况而言,显然它们属于同一个物理层,对后者而言则要根据前面描述的原则具体分析。

4. 常见的多层系统物理部署模式

(1)非分布式部署。这种部署模式除了数据存储功能之外的所有的功能和层都在一个服务器中,如图 3-18 所示。这种方式的优势是简单,只需要最少的物理服务器,而且减少了跨服务器或服务器集群的物理边界进行层之间通信的性能开销。但是要注意,虽然使用一个服务器,可以将通信带来的性能开销降到最小,但是其他方面会影响性能。因为,所有的层都共享资源,当某一层负载很大时可能会对所有其他层都产生负面影响。此外,服务器一般必须针对最严格的运行需求来配置和设计,并且服务器的资源必须保证最大用户群在峰值期间能够正常使用系统。因为所有层都共享一个物理硬件,所以使用单个物理层会降低整体可伸缩性和可维护性。

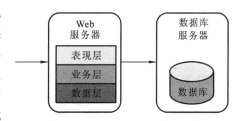

图 3-18　非分布式部署模式

(2)两层部署。如图 3-19 所示,在某些情况下,所有应用程序代码都位于客户端,数据库位于独立的服务器上。客户端可以利用存储流程或数据服务器上少量的数据访问功能。如果用户正在开发一个需要访问应用服务器的客户端程序,或正在开发一个会访问独立数据库服务器的单机客户端程序,那么可以考虑两层模式。

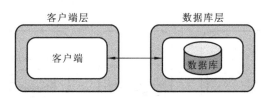

图 3-19　两层部署模式

(3)三层部署。对于三层设计,客户端会和部署在独立服务器上的应用软件进行交互,而应用服务器又会和位于另一个服务器上的数据库进行交互,如图 3-20 所示。对于大多数 Web 应用程序服务来说,这是最常见的部署模式,而且能满足大多数一般的应用的需要。用户可能会在客户端和 Web/App 层之间实现防火墙,在 Web/App 层和数据库层之间又实现一道防火墙。如果用户的应用程序满足以下情况,那么可以考虑使用三层模式。如果开发的是基于内网的应用程序,所有服务器位于私有网络中,或是基于互联网的应用程序,安全需求允许把业务逻辑放在面向公众的 Web 或应用程序服务器上。

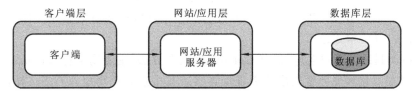

图 3-20　三层部署模式

（4）四层部署。如图 3-21 所示，对于这种应用场景，Web 服务器和应用服务器在物理上进行分离，这么做通常是出于对安全因素的考虑。Web 服务器部署在边缘网络上，并且可以访问位于另外一个子网的应用服务器。这种情况下，可能在客户端、Web 层、应用或业务逻辑层之间再实现另一道防火墙。如果安全需求规定业务逻辑不能部署在边缘网络中，或是应用程序代码需要使用大量服务器资源，用户希望把相关功能的负载转移到其他服务器，那么可以考虑四层模式。

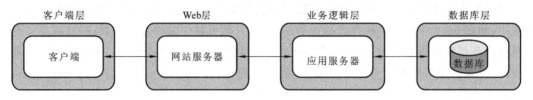

图 3-21　四层部署模式

（5）富客户端应用程序部署。对于 N 层部署，可以把表现和业务逻辑放在客户端，或只把表现逻辑放在客户端。图 3-22 给出了表现逻辑和业务逻辑都部署在客户端的情况。图 3-23 给出了业务逻辑和数据访问逻辑部署在应用服务器的情况。

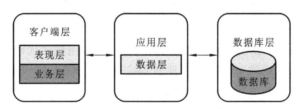

图 3-22　业务层在客户端的富客户端

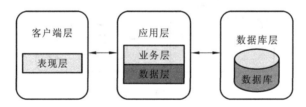

图 3-23　业务层在应用服务器的富客户端

3.5.2　案例

案例一、一个简单的用户信息查询程序三层逻辑架构

图 3-24 是一个简单的查询并显示某单位用户信息表中内容的层次系统例子。下面就程序中的主要结构元素进行说明，有兴趣的读者可采用 C♯ 或 Java 自行实现。

dbConnection：该类主要用来完成选择、更新、删除等数据库操作。同时负责检查数据库连接是否打开。如果数据库连接没有打开，则打开连接并执行相应数据库操作。数据库查询结果按照 DataTable 格式返回。

UserVO 类封装了用户信息，拥有 Get 和 Set 两个方法，主要用来将数据从一个类到另一个类传递。该类直接和业务逻辑层及表现层连接。其中业务逻辑层执行 Set 操作，表现层执行 Get 操作。

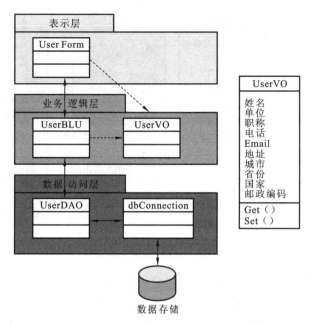

图 3-24　用户信息查询程序的三层逻辑架构

数据访问层根据业务逻辑层传递来的参数来构建 SQL 查询,并将查询语句传递给 dbConnection 类执行查询。然后将所获得的查询结果返回给业务逻辑层。数据存储除数据库表外,常见的还有 XML 文件等形式,对于 XML 文件需要 XSLT 加以转换。

业务逻辑层起到桥接表现层和数据访问层的作用。一方面,所有来自表现层的用户信息都将被传递给业务逻辑层。另一方面,对于来自数据访问层数据表格式的结果,逐行转换成 UserVO 对象格式。此外也是最重要的,业务逻辑层负责根据需要对表现层和数据访问层获取的数据加以处理,如计算和业务规则校验。一般来讲,在整个架构中,业务逻辑层无疑是最重要的,它往往包含了程序最核心的功能。

表现层是唯一和用户连接的层。因此,从这个意义上讲,对用户而言它也是非常重要的。表现层主要负责获取用户数据,然后将其传递到业务逻辑层加以处理。此外,当 UserVO 对象接收到数据后,该层还负责将这一数据以恰当的方式展现给用户。一般基于表单(form)和页面形式实现,表现层通常包括共享的 UI 代码以及与表单和控件绑定的代码等。

案例二、J2EE 框架

J2EE(Java 2 enterprise edition)是 Sun 公司为企业级应用推出的标准平台。随着 Java 技术的发展,J2EE 平台得到了迅速发展,成为 Java 语言中最活跃的体系之一。现如今,J2EE 不仅仅是指一种标准平台,它更多地表达着一种软件架构和设计思想。J2EE 使用多层的分布式应用模型,一般划分为客户层、Web 表现层、业务逻辑层和后台系统层四个层次,也称四层模型,如图 3-25 所示。应用逻辑按功能划分为组件,各个应用组件根据它们所在的层分布在不同的机器上。采用 J2EE 架构可以简化企业解决方案的开发、部署和管理相关的复杂问题。

(1) 运行在客户端机器上的客户层:负责与用户直接交互,J2EE 支持多种客户端,可以是 Web 浏览器,也可以是专用的 Java 客户端。应用客户端程序和 Applet 是该层组件。

(2) 运行在 J2EE 服务器上的表示层:该层为基于 Web 的应用服务,利用 J2EE 中的 JSP

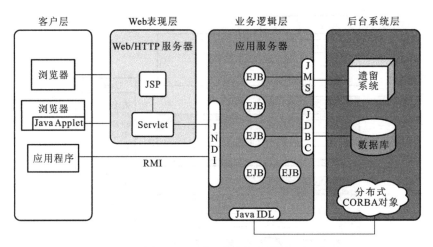

图 3-25　J2EE 层次体系结构

与 Servlet 技术，可以响应客户端的请求，并可向后访问业务逻辑组件。JSP 页面和 Servlet 是该层组件。按照 J2EE 规范，静态的 HTML 页面和 Applet 不算是 Web 表现层组件。该层还可能包含某些 Java Bean 对象来处理用户输入，并把输入发送给运行在业务层上的 Enterprise Bean 来进行处理。

（3）运行在 J2EE 服务器上的业务逻辑层组件：主要封装业务逻辑，完成复杂计算，提供事物处理、负载均衡、安全、资源链接等各种基本服务，程序员在编写 EJB（enterprise JavaBean）组件的时候，可以不关心这些基本的服务，可以集中注意力于业务逻辑的实现。

（4）后台系统层：该层包括了企业现有信息系统（ERP 系统、大型机事务处理等）、数据库系统、文件系统等，J2EE 提供了多种技术以访问这些系统，如可以利用 JDBC 技术访问 DBMS，使用 RMI 实现远程对象方法调用。

J2EE 客户端层将业务数据模型与 UI 分开，UI 可以是基于 Web 方式的，也可以是基于传统方式的桌面方式。业务逻辑在服务器层，从客户端程序接收数据，进行逻辑处理，必要时将数据发送到 EIS 层存储，可以通过连接池、多线程、对象一致性处理等技术来处理多客户端请求。

3.5.3　特点

层次风格软件体系结构按照人们对应用的关注划分为层叠的组，体现了分治的思想，可有效简化设计，降低实现复杂度，改善和增强系统如下特性。

（1）抽象。层次风格把系统当作一个抽象整体来看的同时，提供了足够的细节来理解每一层的角色和职责以及层之间的关系。分层使设计者可以把一个复杂系统按自上而下抽象程度递增的步骤进行分解。

（2）隔离。不需要在设计阶段作有关数据类型、方法、属性和实现的假设，因为这些特性不会跨越层边界暴露。可以对单独的层进行技术升级，通过封装可以减少风险并且使得对整个系统的影响减少到最低程度。

（3）可扩展性。层次系统每一层最多和上下两层交互，对任一层功能的改变，最多只影响其他两层。

（4）可管理性。核心关注点的分离有助于找到依赖,并将代码组织得更加易于管理。

（5）性能。通过把逻辑层分布到多个物理层中,可以提高可伸缩性、容错性(fault tolerance)和性能。

（6）可重用性。每一层提供的功能都是独立的和定义良好的。不同层之间有明确的接口,在解决一个新的问题时,使开发人员更容易地重用一个已有的层。

（7）可测试性。由于有了明确定义的接口,以及可以在层接口的不同实现之间实现按需切换,可测试性明显增强了。

（8）标准化。清晰定义并且广泛接受的抽象层次能够促进实现标准化的任务和接口开发,同样接口的不同实现能够互换使用。

同时,我们也应该看到层次风格系统存在如下一些不足之处。

（1）由分层风格构成的系统,在上层中的服务如果有很多依赖于底层,则相关的数据必须通过一些中间层的若干次转化才能传到,运行效率往往低于整体结构。

（2）并不是每个系统都可以很容易地划分为分层的模式,甚至即使一个系统的逻辑结构是层次化的,出于对系统性能的考虑,系统设计师不得不把一些低级或高级的功能综合起来。

（3）很难找到合适的、正确的层次抽象方法:层数太少,分层不能完全发挥这种风格的可复用性、可更改性和可移植性上的潜力;层数过多,则引入不必要的复杂性和层间隔离冗余以及层间传输开销。

3.6　虚拟机风格

3.6.1　原理与结构

虚拟机是一个软件系统,它创建了一种虚拟的环境,屏蔽了底层硬件和/或软件平台的异构性,将用户与底层平台隔离开来。通过它可执行一些底层平台不直接支持的功能。虚拟机风格有时也称为解释器风格。解释器系统的核心也是虚拟机。

正如其名字所暗含的那样,虚拟机在结构上有点像一个计算机系统,它具有一个指令集并使用不同的存储区域。它负责执行指令,还需要管理数据和内存等。一般来讲,虚拟机风格软件包含三个被动数据组件和一个主动组件,它们分别是:被解释执行的程序(program),用于保存程序当前执行状态的数据组件(data),用于保存当前解释引擎控制状态的组件(internal state),以及虚拟机解释器引擎(interpretation engine),如图 3-26 所示。虚拟机的连接件包括过程调用和直接存储访问。

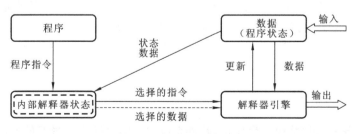

图 3-26　虚拟机风格示意图

（1）程序组件保存被解释的程序,它是数据加工的抽象表达。它通常是一系列结构化数据元素的形式,每一个元素表达了一个如何处理数据的指令或者状态。它和运行在计算机硬件系统中的程序指令是相似的,因此称为"程序"。

(2)数据组件保存程序将要处理的信息,代表程序运行时的状态。这些信息类似于在执行程序时分配给变量的值,而数据组件则类似于计算机硬件中的内存。

(3)解释器引擎是系统中的一个主动组件。它从程序中选择一条指令进行解释,并按照指令更新程序数据,更新它的内核状态,它相当于计算机硬件中的CPU。

(4)内部解释器状态组件保存了当前解释引擎的状态,它类似于计算机硬件中的寄存器或者指令计数器。

虚拟机风格有两种典型子风格:解释器风格与基于规则的系统。

1. 解释器

解释器是一个用来执行其他程序的程序。它针对不同的硬件平台实现了一个虚拟机,将高抽象层次的程序翻译为低抽象层次所能理解的指令,以消除在程序语言与硬件之间存在的语义差异。一个解释器通常由伪程序(pseudo program)和解释引擎(interpretation engine)两部分构成,如图3-27所示。解释器风格的基本构件包括解释器引擎、存储区。其中存储区存放被解释的源代码、解释器引擎当前的内部控制状态的表示,如在某个时刻需要执行哪些指令及程序当前执行状态的表示。解释器风格的连接可看作对存储区的数据访问。

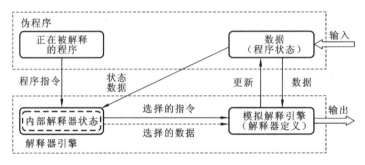

图 3-27　解释器的结构

解释器通常用来在程序语言定义的计算和有效硬件操作确定的计算之间建立对应和联系。简单和小规模的解释器只完成基本的信息识别和转换。复杂的解释器需要从词法到句法、到语法的复杂识别和处理。作为一种体系结构,解释器已经被广泛应用在从系统到应用软件的各个层面,包括各类语言环境、Internet 浏览器、数据分析与转换等;LISP、Prolog、JavaScript、VBScript、HTML、产生式系统、数据库系统(SQL 解释器)、各种通信协议等。

解释器有三种策略:传统解释器(纯粹的解释执行)、基于字节码的解释器(先编译后解释执行)、Just-in-Time(JIT)编译器(先部分编译后解释执行)。Java 虚拟机就是一个典型的基于字节码的解释器。

2. 基于规则的系统

现实里的业务需求频繁地发生变化,软件系统也要随之适应。最好的办法是把频繁变化、复杂的业务逻辑抽取出来,形成独立的规则库。这些规则可独立于软件系统而存在,随时更新。

基于规则的系统就是一个使用模式匹配搜索来寻找规则,并在正确的时候应用正确的逻辑知识的虚拟机。当系统运行的时候,读取规则库,并根据模式匹配的原理,依据系统当前的运行状态,从规则库中选择与之匹配的规则,对规则进行解释,根据结果控制系统运行的流程。

基于规则的系统风格和解释器风格中的构件类似,它的构件包括工作存储区、知识库、规则解释器、规则与数据元素选择器,如图 3-28所示。

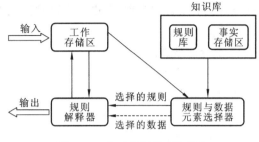

图 3-28　基于规则的系统风格

基于规则的系统的运行过程如下。

(1) 使用规则定义语言(IF…THEN…的形式,通常基于 XML 或自然语言),将这些变化部分定义为"规则"。

(2) 在程序运行的时候,规则引擎根据程序执行的当前状态,判断需要调用并执行哪些规则,进而通过"解释器"的方式来解释执行这些规则。

(3) 其他直接写在源代码里的程序,仍然通过传统的"编译"或"解释"的办法加以执行。

基于规则的系统提供了一种将专家解决问题的知识与技巧进行编码的手段。将知识表示为"条件-行为"的规则,当满足条件时,触发相应的行为,而不是将这些规则直接写在程序源代码中。规则一般用类似于自然语言的形式书写,无法被系统直接执行,故而需要提供解释规则执行的"解释器"。

基于规则的系统本质上是与解释器风格一致的,都是通过"解释器"(规则引擎),在两个不同的抽象层次之间建立起一种虚拟的环境。二者的区别如下。

解释器风格:在高级语言程序源代码和硬件/OS 平台之间建立虚拟机环境。

基于规则的系统:在自然语言/XML 的规则和高级语言的程序源代码之间建立虚拟机环境。

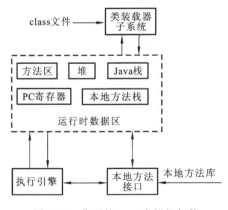

图 3-29　典型的 Java 虚拟机架构

3.6.2　案例

案例一、Java 虚拟机

Java 技术的核心是 Java 虚拟机(Java virtual machine,JVM),Java 虚拟机属于 Java 体系结构的一部分,所有的 Java 程序在 JVM 上运行。该体系结构支持了 Java 技术的三个特性:平台无关性、安全性和网络移动性。

Java 虚拟机的内部体系结构图如图 3-29 所示,主要分为五大构件:类装载器子系统、运行时数据区、执行引擎、本地方法接口和垃圾收集模块。

1) class 文件

一个 Java 程序的源代码被编译之后,变为一种称为字节码的二进制文件,即 Java class 文件。class 文件对应于虚拟机风格中的程序组件,是通过调用 Java 虚拟机来运行,实时地解释成本机代码。

2）类装载器

类装载器是用于从程序和 Java API 中装载 class 文件的，相当于内部解释器状态组件。Java 虚拟机有两种类装载器：启动类装载器和用户定义的类装载器。类装载器不仅仅用于找到并导入类的二进制数据，它也被用来检查导入类的正确性，分配并初始化类变量，辅助符号引用的解析。

3）运行时数据区

Java 虚拟机把字节码、程序创建的对象、传递到方法的参数、返回值、局部变量以及运算的中间结果等都组织到几个运行时数据区中，以便于管理，对应于数据组件。每个 Java 虚拟机实例都有一个方法区以及一个堆。当每一个新线程被创建时，它都将得到自己的 PC 寄存器以及一个 Java 栈。

4）执行引擎

执行引擎是任何 Java 虚拟机的核心，指令集定义了它的行为，相当于解释器引擎。执行引擎的实现可以使用多种执行技术，包括解释、即时编译、自适应优化、芯片级直接执行等。

最初的虚拟机通过解释器来动态执行一条字节码，然后各种各样的 Java 编译器出现了，如 JIT 编译器，它在第一次执行方法的时候先把字节码编译成本地代码，然后执行这段代码，以后再调用该方法总是执行保存过的本地代码，不需要再进行编译。

自适应优化的虚拟机开始的时候对所有的代码都是解释执行，但是它监视程序的执行情况，当它判断出某个特定的方法是瓶颈的时候，就启动一个后台进程，把字节码编译成本地代码，非常仔细地优化这些本地代码。同时，程序仍然通过解释来执行字节码。Sun 的 Hotspot 虚拟机就采用了自适应优化技术。

案例二、Java 规则引擎

Jess 是 Java 平台上的规则引擎，它是 CLIPS 程序设计语言的超集，由 Sandia 国家实验室的 Ernest Friedman-Hill 开发。它的第一个版本写在 1995 年晚期。Jess 提供适合自动化专家系统的逻辑编程，它常被称为"专家系统外壳"。Jess 作为一个基于 Java 语言的专家系统开发平台，将专家系统的开发过程与功能强大的 Java 语言结合起来，允许在 Applet 和 Java 的其他应用当中使用规则。Jess 可以方便地调用 Java 中的类库，使用 Java 中的各种数据结构和方法，可以方便地应用到网络上的不同机器中，从而具备其他系统不可比拟的优良的嵌入能力。Jess 已被广泛用于人工智能的很多领域，具有非常广阔的开发前景。

作为基于规则的专家系统，Jess 的核心也是由知识库、事实库、规则引擎三大部分组成，并采用产生式规则作为基本的知识表达模式。

基于 Jess 的开发步骤可以分为如下四步。

1）创建 Jess 规则文件

根据系统需求，编写相应的 Jess 规则文件，一般以 clp 作为后缀保存为文本格式文件。

2）在 Java 程序中创建 Jess 实例

在 Java 程序中集成 Jess，需要对 Jess 库的类和方法进行了解。jess. Rete 类是 Jess 库的核心类，从某种意义上说，jess. Rete 的一个实例就是 Jess 的一个实例。创建一个 jess. Rete 类很容易：

```
import jess.*;
Rete r= new Rete();
```

3）执行 Jess 表达式

创建了一个 jess. Rete 实例后，我们可以使用 executeCommand 方法来操作 Jess。executeCommand 方法接受一个 String 参数并返回一个 jess. Value。String 参数被解释为一个 Jess 表达式，而返回值即为 Jess 对其操作的结果。

```
String rule="(defrule add-numbers"+"(numbers ?n1 ?n2)"+"=>"+
    "store SUM(+?n1 ?n2)))";
//使用 executeCommand 定义一个规则
r. executeCommand(rule);
```

还可以通过 batch 函数来计算一个包含 Jess 代码的文件，去运行 Jess 源文件。下面的例子中就是使用的 batch 函数来运行 score. clp。

4）Java 和 Jess 之间传递变量

Java 与 Jess 的集成，那么一个很重要的问题自然就是如何在两者之间传递变量值。下面提供了一些向传递 Java 变量的函数。

Rete. store(String,Object)：从 Java Hash 表中存储一个对象。

Rete. store(String,Value)：从 Java Hash 表中存储一个 jess. Value。

Rete. fetch(String)：从 Java 中获得一个 jess. Value。

从 Jess 中得到一个结果也很容易，fetch 和 store 此时同样有用，我们通过 fetch 函数得到一个 jess. Value 后，通过 Rete. getGlobalContext()方法即可得到 Java 值。

下面以学生成绩评级系统为例，介绍基于 Jess 的专家系统开发的方法。

目前，各级学校在向学生反馈考试成绩时，普遍采用 A、B+、B、C+、C、D+、D、E 等级别的方式。这需要将以往 0～100 分转化为 A～E 级，分别代表优秀、良好、中等、及格、不及格等。该案例采用基于 Java 的规则引擎 Jess，来制定转化规则，并根据百分制成绩进行评级。

在该案例中，通过规则文件 score. clp 来定义如何根据成绩判定级别的规则，例如，当成绩为 80～86 分时，级别应该是 B，详细的规则代码如下：

```
(deftemplate person
    (slot name)
    (slot score))
(watch all)
(reset)
(defrule level-A
    "Give a special greeting to young chiledren!"
    (person {score>=90&& score<=100})
    =>
    (printout t "The level is "A"!" crlf) )
(defrule level-B+
    (person {score>=87&& score<90})
    =>
    (printout t "The level is "B+"!" crlf) )
(defrule level-B
    (person {score>=80&& score<87})
    =>
```

```
        (printout t "The level is "B"!" crlf) )
    (defrule level-C+
        (person {score>=77&& score<80})
        =>
        (printout t "The level is "C+"!" crlf) )
    (defrule level-C
        (person {score>=70&& score<77})
        =>
        (printout t "The level is "C"!" crlf) )
    (defrule level-D+
        (person {score>=67&& score<70})
        =>
        (printout t "The level is "D+"!" crlf) )
    (defrule level-D
        (person {score>=60&& score<67})
        =>
        (printout t "The level is "D"!" crlf) )
    (defrule level-E
        (person {score>=0&& score<60})
        =>
        (printout t "The level is "E"!" crlf) )
    (assert (person (name lisaxin)(score 98))
            (person (score 85)))
    (run)
```

Java 代码 score.java,调用已经定义好的规则文件 score. clp：

```
import java.util.Iterator;
import jess.*;
public class ScoreTest {
  public static void main(String[]args) {
    try {
        Rete engine= new Rete();
        engine.batch("score.clp");
        Iterator it= new FilteringIterator(engine.listFacts(),
                                new Filter.ByModule("RESULTS"));
    } catch (JessException e) {
        System.err.println(e);
    }
  }}
```

3.6.3 特点

虚拟机风格的体系结构由于其特殊的结构及其机制,其表现出一些独特的特性。其主要优点如下。

（1）可以实现非本机平台的功能。这种体系结构设计的主要目的之一就是模拟它运行于其上的软件或者硬件的功能。

（2）有助于软件的可移植性。在虚拟机中运行的代码,不需要了解虚拟机的具体细节,一旦运行环境(如操作系统)发生变化,只需要重写虚拟机本身。这是虚拟机风格设计的初衷。

（3）软件具有很强的灵活性。通过解释引擎来执行程序,便于在程序运行时中断和查询程序,甚至引入运行时修改。

（4）有助于优化整个系统的结构。通常虚拟机会限制在其中运行的软件的行为,特别是那些以实现跨平台为目的的虚拟机,如 Java 虚拟机和. NET CLR。这类虚拟机往往希望虚拟机运行的代码完全不了解虚拟机以外的现实世界,这是在灵活性、效率与软件跨平台性之间进行的一种折中,能够使系统的结构更具层次性。

（5）便于学习和使用。使用虚拟机提供的设施编写的代码,可以不考虑虚拟机以外的实际环境,而在正确地实现了这种虚拟机的环境中执行。许多虚拟机中所使用的脚本语言,一般更接近自然语言,因此编写起来更容易。虚拟机甚至还为人们提供了使用自然语言参与部分编程的可能性。

同时,虚拟机风格具有如下缺点。

（1）额外的间接层次带来了系统性能的下降,使其比编译系统的执行速度要慢。

（2）额外软件层的正确性需要进行验证。

（3）无法最大限度地发挥操作系统和硬件的性能(在虚拟机中运行的应用程序并不了解实际的硬件和操作系统的特性)。

3.7　客户机/服务器风格

3.7.1　原理与结构

客户机/服务器风格是一种分布式应用程序结构风格,它在服务器和客户端之间划分任务或工作负载,其中资源或服务的提供者称为服务器,而服务请求者称为客户。一般情况下,客户机为完成特定的工作向服务器发出请求,服务器处理客户机的请求并返回结果,工作于"请求-响应"模式。服务器主机运行一个或多个服务器程序,与客户端共享它们的资源。而客户端不会共享任何资源,仅向服务器请求内容或服务功能。因此,客户端发起与服务器的通信会话,而服务器会等待传入的请求。使用客户机/服务器风格的应用程序例子有万维网、网络办公软件、电子邮件、银行自动取款机。如今,各行各业的应用软件越来越多地采用这种软件体系结构风格。

客户机/服务器风格的特点描述了在一个软件系统中程序之间合作的关系。服务器组件为一个或多个客户端提供功能或服务,客户端向这些服务发起请求。一个完整的客户机/服务器系统一般由两类组件组成,分别是客户机软件和服务器软件,它们的连接件是一系列网络协议。

（1）客户机软件,也称前端/台。客户机软件提供应用编程接口,它接受用户的输入,并把输入进行适当组织,转换成服务器接受的形式,通过网络传递给服务器,同时,它还负责接收服务器的回送信息,并表达给最终用户。

(2) 服务器软件,也称后端/台。服务器软件提供各种服务,它通常是在高档计算机(服务器)上运行。服务器软件根据客户机的请求提供相应的服务,典型的服务有文件服务、数据库服务、邮件服务、Web 页面服务等,形式多样,不一而足。如今,不仅仅是服务器上的程序、数据可以共享,甚至处理器、存储设备等计算资源都可共享。服务器上的共享资源构成了服务。服务器往往根据它们所提供的服务进行分类,例如,一个提供 Web 页面的服务器称为 Web 服务器,而提供计算机文件服务的服务器称为文件服务器。许多 UNIX 的后台进程都是某种形式的服务器。

(3) 连接件。连接件一般都是建立在网络协议(传输层)之上,驻留在服务器与客户机两端,其主要作用是提供透明的网络连接与服务,让应用及开发人员感觉不到网络的存在,或以更加直观的方式使用网络,这是客户机/服务器结构的一个基本特征。

1. 胖/瘦客户端

这里讲的客户端指的是计算机软件,通常按照业务逻辑在客户端和服务器之间的划分比重来区分客户端性质。如果客户端执行大部分的数据处理操作,则称这样的客户端为胖客户端(也称重客户端或富客户端)。反之,若客户端具有很少或没有业务逻辑则称其为瘦客户端或零客户端。胖客户端和瘦客户端是相对而言的概念,如图 3-30 所示。胖客户端能够在较少依赖后台服务器的情况下提供丰富的功能,而瘦客户端严重依赖于后台服务器应用程序。

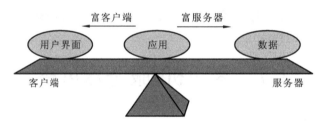

图 3-30　胖/瘦客户端

胖客户端仍然需要定期与网络或者中央服务器通信,但它的特点在于不与服务器连接时,仍能提供许多功能。相反,一个瘦客户端一般自身很少或不进行业务处理,而是依赖于每次和服务器的通信,将所需的数据发送到服务器进行处理或者验证。

胖客户端具有以下特点。

(1) 较低的服务器需求。与瘦客户端对应的服务器相比,胖客户端对应的服务器不需要达到同样高的性能(因为胖客户端自己就可以完成很多业务处理)。因此,可以使用非常便宜的服务器。

(2) 离线工作。胖客户端通常不需要和服务器之间维持长久的连接。

(3) 更好的多媒体性能。在网络带宽比较敏感的时候,胖客户端更擅长运行丰富的多媒体应用,例如,胖客户端非常适合于电子游戏。

(4) 更灵活。在某些个人计算机的操作系统上,软件产品都有它们自己的本地资源。在瘦客户端环境运行这类软件可能比较困难。

(5) 充分利用已有设备资源。现在很多人都拥有非常快速的个人计算机,它们已经不需要额外的花费就可以运行胖客户端软件了。

(6) 更高的服务器容量。客户端执行的工作越多,服务器所需要的工作就越少,这可以增加服务器支持的用户数量。

相比较而言,瘦客户端具有如下特点。

(1) 单点故障。服务器承担了大部分的业务处理,安全问题主要集中于服务器,易于维护,但服务器一旦崩溃,所有数据都会丢失。

(2) 廉价的客户端硬件。对客户端硬件的内存、硬盘容量以及 CPU 等要求不高,这也降低了客户端的功耗。

(3) 有限的显示性能。瘦客户端倾向于使用简单的直线、曲线和文字来优化显示性能,或通过缓存的位图数据来进行显示,很难支持复杂的交互式图形操作。

2. 传统 C/S 风格

传统意义上的客户机/服务器架构模式是指一个图形化桌面应用程序,它会和后台数据库服务器或者专用的文件服务器进行通信,后台数据库服务器往往以存储过程的形式包含大部分业务逻辑,也就是俗称的两层 C/S 模式,如图 3-31 所示。此时,一个应用系统被分为两个逻辑上分离的部分:客户机,包含用户界面、业务逻辑及与服务器通信的接口;服务器,包含存放数据的数据库、业务逻辑及与客户机通信的接口。服务器端的业务逻辑通常以负责数据处理的存储过程/触发器形式出现。客户端/服务器端之间的通信经由网络的调用-返回机制或事件机制实现,如基于 ODBC 或 JDBC 的 SQL 查询。

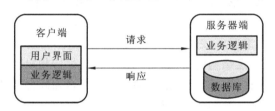

图 3-31　传统 C/S 风格典型结构

传统 C/S 风格是典型的胖客户端系统。由于其客户端为桌面应用程序,可开发出复杂交互界面。此外,由于大多数业务逻辑在客户端完成,对服务器的依赖少,可充分利用客户端的计算能力轻松完成一些复杂计算。但当用户数过大(如超过 100)时,这种风格系统的整体性能会急剧恶化,服务器会成为系统的瓶颈。此外,互操作性差,如使用 DBMS 所提供的私有的数据编程语言来开发业务逻辑,降低了 DBMS 选择的灵活性。更重要的是,当系统升级时,每个客户端都需要随之改变,导致系统管理与配置成本相当高。传统两层 C/S 架构通常被用在那些对图形处理和运行速度要求较高的业务系统,当业务逻辑较少变化以及用户数少于 100 时,其性能相对较好。

不过从广义上来说,客户机/服务器架构风格描述的是客户端和一个或多个服务端之间的关系,客户端发出一个或多个请求(或许使用图形化 UI),然后等待回复,在收到回复后进行处理。服务端一般先验证用户然后进行必要的处理来生成结果。服务器端可能使用一套协议和数据格式发送响应来和客户端进行信息通信。

3. 多层 C/S 风格

随着计算机网络、计算技术的快速发展,如今客户机/服务器架构风格已远远超出了传统的含义,衍生出了许多新的形式,包括运行于广域网或局域网且基于 Web 浏览器的 B/S 模式、多层 C/S 模式,各个端点互为客户机/服务器的 P2P 模式,甚至云计算在某种意义上也可看作客户机/服务器架构风格。因为这些架构从本质上来讲都符合客户机/服务器架构所具有的请求-响应基本特征。

多层 C/S 体系结构的出现为了克服传统两层 C/S 的缺陷,而在两层的客户端与数据库服务器之间增加了一个或多个中间层。中间层服务器往往负责调度、业务逻辑执行、数据传输等功能,如事务处理服务器、消息服务器、应用服务器等。多层 C/S 体系结构会形成如图 3-32 所示的链式客户机/服务器模式,即在执行单独一个客户请求中,多个服务器以对客户透明的方式参与完成。客户调用某个服务器操作,在该服务器执行操作过程中,又调用其他服务器操作。此时,把需要得到其他服务器支持的服务器称为"非终结服务器",而把不再是其他服务器的"客户端"的服务器称为"终结服务器"。

图 3-32　多层 C/S 风格

最常见的多层 C/S 架构是三层架构,其表现层位于客户端,主要的业务逻辑位于中间的应用服务器,数据存储则位于数据库服务器。三层 C/S 架构是典型的瘦客户端。三层 C/S 架构与软件的逻辑分层保持一致,除具有按逻辑上进行划分的层次风格的优缺点外,还有如下一些特点:在用户数目较多的情况下,三层 C/S 架构将极大改善性能与灵活性(通常可支持数百个用户);允许合理地划分三层结构的功能,使之在逻辑上保持相对独立性,能提高系统和软件的可维护性和可扩展性;允许更灵活有效地选用相应的平台和硬件系统,并且这些平台和各个组成部分可以具有良好的可升级性和开放性;应用的各层可以并行开发,可以选择各自最适合的开发平台和开发语言;利用功能层有效地隔离开表示层与数据层,未授权的用户难以绕过功能层而非法的访问数据层,为严格的安全管理奠定了坚实的基础;将遗留系统移植到三层 C/S 下将非常容易;各层之间的通信效率将严重制约系统性能。

4. B/S 风格

浏览器/服务器架构(browser/server,B/S)是随着 Internet 技术的兴起,对传统 C/S 架构的一种改进。这种架构通常是指 WWW 服务架构,由如下三部分组成,由于其每一部分都有特定的含义,可看作一种特殊的三层结构,如图 3-33 所示。

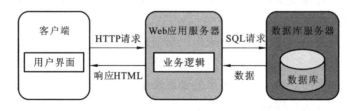

图 3-33　B/S 风格典型结构

前端即 Web 浏览器端,主要用来处理和显示 HTML 网页以及一些缓存的内容。这些内容可以是静态的,也可以是动态创建的。一般情况下,极少有业务逻辑在前端实现。

中间层即 Web 应用服务器,主要用来响应前端请求,处理和生成动态内容。这一层通常包括 Web 服务器(如 IIS、Apache、Tomcat)以及应用服务平台(如 Java EE、ASP. NET、PHP),其中 Web 服务器主要用来处理浏览器请求并返回 Web 页面,而应用服务器模块用来实现系统的业务逻辑。

后台即数据库服务器,由数据集和数据库管理系统软件构成,提供对数据的管理和访问。

与传统 C/S 架构不同,B/S 架构大部分业务逻辑都在服务器端执行,是一种胖服务器、瘦客户端系统,系统安装、修改和维护全在服务器端解决,维护成本低。B/S 架构统一使用浏览器(如 Internet Explorer 或 Google Chrome)作为客户端软件,客户机上无须安装任何专门的软件,只要有一个浏览器就可运行全部系统功能,从这个意义上讲又可以将其看作"零"客户端。客户端的零安装、零维护,加上几乎成为计算机标配的浏览器近乎统一的界面和操作方式,使得这类系统的操作非常方便,这种结构已成为当今应用软件的首选体系结构风格。此外,在这种结构中,客户应用程序不能直接访问数据,应用服务器不仅可控制哪些数据被改变和被访问,而且可控制数据被改变和访问的方式,使得系统具有较好的安全性。三层模式可以将服务集中在一起管理,统一服务于客户端,从而使得系统具备了良好的容错能力和负载平衡能力。

但同时我们也应看到正是由于 B/S 风格特殊的结构和运行机制也使得其具有如下一些不足:客户端浏览器一般情况下以同步的请求/响应模式交换数据,每请求一次服务器就要刷新一次页面,执行效率低;受 HTTP"基于文本的数据交换"的限制,在数据查询等响应速度上,要远远低于一般的 C/S 体系结构;数据提交一般以页面为单位,数据的动态交互性不强,不利于在线事务处理(OLTP)应用;受限于 HTML 的表达能力,难以支持复杂 GUI(如绘图、报表等)。

5. 其他 C/S 风格演变

客户端-队列-客户端系统。这种模式允许客户端通过基于服务器端的队列和其他客户端通信。客户端可以从服务器端读取数据以及发送数据给服务器端,服务器端只是作为存储数据的队列,这样客户端就可以分发和同步文件和信息,有时候这也被称为被动队列架构。

点对点(P2P)应用程序。从上面的客户端-队列-客户端架构风格发展而来,P2P 架构风格允许客户端和服务器端互换角色,以跨越多个客户端来分发和同步文件及信息。它在响应多个请求、共享数据、资源探查和快速适应配对丢失方面扩展了客户机/服务器风格。

应用服务器。这是一种专门的架构风格,服务器承载和执行应用程序和服务,瘦客户端通过浏览器或专门安装的客户端软件来访问服务器。例如,客户端通过诸如终端服务之类的框架来执行服务器上运行的应用程序。

富因特网应用程序。传统的 B/S 风格是基于页面的、服务器端数据传递的模式,把网络程序的表示层建立于 HTML 页面之上,而 HTML 是适合于文本的,传统的基于页面的系统已经渐渐不能满足网络浏览者的更高的、全方位的体验要求。在此背景下,富因特网应用程序(rich Internet applications,RIA)应运而生。RIA 技术允许用户在因特网上以一种像使用 Web 一样简单的方式来部署富客户端程序。这是一个用户接口,它比用 HTML 能实现的接口更加健壮、反应更加灵敏,并且更具有令人感兴趣的可视化特性。

3.7.2　案例

客户机/服务器风格作为一种常用的架构风格和计算机处理模式,能够有效地解决各种实际应用问题。从规模上看,这些应用可以小至一个几人或十几人的企业管理信息系统,大至跨地区甚至跨国的金融、航空、医疗、新闻、信息检索、社交等大型综合应用系统。从应用类型看,包括管理信息系统(MIS)、在线事务处理(OLTP)系统和社交网络等。

案例一、即时通信软件

互联网时代,即时通信(instant messaging,IM)软件已经成为人们日常工作、生活中必不可少的一类软件。这类软件主要提供基于互联网络的客户端进行实时语音、文字传输,从而实现在线聊天、交流。当然,如今这些软件也被赋予了文件传输等越来越多的附加功能。

即时通信软件目前有两种架构风格:一种是 C/S 架构,采用客户端/服务器形式,用户使用过程中需要下载安装客户端软件,典型的代表有 QQ、ICQ、百度 HI、Skype 、Gtalk、新浪 UC、MSN 等;另一种采用 B/S 架构,这种形式的即时通信软件直接借助互联网为媒介、客户端无须安装任何软件,一般运用在电子商务网站的服务商,典型的代表有 Website Live、53KF、Live800 等。此外,一些主要的即时通信软件产品如 QQ、ICQ 等也都推出了相应的 Web 版本。

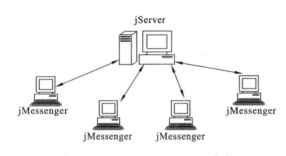

图 3-34　Java Chat Application 架构

下面以一个基于 Java 实现的简单 C/S 架构网络聊天软件(Java Chat Application)为例说明这类架构的工作原理。

Java Chat Application 是一款基于 Java Socket 实现的聊天软件,支持多名用户同时在线,同时具有用户注册登录、发送公共消息和私人消息、文件传输等功能。该软件采用典型的客户机/服务器风格,由 jMessenger(客户端)和 jServer(服务器)两部分构成,如图 3-34 所示。

jServer 主要有两个类分别处理连接和消息,在启动时 SocketServer 单独运行在一个线程中,它会监听是否有客户端连接服务器,一旦发现客户端 jServer 就会创建一个单独的线程去运行 ServerThread。ServerThread 创建后就会持续地监听来自客户端的消息,并将消息交由 SocketServer 处理。同样,它支持将来自客户端的消息转发到其他客户端。jServer 将客户端用户名和密码保存在 data.xml 中,以支持用户注册功能。关键代码如下:

```
//In ServerThread read the incoming message and hand it to SocketServer
//ServerThread 读取到来的消息,并将消息传递给 Socket Server
Message msg= (Message) streamIn.readObject();
server.handle(ID,msg);
…

//In SocketServer process the messages based on their type
//SocketServer 将消息按照类型处理
public synchronized void handle(int ID,Message msg){
```

```
if(msg.type.equals("login")){
        ...
}
else id(msg.type.equals("message")){
    if(msg.recipient.equals("All")){ Announce("message",msg.sender,msg.content);}
        else{
                //Find the thread of recipient and forward it to him
                //查找接收线程,将消息传递给该线程
        }
    }
...
```

jMessenger 通过指定的 IP 地址和端口号连接到 jServer。然后,到达的消息以及它们的发送者会显示在留言板上。需要说明的是,在传输文件时,文件并不通过服务器,而是客户端之间启用单独线程直接传输,这样可以同时进行聊天和文件传输。jMessenger 将消息记录保存在 History. xml 中,可以查看聊天历史记录。关键代码如下:

```
//On recipient side,start a new thread for download
//接收端开启一个新的线程,用于下载
Download dwn= new Download(…);
Thread t= new Thread(dwn);
t.start();
send(new Message("upload_res",ui.username,dwn.port,msg.sender));
//Reply to sender with IP address and port number
//使用 IP 和端口号回复发送端
...
//On sender side,start a new thread for file upload
//发送端开启一个新的线程,用于文件上传
//Connect to the port specified in reply
//连接在回复中指定的端口
Upload upl= new Upload(addr,port,ui.file,ui);
Thread t= new Thread(upl);
t.start();
```

案例二、某实验室网站架构

某实验室网站在功能上分为两部分,分别是网站主站点和用于网站信息管理的内容管理系统(content management system,CMS)。网站主站点主要包括网站主页、团队概况、科研方向、科学研究、科研平台、交流合作、产学研用、联系我们等版块,通过主站点用户可以方便地浏览该实验室的基本信息,以及最新的新闻和通知。内容管理系统主要包括用户管理、首页信息管理、团队概况管理、科研方向管理、科研平台管理等,网站管理员通过该系统可以轻松地录入最新的新闻通知,修改团队的相关信息,减轻了网站的维护难度。

网站基于 B/S 风格设计开发,主站点和内容管理系统都采用主流的 S2SH(Struts2,Hibernate,Spring)技术构架搭建,网站架构如图 3-35 所示。

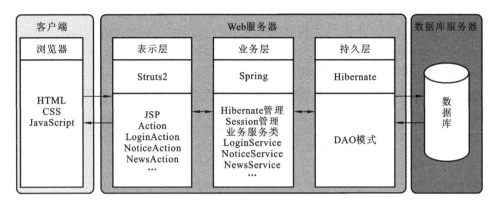

图 3-35　某实验室网站架构

客户端即 Web 浏览器端,HTML、CSS、JavaScript 等代码会在浏览器中进行渲染,能够兼容 IE、Chrome、Firefox 等浏览器。在客户端计算机上安装浏览器,通过 Web 页面完成显示和交互功能,向 Web 服务器发送 HTTP 请求,获取服务计算结果并显示。

Web 服务器层采用了 S2SH 框架,分为表示层、业务层和持久层。表示层采用了 Struts 技术,首先通过 JSP 页面实现交互界面,负责接收请求(request)和传送响应(response),然后 Struts 根据配置文件(struts-config. xml)将 ActionServlet 接收到的 Request 委派给相应的 Action 处理;业务层采用了 Spring 等技术,管理服务组件的 Spring IoC 容器负责向 Action 提供业务模型(model)组件和该组件的协作对象数据处理(DAO)组件完成业务逻辑,并提供事务处理、缓冲池等容器组件,以提升系统性能和保证数据的完整性;持久层中,则依赖于 Hibernate 的对象化映射和数据库交互,处理 DAO 组件请求的数据,并返回处理结果。

数据库服务器层采用 MySQL 数据库,包括 tb_user、tb_project、tb_news、tb_academicinfo、tb_teamoverview、tb_award 等 29 个数据表,分别存储用户、项目、新闻等信息。

3.7.3　特点

1. C/S 风格特点

C/S 风格能充分发挥客户端 PC 的处理能力,很多工作可以在客户端处理后再提交给服务器,服务器运行数据负荷较轻,系统响应速度较快。所有数据保存在服务器上,通常服务器在安全的控制上比客户端机器好一些,系统整体安全性较高。计算系统的角色和职责都通过网络分布在各个服务器上,如果服务器进行修改、升级和迁移,客户端完全不知道也不会受影响。

然而,C/S 风格也有一些缺陷,首先客户端需要安装专用的客户端软件,当要进行软件升级时,每一台客户机都需要重新安装,其维护和升级成本非常高。其次,对客户端的操作系统一般也会有限制。如客户端软件可能适应于 Windows XP,但不能用于 Windows 7 或 Windows 8,更不用说 Linux、UNIX 等。传统的两层 C/S 风格往往会将业务逻辑和应用数据紧密整合在一个服务器端中,从而对系统的扩展性和伸缩性带来负面影响。

2. C/S 与 B/S 风格差别

(1) 网络环境差异。C/S 风格建立在局域网或专用网基础上。B/S 风格则建立在广域网基础之上。

（2）数据存储模式差异。B/S 架构相应数据完全来自于后台数据库,而 C/S 架构部分数据来源于存储在本地的临时文件,剩余的部分来源于数据库,因此 C/S 架构响应时间会更快。

（3）对安全要求差异。C/S 风格一般面向相对固定的用户群,对信息安全的控制能力很强,一般高度机密的信息系统采用 C/S 架构风格。B/S 建立在 Internet 网络之上,对安全的控制能力相对弱,面向的是不可知的用户群。

（4）系统维护差异。C/S 软件系统维护困难,发生一次升级,则所有客户端的程序都需要改变,即使非常小的程序缺陷都需要很长的重新部署时间。B/S 软件维护、升级只需在服务器端完成即可。此外,B/S 软件由更多松散的构件组成,方便个别构件的更换,实现系统的无缝升级,系统维护开销可降低到最小。

（5）处理问题差异。C/S 架构一般面向用户固定,并且在相同区域,安全要求高,与操作系统相关（相同的系统）的系统需求。B/S 软件建立在广域网上,面向不同的用户群,分散地域,这是 C/S 无法做到的,与操作系统平台关系最小。

（6）服务响应及时性差异。C/S 架构解决方案里分布在不同区域的数据库需要复杂的同步,很难随时随地看到当前业务发生的情况。对于 B/S 架构来讲,其数据是集中存放的,客户端发生的每一次业务操作其数据都直接进入到中央数据库,不存在数据一致性的问题,可以做到快速服务响应。

3.8 表示分离风格

3.8.1 原理与结构

在软件产品中,通常用户界面是最容易发生变化的部分。对于一款好的软件而言,更改用户界面不应影响系统核心功能,因为这部分功能应是稳定的,较少发生变化。此外,这种更改还应当比较容易,并且只局限在需修改的界面部分。为满足这种可变性需求,通常需要将交互式应用划分为多个独立部分,将表现与核心功能分离,并采用相应变化传播机制来确保各部分的协调一致。尤其是在今天,强调以用户为中心的设计理念情况下,支持用户界面的改变显得更为重要,人们对表示分离设计模式的兴趣也随之增加。最常用的表示分离风格是 MVC,即模型–视图–控制器模式。它最早由 Reenskaug 于 1978 年提出,是施乐帕罗奥多研究中心（Xerox PARC）在 20 世纪 80 年代为程序语言 Smalltalk 发明的一种软件设计模式。1994 年,*Design Patterns:Elements of Reusable Object-Oriented Software* 一书较为详细地描述了这一设计模式。两年后,来自 Taligent 公司（IBM）的 Potel 发表了一篇论文 *Model-View-Presenter（MVP）- The Taligent Programming Model for* C++ *and* Java,在这篇论文中他提出了 MVP 设计模式,以改进 MVC 模式。MVP 和 MVC 至今已被微软在其综合用户界面应用程序块（CAB）和 ASP. NET MVC 框架中广泛采用。

2004 年 Fowler 在他的论文里分析了这些模式,他建议分割成较小的模式（控制器监控和被动视图）,并在他的论文 *Presentation Model*（PM）中公布了解决方案。随着用户界面框架（WPF）的发布,MVVM（model-view-viewmodel）进入了人们的视野,2005 年由 WP 架构师 Gossman 在他的博客中首次提出,后来 Smith 在 MSDN 论文 *WPF Apps with the Model-View-ViewModel*

Design Pattern 中进行了详细描述。MVVM 建立在 WPF 框架基础之上,封装了 MVC、MVP 和 PM 设计模式。下面对两种基本的表示分离风格 MVC、MVP 进行介绍。

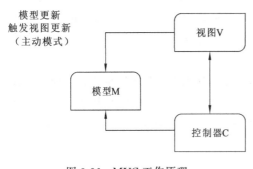

图 3-36　MVC 工作原理

1. MVC 模式工作原理

MVC 其实是一种构建交互式系统的基本架构模式,它将用户和应用之间的交互分离为 3 个角色:模型(业务逻辑)、视图(用户接口)和控制器(用户输入)。这种关注点的分离有利于每个角色的开发、测试和维护。MVC 的目标是实现模型和视图的解耦,增加源代码的灵活性和可维护性。图 3-36 显示了这种架构模式的工作原理,首先由控制器接收用户的请求,并决定应该调用哪个模型来进行处理。然后模型根据用户请求进行相应的业务逻辑处理,并通知视图改变。最后控制器调用相应的视图格式化模型返回的数据,并通过视图呈现给用户。

1)模型

模型组件提供应用程序的核心功能,包括应用程序的数据以及与数据相关的重要功能。模型提供访问数据的程序或方法,且这些程序和方法被控制器调用以响应用户的操作。模型必须保持其数据为最新的,因此需要有内部更新数据的机制并将数据改变通知给相应视图。一般来说,这种改变的传播机制可使用发布者-订阅者模式实现,也称这一模式为主动 MVC。模型的一个变种是其保持被动,且不发布更新。在这种模型中,视图和控制器主动询问模型来进行更新,而不是进行订阅等待更新,因此又称这一模式为被动 MVC。

2)视图

模型中的信息是通过视图组件显示给用户的。一个系统通常包括多个视图组件。每一个视图为用户提供不同的数据可视化方式。视图通过向模型注册改变事件来接收来自模型的更新数据。初始化过程中,所有视图在模型中进行注册,确保视图拥有最新的数据。视图和控制器存在一对一的关系,每个视图通常有一个控制器。每个视图也可能有多个子视图,如按钮、滚动条、菜单都可看作子视图。一般来说,视图负责控制器的创建。视图组件频繁地向控制器提供一些功能以操纵具体的显示。这种功能一般是用于那些仅仅影响视图数据而不影响模型数据的具体显示的变化,如滚动条滚动。

3)控制器

接收用户输入事件。将事件翻译为对模型的处理请求或者对视图的显示请求。当事件到达时,控制器检查事件是否该由其处理,如果是则处理事件,否则不做任何操作。例如,单击鼠标时,滚动条控制器就不会做出任何响应,因为这一事件应由操作系统处理。控制器的行为有时也会依赖于模型的状态。这种情况下,控制器必须注册了模型的改变传播方法,这有点类似视图向模型注册更新事件。此外,视图也可以拥有多个控制器,例如,屏幕的一部分元素能够编辑,而其他部分不能编辑。这种情况下,可以将这些元素的控制器进行分离。

2. MVC 模式实现机制

在设计实现 MVC 程序的过程中,可以遵循如下步骤。

步骤 1:将核心功能从 UI 行为中分离出来。在本步骤中,首先需要分析问题的应用领域,并解答下列问题:核心数据部分是什么? 在数据上有哪些需要计算的功能? 系统期望的输入是什么? 其次,需要设计模型构件以存储数据并执行核心计算功能,设计一些视图将会用到的数据访问函数。此外,还需决定哪些数据和功能将被视图和控制器直接访问,并定义访问接口。

步骤 2:建立改变传播机制。通过设计注册表,可以帮助模型记住那些视图和控制器订阅的相应数据,与此同时也需要设计视图和控制器进行订阅和取消订阅的方法。模型发布更新数据时,应该通知所有订阅的视图和控制器调用其更新函数。当模型中的数据没有改变,而视图或控制器需要访问它时,需要建立一个独立的访问机制。这个机制使得视图和控制器启动时能够请求数据的当前状态。

步骤 3:设计和实现视图。对每个视图,需要设计其外观并创建需要的绘图软件来进行显示。绘图软件通过步骤 2 中定义的方法访问数据。实际的绘图操作需要结合平台的图形接口,不同的视图可能需要模型中的不同数据。在视图中,需要包含相应的更新函数。实现该需求最简单的方法是为新数据重新触发绘图程序。然而,当实现很复杂时,这种方法并不高效。针对此问题,有两种解决方法,第一是在模型中提供额外信息,描述改变的大小(当改变较小时,调用一些其他视图更新程序,而非完全更新整个视图);第二种方法是等待有较大的更新时,再一次性更新视图。

步骤 4:设计并构建控制器。每个视图都有一个控制器,整个系统有多个控制器。每个视图控制器接收包含 UI 指令的事件,解释这些指令,并将控制信息传送到与其交互的视图中。控制器构件在初始化期间链接到一个模型和视图上。同时,控制器作为订阅者对需要控制的数据进行订阅。

步骤 5:建立视图和控制器之间的关系。每个视图在初始化期间都需要建立与其对应的控制器之间的关系。在视图类中,如果初始化代码中未创建控制器,应当定义一个 makeController()方法来显式创建。

步骤 6:启动 MVC。有了多个视图和控制器,接下来需要绑定所有的元素并启动它们。这部分最好在一个外部空间实现,如一个 main 程序中。MVC 中的控制器依赖于到达的事件,控制器响应这些事件以触发视图或模型发生改变。启动 MVC 的一个重要细节是启动事件处理,但事件处理机制并非 MVC 模式中的明确部分。

细心的读者会发现其实 MVC 不能被称为一种设计模式,而是由观察者模式、策略模式等设计模式组合而成的,如图 3-37 所示。模型和视图、控制器之间的关系表现为观察者模式,其中模型扮演被观察目标(subject)的角色,视图和控制器扮演观察者(observer)的角色;视图和控制器之间的关系表现为策略模式,其中视图可看作应用场景(context),控制器可看作策略(strategy)。事实上,在 MVC 架构的实际实现过程中,可能还会用到工厂模式、桥接模式、组合模式等更多设计模式。

3. MVP 模式

1996 年 Taligent(IBM)公司的 Potel 首次提出并描述了 MVP 模式。Potel 研究 MVP 时质疑了在 MVC 中是否需要控制器,他注意到现代操作系统的用户界面在视图中提供了大多数控制器功能,因此控制器看起来有点儿多余。随着基于 Windows 的可视化编程的普及,可视化与用户交互代码逐渐融为一体,如 MFC 中的文档/视图结构中的视图就融入了控制器的

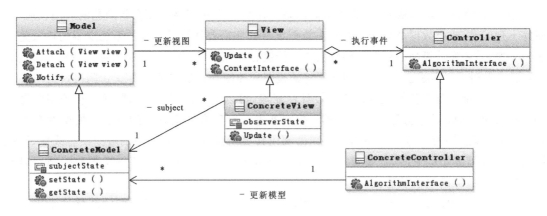

图 3-37　MVC 模式 UML 图

功能,现在已很少需要创建单独的控制器类。但我们仍旧需要某种形式的表现,只不过处在一个更高抽象层次而已。

　　Potel 在他的论文中分析了模型与视图之间的交互类型,将用户行分为选择、执行命令和触发事件三类。为此定义了 Selection 类和 Command 类,以选择细化的模型、执行操作,并且引入了 Interactor 类,封装了可以改变数据的事件。另一个类 Presenter 封装了 Selection、Command 和 Interactor。

　　随着 MVP 的演变,从事 Dolphin MVP 框架开发 Bower 和 McGlashan 在论文中概述了他们的版本,该版本与 Potel 的 MVP 相似,只是修改了模型-视图之间的关系。正如我们所看到的,基于观察者设计模式,模型-视图之间的关系是间接的。当新的数据到达时,模型通知视图,视图则通过它订阅的模型更新其数据。此时,视图里会包含模型信息,从而不可避免地还要包括一些业务逻辑,导致要更改视图比较困难,至少所包含的那些业务逻辑是无法重。Bower 和 McGlashan 质疑这种间接关系,并且建议模型可以直接访问用户接口。

　　MVP 的基本思想是一种“变种 MVC”,视图吸收控制器功能,增加一个主持者层(presenter),主持者层能够直接访问视图和模型,模型-视图之间的关系仍然存在,但视图并不直接使用模型,所有的交互都发生在主持者内部。MVP 模式描述了一种从逻辑(用户和控件交互时所需进行的处理)和数据(视图所显示的数据)中分离出可视化元素(控件)的方式,如图 3-38所示。

　　MVP 模式中各个构件的作用如下。

　　模型:类似于 MVC 模式中的模型,依然表示应用的数据以及对数据进行检索和持久化的逻辑。通常是一个基于数据库或 Web Service 结果的领域模型。

　　视图:通常是一个用户控件或组合了几个小控件的用户接口的一部分。用户可以在视图中与控件交互,但当要执行一些逻辑时,视图将其委派给主持者。

　　主持者:主持者控制着视图的所有执行逻辑,还负责模型和视图之间的同步。当用户完成了一些操作(如按下按钮)时,由视图通知主持者,然后由主持者更新模型并同步模型和视图之间的变化。

　　需要指出的是,主持者并不与视图和模型直接通信,而是通过其他接口,如上述 Interactor类、Selection 类、Command 类通信,从而实现了与视图和模型之间的解耦。

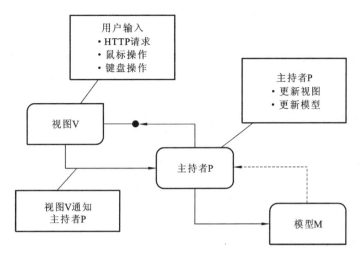

图 3-38 MVP 工作原理

3.8.2 案例

案例一、Java Web 应用程序 MVC 架构

Java 中的 Web 程序开发是使用 MVC 的一个很好的例子。以前我们与服务器进行交互，可能 jsp 页面和 servlet 中都将 html 和 java 代码混杂在一起，这会导致系统的系统维护困难、分工不清；例如在加有 jsp 代码段的网页中，程序员与美工之间的配合就非常困难。

MVC 结构的系统会从根本上强制我们将 web 系统中的数据对象、业务逻辑、用户界面三者分离，JavaBeans 作为 Model，JSP 作为 View，Action Servlet 作为 Controller，使得程序员（Java 开发人员）集中精力于业务逻辑，界面程序员（HTML 和 JSP 开发人员）集中精力于表现形式上。Java Model 2 架构及其衍生物是当前所有工业级 Web 应用程序的基础架构，图 3-39 所示是 Model 2 架构原理。当用户提交请求时，将执行以下步骤：

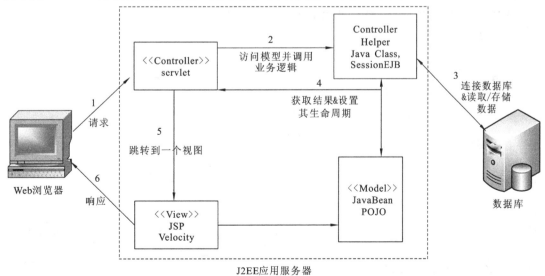

图 3-39 Java Model 2 的 MVC 架构

（1）控制器 servlet 处理用户的请求。（这意味着 JSP 页面中的超链接应该指向控制器 servlet）。

（2）控制器 servlet 根据请求的参数实例化出恰当的 JavaBeans（也有可能根据会话属性）

（3）然后，控制器 Servlet 通过自身或控制器 helper 与中间层进行通信，或直接向数据库获取所需的数据。

（4）控制器在接下来的一个上下文（请求，会话或应用程序）中设置生成的 JavaBean（同一个或新的）。

（5）然后，控制器分发请求跳转到下一个视图（JSP 页面）。

（6）该视图使用步骤 4 生成的 JavaBeans 来显示数据。需要注意的是在 JSP 页面中没有显示逻辑。Model 2 中 JSP 页面的唯一功能是显示在请求、会话或应用程序中设置的 JavaBeans 数据。

在 Model 2 架构中，通常用一个 Servlet 或者过滤器充当控制器 Controller。例如 Struts 1 和 Spring MVC 框架就是在它们的 MVC 架构中使用一个 Servlet Controller，而另一个流行的框架：Struts 2，则是使用过滤器。尽管它也支持其他的 View 技术，但一般来说，它用 JSP 页面作为应用程序的 View。至于 Model，除了 JavaBeans 外，还常使用 POJO（Plain Old Java Object，即简单 Java 对象）。POJO 指没有使用 Entity Beans 的普通 java 对象，许多人选择用 POJO 保存模型对象的状态，并将业务逻辑转移到一个 Action 类中。JavaBean 必须有一个无参的构造器，以及用于访问属性的 get/set 方法。此外，它还必须是可以被序列化的。基于 Model 2 架构的 Web 应用程序更容易维护和扩展，因为视图不相互引用，并且视图中没有显示逻辑。此外，对大型项目而言这种架构还有助于清晰地定义角色和职责，从而使团队成员之间的合作更协调。

案例二、一个简单的 Java GUI 小程序

另一个示例程序是一个简单的 Java 的 GUI 小程序，其功能是在对话框中显示一个能够反弹的小球，并同时能显示当前小球的状态（如坐标、所走步数），如图 3-40 所示。通过这样一个实例我们能够更清楚地了解 MVC 的实现机制。

该程序可以很好地使用 MVC 模式来实现，我们可以定义 Model、View、Controller 三个类，UML 类图如图 3-41 所示。

图 3-40　反弹球 Applet 界面

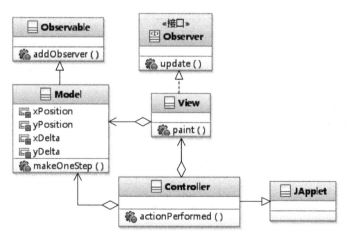

图 3-41　反弹球 MVC 程序类图

　　首先,在这个例子中,模型为小球的信息,为了知道球什么时候反弹,模型必须知道该窗口的大小。除此之外,该模型并不需要知道任何其他有关 GUI 信息。这使得视图和模型能够很好地分离开来。模型示例代码如下:

```
class Model extends Observable {
    final int BALL_SIZE= 20;
    int xPosition= 0;
    int yPosition= 0;
    int xLimit,yLimit;
    int xDelta= 6;
    int yDelta= 4;
    void makeOneStep() {
        xPosition+= xDelta;
        if (xPosition <  0) {
                xPosition= 0;
                xDelta= - xDelta;
        }
        if (xPosition>= xLimit) {
                xPosition= xLimit;
                xDelta= - xDelta;
        }
        yPosition+= yDelta;
        if (yPosition< 0 ‖ yPosition>= yLimit) {
                yDelta= - yDelta;
                yPosition+= yDelta;
        }
        setChanged();
        notifyObservers();
    }
}
```

　　视图的作用为查看需要访问的球的状态(该情况下,它的 x、y 位置)。对于静态绘图,视图不需要知道其他信息。代码如下:

```
class View extends Canvas implements Observer {
    Controller controller;
    Model model;
    int stepNumber= 0;
    View(Model model) {
        this.model= model;
    }
    public void paint(Graphics g) {
        g.setColor(Color.red);
        g.fillOval(model.xPosition,model.yPosition,model.BALL_SIZE,
                    model.BALL_SIZE);
```

```
                controller.showStatus("Step"+ (stepNumber++)+",x= "
                        +model.xPosition+",y= "+model.yPosition);
        }
    public void update(Observable obs,Object arg) {
        repaint();
    }
}
```

控制器告诉模型做什么。当需要刷新视图时,由控制器通知视图。控制器并不需要知道模型和视图的具体内部运作。

```
    public class Controller extends JApplet {
        JPanel buttonPanel= new JPanel();
        JButton stepButton= new JButton("Step");
        Model model= new Model();
        View view= new View();
        public void init()
            setLayout(new BorderLayout());
            buttonPanel.add(stepButton);
            this.add(BorderLayout.SOUTH,buttonPanel);
            this.add(BorderLayout.CENTER,view);
        stepButton.addActionListener(new ActionListener(){
                public void actionPerformed(ActionEvent event){
                    model.makeOneStep();
                }});
            model.addObserver(view);
            view.controller= this;
        }
        public void start() {
            model.xLimit= view.getSize().width-model.BALL_SIZE;
            model.yLimit= view.getSize().height-model.BALL_SIZE;
            repaint();
        }
    }
```

3.8.3　特点

以 MVC 为代表的表示分离架构风格最主要的优点是灵活地将数据(模型)从输出(视图)和输入(控制器)中解耦出来。首先,多个视图能共享一个模型,同一个模型可以被不同的视图重用,大大提高了代码的可重用性,且由于 MVC 的三个模块相互独立,改变其中一个不会影响其他两个,所以依据这种设计思想能构造良好的松耦合的构件。此外,控制器提高了应用程序的灵活性和可配置性。控制器可以用来连接不同的模型和视图去完成用户的需求,这样控制器可以为构造应用程序提供强有力的手段。

其具体优势可以从以下方面体现出来。

在这种架构中,模型从 UI 组件中严格地分离开来,同样的数据能够应用到多个不同视图当中。

底层模型中数据的改变能够自动地反映到所有视图当中。这是因为即将显示的数据来自于同一份数据源。

可以方便地更改系统的视图或控制器元素,而无须改变数据模型。这很大程度上提高了系统的灵活性。你可以保持底层模型元素的一致性和完整性,同时交换系统的视图和控制器组件。

由于 UI 代码独立于模型,当需要在 UI 部分做出重大改变时,底层数据也无须发生改变。这种重大改变可能来自于系统移植到新的硬件平台上。

视图无须进行交互。因此,你可以改变其中一个视图,而无须更改任何其他视图。

MVC 架构能够在其他情况下作为框架进行使用或扩展。这三大组件是相对独立的,这简化了系统的维护和演化。

然而,在具有这些优点的同时,使用 MVC 模式也会造成系统的一些额外开销。因此,在设计系统时,必须能够对其进行权衡。

使用 MVC 模式来分离模型、视图和控制器这三大组件,很大程度上增加了系统复杂性。相对于将系统设计为一个整体,将需要构建并维护更多的构件。除非对 UI 或者是视图的灵活性要求较高,否则 MVC 将会增加很多应用程序本不需要的负担。

模型的改变将反映到所有订阅了模型的视图当中。发生改变产生的通知消息的接收者数量会随着系统变得更加庞大。

控制器和视图的关系会随着时间而变得更加紧密。尽管这些组件都是独立的,但它们之间有着很强的相关性,这使得无法重用某一个单独的组件。

控制器和视图组件对模型过于了解。模型的改变也许会同时需要控制器和视图的改变。

由于视图和模型数据的分离,并且必须使用模型的 API,可能会产生低效的数据访问。当视图必须频繁地向模型请求未改变的数据时,这个问题显得格外明显。可以通过设计视图来缓存数据,以提高系统响应能力。

当移植到一个新的系统时,模型和视图组件都需要发生改变。这些组件包含了一些依赖于平台的代码,因此当移植到新平台时,这些代码需要发生改变。

3.9　插件风格

3.9.1　原理与结构

在计算机中,插件(plug-in,或 plugin,extension,或 add-on/addon)是一种软件组件,它能够添加特定的功能到现有的软件应用程序中。当一个应用程序支持插件时,它就是允许定制的。插件是增强应用程序的常见方式。常见的例子是用于在 Web 浏览器中添加新功能的插件,如搜索引擎、病毒扫描,以及使用新的视频格式等新的文件类型的能力。著名的浏览器插件有 Adobe Flash Player、QuickTime 播放器和 Java 插件,Java 插件可以在 Web 页面上启动一个由用户激活的 Java Applet,并运行本地 Java 虚拟机。Photoshop、SketchUp、3DMax 等工具软件也都支持插件开发。

软件插件技术是现代软件设计思想的体现。当一个软件工程项目较大或者是对时间要求比较紧时,就需要大量的编程人员协作进行软件开发与设计,但每一次的程序集成和代码维护,都需要重新编译与链接源代码和重新发布软件。这时候就需要开发的目标软件分为若干功能部件,各部件只要遵循标准接口规定,开发完成后进行整个软件的集成时,将部件进行组装,而不是集成源代码或链接库进行编译与链接。需要新的功能组件时也只需要按规定独立开发部件,完成后组装到原软件平台中即可使用,这就是软件插件技术的体现。

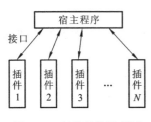

图 3-42　插件结构示意图

与硬插件系统类似,软插件系统由宿主程序(也称平台)、接口和插件三部分组成。其中宿主程序和插件是两类基本构件,接口是连接这两类构件的连接件,如图 3-42 所示。插件受到的约束如下。

(1) 插件必须能在运行过程中动态地插入平台和从平台中注销,且不影响系统运行。

(2) 当在系统中插入插件后,系统的功能得到扩展或升级。

(3) 多个插件之间、插件和平台之间不会发生冲突。

上述约束其实也是对接口,或者说是对接口规范的约束。

在进行软件开发时,当确定用插件体系结构之后,就要分析哪些部分功能由主体完成,即宿主程序的基本功能,哪些部分功能由插件完成,即需要扩展的插件功能。宿主程序所完成的功能应为一个软件系统的核心和基础,这些基本功能既可为用户使用,也可为插件使用。因此,又可以把宿主程序的基本功能分为两部分:内核功能和插件处理功能。宿主程序的内核功能是整个软件的重要功能,一个软件的大部分功能应由内核功能完成。宿主程序的插件处理功能用于扩展平台和管理插件,为插件操纵宿主程序、宿主程序与插件通信提供标准宿主程序扩展接口。插件所完成的功能是对宿主程序功能的扩展与补充,一般插件完成系列化功能(例如,Photoshop 的滤镜插件完成对图形的特殊效果处理),这些功能具有某些共性,可以进行集中管理,并且可以定义出标准的插件接口。用 UML 组件图描述的“宿主程序＋插件”结构应用程序架构如图 3-43 所示。

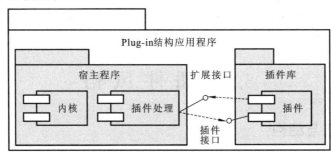

图 3-43　插件应用程序架构

3.9.2　案例

案例一、Eclipse 插件平台

Eclipse 是一个开放源代码的、基于 Java 的可扩展开发平台。就其本身而言,它只是一个框架和一组服务,用于通过插件组件构建开发环境。虽然大多数用户很乐于将 Eclipse 当作

Java IDE 来使用,但 Eclipse 的目标不仅限于此。Eclipse 附带了一个标准的插件集,包括 Java 开发工具(Java development tools,JDT)和插件开发环境(plug-in development environment, PDE)等。开发人员可以通过 PDE 对 Eclipse 进行扩展,构建与 Eclipse 环境无缝集成的工具。尽管 Eclipse 是使用 Java 语言开发的,但它的用途并不限于 Java 语言;例如,支持诸如 C/C++、COBOL 和 Python 等编程语言的插件已经可用,或预计会推出。Eclipse 框架还可作为与软件开发无关的其他应用程序类型的基础,如内容管理系统。

　　Eclipse 由几个主要的部分构成:平台运行库(内核和插件管理)、工作区(插件)、工作台(插件)、团队支持(插件)、帮助(插件)和其他插件,如图 3-44 所示。

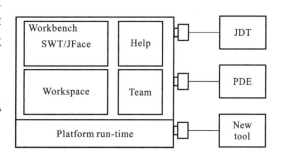

图 3-44　Eclipse 框架架构

案例二、基于插件的模拟播放器

　　下面以一个模拟的音频播放器为例,说明插件的实现机制。

　　首先对此音频播放器作以下说明。

　　(1) 这不是一个真的播放器,当然也不能真的播放音频文件;

　　(2) 每个插件"支持"一种格式的音频文件,如 wav、mp3 等,通过增加插件可以使系统"支持"更多的音频格式。

　　(3) 插件接口简单,其功能实现只是弹出一个对话框,表明哪个插件的哪个功能被调用了。制作这个播放器的真正目的是演示插件技术的原理和实现方法,只要掌握了其原理和方法就完全可以开发出有用的插件系统。

　　一般音频播放器都有这样一些基本功能:装载音频文件(loadfile)、播放(play)、暂停(pause)、停止(stop),该播放器将提供这四个功能。但主程序本身并不会直接实现这些功能,而是调用插件来实现,每个插件支持一种音频格式,所以每个插件的功能实现都是不同的。在主程序打开某个格式的音频文件时,根据文件扩展名来决定调用哪个插件的功能。主程序可以在启动时加载所有插件,也可以在打开文件时动态加载所需插件,甚至可以在启动时加载一部分常用的插件,而在需要时加载其余插件,开发者可以有很高的自由度。

　　模拟音频播放器由宿主程序和插件两大部分构成。

1) 宿主程序的实现

　　宿主程序是基于 Java AWT 框架搭建软件界面,由 AAPlayer、AAPFrame、AboutBox 三个 Java 类构成,AAPlayer 是整个程序的主类,负责构建 AAPFrame 类的实例,进行基本的配置等。AAPFrame 类负责初始化音频播放器界面,选择加载音频播放插件,为相关按钮添加事件,控制音频的播放等操作。AboutBox 用来介绍软件信息。

　　其中 AAPFrame.java 中的关键代码如下:

```java
public class AAPFrame extends JFrame {
    //省略部分代码
    private void guiInit() throws Exception {}
    privatevoid logicInit() {}
    voidplayClicked(ActionEvent){
```

```
        String fileToPlay= (String) filenamesList.getSelectedValue();
        pPlugin= getSupportedFormat(fileToPlay);
        if (fileToPlay!=null) {
            pPlugin.loadFile(searchDir+System.getProperty("file.separator")
            +fileToPlay);
            pPlugin.play();
        }
    }
    voidstopClicked(ActionEvent) {
        pPlugin.stop();
    }
    voidpauseClicked(ActionEvent) {
        pPlugin.pause();
    }
    voidprevClicked(ActionEvent) {
        pPlugin.stop();
        filenamesList.setSelectedIndex(filenamesList.getSelectedIndex()-1);
        playClicked(e);
    }
    voidnextClicked(ActionEvent) {
        pPlugin.stop();
        filenamesList.setSelectedIndex((filenamesList.getSelectedIndex()+1)
        %curPlayListLength);
        playClicked(e);
    }
}
```

2）插件的实现

模拟音频播放器的播放插件都是基于接口 IPlayerPlugin 实现的,包括 MP3PlayerPlugin、WAVPlayerPlugin 、OGGPlayerPlugin 等,用户还可以根据自己的需求扩展不同文件格式的播放插件。

IPlayerPlugin 插件的关键代码如下：

```
public interface IPlayerPlugin{
    public voidloadFile (String filename);
    public void play ();
    public voidstop ();
    public voidpause ();
}
```

WAVPlayerPlugin 插件的关键代码如下：

```
public class WAVPlayerPlugin implements Runnable,IPlayerPlugin{
    public voidloadFile (String filename) {
        ais=null;
        try {
```

```
                ais=AudioSystem.getAudioInputStream(new File(fileToPlay));
        } catch (Exception e) {
        }
    }
public voidplay () {
        byte[] audioData=new byte[BUFFER_SIZE];
        SourceDataLine line=null;
        AudioFormat baseFormat=null;
        if (ais!=null) {
            baseFormat=ais.getFormat();
            line=getLine(baseFormat);
            if (line==null) {
                AudioFormat decodedFormat= new AudioFormat(
                AudioFormat.Encoding.PCM_SIGNED,
                baseFormat.getSampleRate(),16,
                baseFormat.getChannels(),baseFormat.getChannels()*2,
                baseFormat.getSampleRate(),false);
                ais=AudioSystem.getAudioInputStream(decodedFormat,ais);
                line=getLine(decodedFormat);
            }
        }
        if (line==null)
            return;//cannot play this file
        playing=true;
        line.start();
        int inBytes=0;
        while ((inBytes !=-1)&&(!stopped)&&(!threadExit)) {
            try {
                inBytes=ais.read(audioData,0,BUFFER_SIZE);
            } catch (IOException e) {
                e.printStackTrace();
            }
            if (inBytes>=0) {
                int outBytes=line.write(audioData,0,inBytes);
            }
            if (paused)
                waitforSignal();
        }
        line.drain();
        line.stop();
        line.close();
    }
public voidstop () {}
```

```
    public voidpause () {}
  }
```

3.9.3　特点

插件风格借鉴了硬件总线结构的思想,可在不改变系统硬编码的情况下,最大程度上允许扩展系统功能,兼顾了需求变化、软件复用等问题,具有如下一些优点。

(1) 结构清晰,易于理解。系统包括宿主程序、插件两大部分,结构清晰、易理解。

(2) 模块之间耦合程度低。插件通过与宿主程序通信来实现插件与插件、插件与宿主程序间的通信,所以插件之间的耦合度更低。

(3) 可扩展性强。应用程序可以动态地扩展来包含新的特性。

(4) 可维护性强。由于插件与宿主程序之间通过接口联系,就像硬件插卡一样,可以被随时删除、插入和修改,所以结构很灵活,容易修改,方便软件的升级和维护。如在应用程序发行之后,通过补丁包的形式增删插件,通过这种形式达到修改应用程序的目的。

(5) 可移植性强,重用粒度大。因为插件本身就是由一系列小的功能结构组成,而且通过接口向外部提供自己的服务,所以复用粒度更大,移植也更加方便。

(6) 结构容易调整。系统功能的增加或减少,只需相应地增删插件,而不影响整个体系结构,因此能方便地实现结构调整。

(7) 利于软件的开发实施。一方面由于功能特性可以被实现为多个单独的插件,所以不同的功能可以由不同的团队并行开发;另一方面,插件框架往往会为插件开发人员提供定义良好的接口和文档,开发人员将有一个清晰的开发路线图。

插件系统看起来如此奇妙并拥有许多优势,然而设计一个良好的实际插件系统却不得不面临一些挑战。这要求我们在深入插件系统之前,需要谨慎地制定所需覆盖的插件需求,并考虑清楚到底是使用插件风格还是其他简单的方法完成同样的工作。

(1) 插件接口需要预测插件开发人员扩展应用程序的方式,或者限制扩展的方式。可扩展性设计要满足所有用例,这通常需要若干次迭代,或极好的需求分析。

(2) 插件框架的提供者不仅要确保插件接口能够清晰和良好地编档,来满足相关的用例,而且要考虑未来的演变。管理插件版本以及现有插件的向后兼容性可能非常困难。

(3) 虽然每个插件在单独测试时能够正常工作,但插件之间的相互作用可能会导致新的问题,只有插件之间的某些组合才会出现 Bug。

(4) 如果插件系统不能为测试提供某种形式的插件运行的模拟,测试插件可能会变得很困难,有时甚至是不可测试的,只能通过真正地运行插件后,测试才会是有效的,但这又会降低开发速度。

3.10　微内核风格

3.10.1　原理与结构

最初的微内核模式的目标是:支持小型、高效、便于移植的 OS 设计,并支持新功能的扩展。微内核模式目前主要还是应用在 OS 上,诸如 Windows 的"即插即用"的软件环境,也用在财务和数据库系统中。

微内核用在适应需求变化的软件系统中,将系统的最小功能内核化,同扩展功能和用户专用部分分离开来。微内核风格一般能解决如下问题。

（1）应用领域中的应用程序不同但又相似的，并需要一个平台的支持。

（2）应用程序可以按类分组，每组以不同的方式使用相同的核心功能。

（3）支持平台的核心功能需要分离成构件，并占用最小的存储空间，且服务消耗的时间代价尽可能小。

一般来说，微内核体系结构风格有如下 5 个组成成分，如图 3-45 所示。

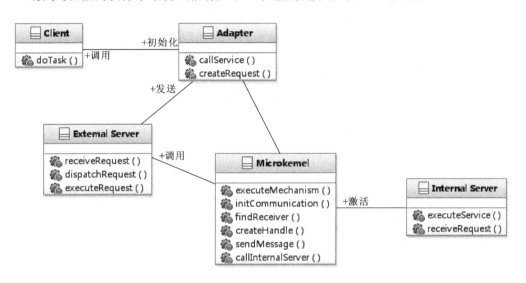

图 3-45　微内核模式类图

（1）微内核（microkernel）：系统核心构件，提供系统中最重要的核心服务。微内核维护系统资源，允许其他构件之间进行交互以及访问内核的功能。此外，它还封装了与硬件相关的功能。为保持微内核的规模尽可能小，通常只将系统最核心功能包含于其中，而将其他核心功能在内部服务器中实现。

（2）内部服务器（internal server）：对微内核的扩展。内部服务器常用来处理诸如图形和存储媒体。内部服务器可以拥有自己的独立进程，也可以以动态链接库（DLL）的形式装载在内核进程中。

（3）外部服务器（external server）：提供个性化服务，利用微内核的功能实现与特定应用领域相关的服务，并根据领域的不同采用不同的实现策略。为提供面向不同方面的服务，系统也许需要不同的外部服务器。外部服务器通过微内核提供的通信手段接受来自客户机应用程序的服务请求，解释这些请求，执行相应的服务，并将结果返回给客户机。这些服务器通常运行在独立的进程中。

（4）适配器（adapter）：代表了客户机与外部服务器的接口，提供一种客户端与外部服务器之间通信的透明接口。适配器隐藏了诸如通信功能等客户端对系统依赖。因此，适配器能显著提高系统的可伸缩性和可修改性。适配器也可以使得服务器和客户端可以在网络上分布部署。

（5）一个客户机是一个与外部服务器相关联的应用程序，它虽然可以存取外部服务器提供的编程接口，但会带来客户机与服务器之间的紧耦合。所以，最好通过适配器来访问外部服务器的服务。

3.10.2　案例

案例一、微内核操作系统

今天包括个人电脑、智能终端在内的许多操作系统大都采用微内核架构风格,其核心包括进程和线程的管理,低级 I/O,点到点通讯服务等。如 Symbian 操作系统的微内核包含调度程序,内存管理和设备驱动程序。而其他服务,如网络、电话及文件系统则被放置在操作系统服务层或基础服务层。iPhone 操作系统内核源于卡内基·梅隆大学(CMU)在 80 年代早期开发的"Mach"微内核,同时该内核也是 MacOS 和 NEXTSTEP 的核心。图 3-46 所示是由 CMU 开发的 Hydra 操作系统微内核架构模型。

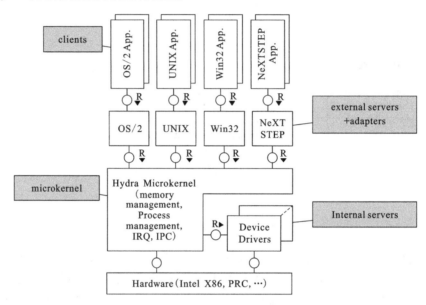

图 3-46　Hydra 操作系统架构

案例二、数据库管理系统

基于微内核数据库引擎(microkernel database engine,MKDE)构建的数据库管理系统属于典型的微内核风格。在该系统中,微内核提供一些基础的功能性服务,如物理数据存取、数据缓存以及事务管理等。多种不同的外部服务器可以运行于该微内核之上,并且能提供底层微内核的不同方面的概念视图。在给定的数据模型之下,一种概念视图表示了一种数据抽象,如一个关系型 SQL 数据库的数据模型。应用程序(如计费系统)能够使用外部服务器来访问数据库。

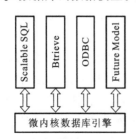

图 3-47　微内核数据库引擎架构

图 3-47 所示是基于 MKDE 构建的数据库管理系统模型,它实现了数据访问方式和底层引擎的分离,这样一来位于引擎之上的不同接口(Scalable SQL、Btrieve、ODBC 和 Future Model),便可以使用一个通用的引擎来处理对微内核数据文件的物理访问。

3.10.3　特点

微内核风格的优点如下。

（1）可移植性：将一个微内核装在一个新的软硬件环境中，大部分情况下不需要重装外部服务器或客户机程序。将微内核迁移到一个新的硬件环境中，只需修改与硬件相关的部分即可。

（2）灵活性和可扩展性：只需添加新的服务器即可简单地扩展新功能。

（3）策略与机制的分离：微内核仅包括一部分核心功能，这些功能向外部服务器和客户端提供服务以达到实际的目标。这些核心功能足以满足客户端的需求，微内核提供了使外部服务器得以实现它们策略的所有机制。

（4）安全性和可靠性：一般而言，微内核运行于受保护的地址空间。而其他的任何部分（所有的服务器、适配器、客户端和应用程序）都运行于独立的进程空间。这种分配使得各个部分相互独立并有效地防止了它们之间不协调的交互。

微内核风格的缺点。

（1）性能：微内核支持不同的视图，与只提供特定视图的系统相比，一般性能要低。

（2）设计和实现的复杂性：设计一个微内核是一个复杂的过程；无论是分析还是构建微内核的核心功能都是十分困难的。在分析和设计过程中，需要设计人员对系统和应用程序有较深入的理解。

3.11　SOA 风格

3.11.1　原理与结构

面向服务的架构（SOA）是一种软件架构设计模式，用于将软件的不同功能块以服务的方式提供给其他应用程序使用。这一架构独立于任何供应商、产品或者技术。服务是一个独立的功能单元，如一个用于检索网上银行状态信息的服务。服务能够与其他软件应用相结合从而提供更为丰富的软件功能，同时 SOA 也使得网络中的计算机之间进行协作变得容易了，每一台计算机都能够运行任意数量的服务，并且每个服务都以一种特定模式构建，这种模式保证服务可以与网络中的任何其他服务交换信息而不需要人的交互，同时不需要对底层程序进行修改。

作为一种新型软件架构模型，SOA 将应用程序的不同功能单元（称为服务）通过定义好的接口和协议联系起来。接口采用中立的方式进行定义，它应该独立于实现服务的硬件平台、操作系统和编程语言。从而使得按照这种方式构建的各类系统中的服务可以以一种统一和通用的方式进行交互。在 SOA 中，服务采用特定的协议，这些协议描述了服务该如何传输与解析那些采用元数据描述的信息，它们不仅描述了服务的特性，同时描述了驱动它们的数据。SOA 广泛采用 XML 来组织数据，通常使用基于 XML 的 Web 服务描述语言（WSDL）描述服务本身，而使用简单对象访问协议（simple object access protocol，SOAP）描述通信协议，SOA 依靠元数据来描述数据与服务。

1. SOA 结构模式

SOA 不是一种语言，也不是一种具体的技术，更不是一个产品。它尝试给出在特定环境下推荐采用的一种架构，从这个角度来说，它是一种架构风格，一种设计理念，是指导人们面向应用服务的解决方案框架。从抽象模式的角度而言，SOA 是在原有面向对象、基于构件软件设计方法基础上，增加了服务、流程等元素，如图 3-48 所示。尤其是服务已成为整个 SOA 架构的核心和最基本元素。

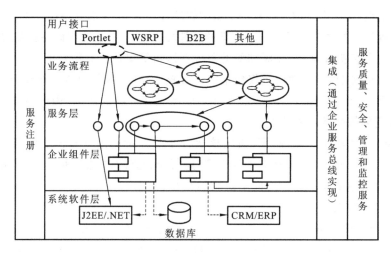

图 3-48　SOA 架构参考模式

图 3-48 显示了 SOA 架构参考模式,包括用户接口、业务流程、服务层、企业组件层、系统软件层、服务注册等功能部分以及集成、安全、QoS 等质量部分。

用户接口:通过 Portlet 等技术建立展现平台,方便用户在这个界面上提出服务请求。

业务流程:一个服务集合,可以按照特定的顺序并使用一组特定的规则进行调用,以满足业务要求。注意,可以将业务流程本身看作服务,这样就产生了业务流程可以由不同粒度的服务组成的观念。

服务层:整个 SOA 的核心层,它承上启下,对上响应业务模型,对下调用相关组件群完成业务需求,形成“业务驱动服务,服务驱动技术”的 SOA 事务处理格局。服务可以根据粒度分层。虽然细粒度提供了更多的灵活性,但同时意味着交互的模式可能更为复杂。粗粒度降低了交互复杂性,敏捷性却下降了。

企业组件层:这里是相关组件发挥作用的场所,这些组件是平台相关的。因为到了这一层,许多底层软硬件平台的特性已经不再透明了。

系统软件层:这一层包括操作系统、J2EE/. NET 平台、数据库管理系统、CRM、ERP、商业智能(BI)等异构系统,是一个集成的平台。

服务注册:服务注册中心是一个服务和数据描述的存储库,服务提供者可以通过服务注册中心发布它们的服务,而服务使用者可以通过服务注册中心发现或查找可用的服务。服务注册中心可以给需要集中式存储库的服务提供其他的功能。

除此之外,诸如 QoS、安全性、管理等也是 SOA 架构的组成部分。

2. SOA 设计理念

SOA 基于服务的概念。SOA 中的服务代表的是一个由服务提供者向服务的请求者发布的一些处理过程,这个过程在被请求之后,导致服务请求者所需要的一个结果。在获得服务的过程中,服务请求者可以向任何能够提供此项服务的服务提供者来请求服务,服务实现的过程对于服务请求来说是透明的。取决于所采用的服务设计方法不同,可通过实现一个或多个服务操作,来使得一个服务完成一个或者多个活动。因此每个服务都由一个独立的代码段构成。这也使得在整个应用中以不同的方式重用代码成为可能,例如,可以通过更改个别服务与构成应用的其他服务之间的互操作方式,而不用更改服务本身代码就可完成不同的功能。在软件开发与集成过程中,SOA 的这一设计原则可得到应用。

SOA 通常要为服务的消费者(如 Web 应用程序)提供一种获得可用 SOA 服务的方式。例如,一个公司几个不同部门可以使用不同的实现语言开发和部署 SOA 服务;他们各自的客户可以通过这些定义好的接口访问并从中获益。

SOA 定义了如何广泛地集成基于 Web 环境的不同应用程序以及使用多种实现平台。SOA 不仅仅是定义 API,它还要根据协议与功能来完成接口定义。一个接口就是一个 SOA 实现的入口。

面向服务需要与操作系统以及其他底层应用技术实现松耦合。SOA 将功能分割为不同的单元、服务,开发人员通过网络,允许用户在应用程序开发中组装且重用它们。这些服务和其相应的服务消费者的通信方式有两种,一种是通过一种定义好、共享的格式传递数据;一种是通过调整两个或者多个服务间的活动进行通信。

在一些人看来,SOA 是原有分布式计算以及模块化编程等概念的延伸,同时 SOA 也是 SaaS、云计算等新型计算模式的重要技术基础。

3. Web 服务技术

SOA 本身作为一种架构设计思想是与实现技术无关的,但任何一种架构思想的实现又都离不开具体的技术。Web Service 是广泛应用的解决应用程序之间相互通信的一项技术,充分体现了 SOA 的思想,已成为最常见的一种 SOA 实现方式。此时,SOA 架构被定义为通过 Web 服务协议栈暴露的服务架构。

Web Service 能够实现面向服务的体系结构。它使得基于标准互联网协议的功能块编程成为可能,且这种功能块独立于平台以及编程语言。通过这些服务可以构建各种各样新的应用程序,也可将遗留系统进行包装使它们能够应用于网络环境。Web 服务在现有技术的基础上,又引入了许多新的技术和思想。Web 服务使用"发现"(discovery)机制来定位服务(实现松散耦合),使用服务说明来定义如何使用服务(实现普遍的通信),使用标准的传送格式进行通信(实现统一的数据格式)。Web 服务主要建立在三个角色的交互上,它们是服务的提供者、服务的注册处和服务的请求者,而交互的内容包括发布、查找和绑定三个操作。图 3-49 表示 Web 服务的基本结构以及客户和 Web 服务是如何使用这些技术进行交互的。

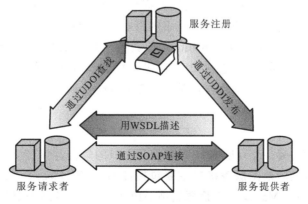

图 3-49　Web Service 架构模式

在 Web Service 架构中服务提供者和服务消费者是两个基本角色,每一个 SOA 程序块能够扮演两个角色中的一个或者同时兼两个角色。

服务提供者:服务提供者创建一个 Web Service,并可能将其接口和访问信息发布到服务注册处。每个提供者必须决定哪些服务应该暴露,如何权衡安全性与易用性,如何对服务定价,或者在没有收费的情况下决定该怎样利用其他价值。服务提供者也必须决定什么类别的服务应该被列入代理服务,使用该服务需要与商业合作伙伴达成怎样的同意条款。它注册了哪些服务是可用的,并且列出了所有潜在的服务对象。代理的执行者然后决定代理的范围,公共代理面向整个互联网用户,而私有代理只能被有限的人访问,如一个公司内网用户。此外,所提供的信息量也要确定下来。一些代理提供非常广泛的服务,而一些则只专注于一些行业。一些代理将其他代理的服务也纳入自身目录内。UDDI 规范定义了一种通用方式来发布和发现关于 Web Service 的信息,也有其他服务代理技术,如 ebXML(电子商务扩展标记语言)和那些基于 ISO/IEC 11179 的元数据注册(MDR)标准。

服务消费者:服务消费者或者 Web Service 客户端通过不同的查找操作在服务代理注册处定位服务入口,然后绑定到服务提供者以调用其网络服务。消费者需要的每一个服务,都需要首先加入服务代理中,并绑定到各自的服务接口上,然后才可以被使用。

要实现 Web Service 平台中各种角色之间的互操作,必须提供一套标准的类型系统,用于沟通不同平台、编程语言和组件模型中的不同类型系统。这些协议如下。

XML:一种可扩展标记语言,是 Web Service 中表示数据的基本格式。除了易于建立和易于分析外,XML 主要的优点在于它既与平台无关,又与厂商无关。

SOAP(simple object access protocol):即简单对象访问协议,它是用于交换 XML 编码信息的轻量级协议。SOAP 可以运行在任何其他传输协议上,通常是 HTTP。

Web 服务描述语言(web service description language,WSDL):基于 XML 的描述语言,用于描述与服务交互所需的服务的公共接口,协议绑定,消息格式。

UDDI(universal description,discovery and integration,统一描述、发现和集成):基于 XML 的注册协议,用于发布 WSDL 并允许第三方发现这些服务。

上述 Web 服务标准形成了基于 SOAP 的 Web Service。除此之外,目前还存在另一种主流的 Web 服务实现方式,即表述性状态转移(representational state transfer,REST)。REST 是一种轻量级的 Web Service 架构风格,其实现和操作简洁,完全通过 HTTP 实现,利用 Cache 来提高响应速度,性能、效率和易用性上都优于基于 SOAP 的 Web Service。REST 的基本机制包括如下几方面:①网络上的所有事物都被抽象为资源(resource);②每个资源对应一个唯一的资源标识符(resource identifier),但具有不同的具体表现形式(representational state);③通过通用的连接器接口(包含 CRUD 四种操作)对资源进行操作;④对资源的各种操作不会改变资源标识符;⑤所有的操作都是无状态的(stateless)。

3.11.2 案例

百度地图 Web 服务是一套百度地图 Web 服务接口的集合,旨在为用户地图应用提供地理数据服务。目前所提供的地图服务接口主要包括:Place API、Place Suggestion API、Geocoding API、Direction API、Route Matrix API、鹰眼轨迹 API、IP 定位 API、坐标转换 API。

在遵循地图 API 服务许可条款及限制的前提下,开发人员可将上述百度地图服务 API 作为外部服务请求集成到地图应用程序中。使用这些 Web 服务时,需要通过 HTTP 请求特定的 URL 地址,并将参数通过 URL 传递给服务端,因此这些服务是典型的 REST 形式的 Web Service。一般来说,这些服务将以 JSON 或 XML 格式返回请求的结果数据,这些数据将被调用服务的应用程序进行解析。基于百度地图 Web 服务的应用程序架构如图 3-50 所示。

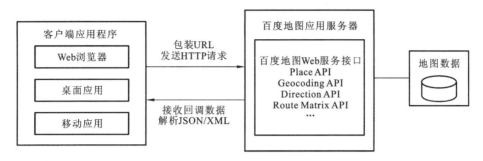

图 3-50　基于百度地图 Web 服务的应用程序架构

一个典型的 Web 服务请求通常由几部分组成,下面以百度地图 Direction API 服务为例,首先对百度地图服务请求地址进行说明。

百度地图 Direction API 服务地址:http://api. map. baidu. com/direction/v1/? parameterss。

其中,

域名:api. map. baidu. com。

服务名:direction。

服务版本号:较之前版本,v2 版本新增参数。

参数:parameterss(Key-Value 形式表示,参数间以 & 隔开,如 output＝json&address＝武汉市)。

百度地图 API 中的一个常用的服务是 Geocoding API(地址解析服务),地址解析通常是将地址(如“北京市海淀区上地 10 街 10 号”)转换为地理坐标(如纬度 116.364°和经度 39.99°)的过程,用户可以根据转换得到的坐标来放置标记或在地图上进行定位。百度 Geocoding API 可让用户通过 HTTP 请求直接访问地址解析器。此外,该服务还提供反向操作,即将坐标转换为地址,此过程也称为“逆地址解析”。一个实际请求地址解析服务的 URL 如下:

http://api. map. baidu. com/geocoder/v2/? ak＝HRctirzmf7jwypfPYeAMVpqH&callback＝renderOption&output＝json&address＝％E6％AD％A6％E6％B1％89％E5％B8％82％E6％B4％AA％E5％B1％B1％E5％8C％BA％E9％B2％81％E7％A3％A8％E8％B7％AF388％E5％8F％B7&city＝％E6％AD％A6％E6％B1％89％E5％B8％82

该请求是对“武汉市洪山区鲁磨路 388 号”进行地址解析,URL 中的“％E6％AD％A6％E6％B1％89％E5％B8％82”是对中文“武汉市”进行编码之后的结果。该请求将返回 JSON 格式的请求结果,对于返回的数据则由应用程序对其进行解析,并对解析后的数据作出进一步的处理(如在地图上显示其位置)。

以上请求 JSON 格式返回值如下:

```
{
status: 0,
result:
```

```
    {
location:
    {
        lng: 114.40784729691,
        lat: 30.524528427984

    },
    precise: 1,
    confidence: 80,
    level: "武汉市洪山区鲁磨路 388 号"
    }
    }
```

其中,JSON 响应包含一个根元素"status",返回结果状态值,成功返回 0,其他值可查看百度 Web 服务 API 开发指南相关 API 中返回码状态表。

3.11.3　特点

SOA 是一种粗粒度、松耦合的服务体系结构,其服务之间通过简单、精确定义接口进行通信,不涉及底层编程接口和通信模型。这种风格具有如下几个特征。

1. 松散耦合

SOA 是松散耦合构件服务,这一点区别于大多数其他的构件体系结构。松散耦合旨在将服务使用者和服务提供者在服务实现和客户如何使用服务方面隔离开来。服务提供者和服务使用者间松散耦合背后的关键点是服务接口作为与服务实现分离的实体而存在。这是服务实现能够在完全不影响服务使用者的情况下进行修改。大多数松散耦合方法都依靠基于服务接口的消息,基于消息的接口能够兼容多种传输方式(如 HTTP、TCP/IP 和 MOM 等),基于消息的接口可以采用同步或异步协议实现。

2. 粗粒度服务

服务粒度(service granularity)指的是服务所公开功能的范围,一般分为细粒度和粗粒度,其中,细粒度服务是那些能够提供少量商业流程可用性的服务。粗粒度服务是那些能够提供高层商业逻辑的可用性服务。选择正确的抽象级别是 SOA 建模的一个关键问题。设计中应该在不损失或损坏相关性、一致性和完整性的情况下,尽可能地进行粗粒度建模。通过一组有效设计和组合的粗粒度服务,业务专家能够有效地组合出新的业务流程和应用程序。

3. 标准化接口

SOA 通过服务接口的标准化描述,从而使得该服务可以提供给在任何异构平台和任何用户接口中使用。这一描述囊括了与服务交互需要的全部细节,包括消息格式、传输协议和位置。该接口隐藏了实现服务的细节,允许独立于实现服务基于的硬件或软件平台和编写服务所用的编程语言使用服务。

4. 与敏捷过程的结合

SOA 的架构特性使得敏捷过程非常适合 SOA 项目的实施。在 SOA 架构中,服务的独立性使得每个服务可以被单独开发、测试和集成。一个企业中的 IT 系统,如果是基于 SOA 的计算环境,那么这个环境就是一个服务的生态系统,每开发一个服务,马上就可以独立部署,成为这个生态系统中的一部分。这样既很好地支持了持续集成、持续质量保证,又很好地使得这个服务马上产生业务价值,而不是苦等其他服务的到位。服务的特性使得敏捷过程和 SOA 架构可以有一个很好地结合,让二者相得益彰。

3.12　思考与练习题

1. 什么是软件体系结构风格?

2. 结合本章 3.2.2 节单词排序程序案例,分析数据流风格的特点,给出可能的其他应用。

3. 使用微软 Visual Studio 2010 中提供的实用工具 Spy＋＋,结合自己编写的 Windows GUI 应用程序,查看窗口操作的命令消息(WM_COMMAND)、控件通知(WM_NOTIFY)消息,分析消息结构。

4. 选择一款 JMS 产品(如 Active MQ),参考本章 3.7.2 节即时通讯软件案例有关功能,开发一个简单的"点对点"或"发布订阅"模式的 Java 小应用程序,结合这一应用程序分析事件系统的优缺点以及适用于哪些应用?

5. 完成本章 Java Chat Application 程序代码,并试着和你的同学/朋友使用这款软件进行聊天,你认为还有哪些功能需要修改完善并试着给出你的实现方案。

6. "QQ"作为一款腾讯公司开发的即时通信软件具有什么样的软件体系结构风格特征,为什么要采用这种风格? 请给出你的理由。

7. "微信"作为一款主要支持移动应用的即时通信软件具有什么样的软件体系结构风格特征,为什么要采用这种风格? 请给出你的理由。

8. 根据你的理解,C/S 体系结构的优点主要体现在哪些方面?

9. 传统的 B/S 架构有什么缺点? 根本原因是什么? 为改进这些缺点出现了哪些 RIA(富因特网应用程序)技术?

10. 表示分离风格中除了常见的 MVC 风格外,还有哪些变种? 与 MVC 相比它们有哪些方面的改进,适用于哪些应用? 并请举出使用某类表示分离风格的系统例子。

11. 插件架构风格的软件体系结构具有哪些优点? 请举出一些采用插件风格的系统的例子。

12. 有人认为只要用了 Web Service 就是面向服务架构(SOA),请谈谈你对此的认识。

13. 许多移动操作系统,如 Symbian OS、iPhone OS 等都采用了微内核架构,查阅资料分析其架构组成和特点。

14. Web Service 有哪些实现方式? 各自优缺点是什么,分别适用于哪些应用?

15. 百度地图服务 API 使用的是哪种 Web Service 实现方式,如何使用其进行应用开发,请给出使用该 API 进行应用开发的流程。

16. 请结合你负责或参与开发的一个项目,谈谈如何来选择软件架构风格,包括选择的依据、多个风格组合使用情况等,以及最终实际效果。

第4章 软件体系结构描述与建模

4.1 概　述

4.1.1 软件体系结构模型

多年以来,业务分析人员、工程师、科学家,以及其他构建复杂结构或系统的专业人员,都曾经为他们所构建的系统创建了模型。有时是物理模型,如飞机、房子或者汽车,是按一定比例制作的实物大模型,有时模型并不是那么明确,如商业金融模型、市场贸易模拟以及电子电路图等。在所有情况下,模型都是一种抽象,即被构建的真实事物的近似代表。

对软件进行建模是管理软件开发复杂性的有效手段。它能促进需求、架构以及系统的交流、设计与评估。如今的软件系统已经发展得非常复杂,而且软件系统与日常生活已经息息相关。建模可以使开发者更好地理解业务,以确保构建的系统是客户所需要的。此外,对系统建模还使得开发人员能够在提交额外的资源之前创建并交流软件设计,能够从设计追溯到需求阶段,有助于确保构建的是正确的系统;进行迭代开发,在开发中,模型和其他的更高层次的抽象推动了快速而频繁的变更。

在软件体系结构层面,根据建模的侧重点不同,可以将软件体系结构的模型分为5种:结构模型、框架模型、动态模型、过程模型和功能模型。

(1)结构模型:结构模型是一个最直观、最普遍的建模方法。这种方法以体系结构的构件、连接件和其他概念来刻画结构,并力图通过结构来反映系统的重要语义内容,包括系统的配置、约束、隐含的假设条件、风格、性质等。研究结构模型的核心是体系结构描述语言。

(2)框架模型:框架模型与结构模型类似,但它不太侧重描述结构的细节而更侧重整体的结构。框架模型主要以一些特殊的问题为目标建立只针对和适应该问题的结构。

(3)动态模型:动态模型是对结构或框架模型的补充,研究系统的"大颗粒"的行为性质。例如,描述系统的重新配置或演化。动态可以指系统总体结构的配置、建立或拆除通信通道或计算的过程。这类系统常是激励的。

(4)过程模型:过程模型研究构造系统的步骤和过程,因而结构是遵循某些过程脚本的结果。

(5)功能模型:该模型认为体系结构是由一组功能构件按层次组成,下层向上层提供服务。它可以看作一种特殊的框架模型。

4.1.2 软件体系结构描述

正如在建筑设计中,建筑师需要根据现行建筑制图标准、规范描述、设计成果来绘制设计图,针对某一具体的软件系统,软件架构师同样需要以某种可视化/形式化的方式,将软件体系结构的设计结果加以显式地表达出来,进而支持用户、软件架构师、开发人员等各方人员之间的交流,分析和验证软件体系结构设计的优劣,指导软件开发组进行系统研发,为日后的软件维护提供基本文档。

软件体系结构描述定义了实践方法、技术和类型的表达形式,软件架构师使用它们来记录软件架构。软件体系结构描述很大程度上是一种建模活动(软件体系结构模型)。软件体系结构模型可以采取多种形式来描述,包括文本、非正式的图示、图表或其他形式(建模语言)。软件体系结构描述经常会使用几种不同的模型类型去有效地满足各种各样的受众,包括涉众(如终端用户、系统所有者、软件开发人员、系统工程师、项目经理)和各种架构的关注点(如功能、安全性、交付、可靠性、可伸缩性)。

软件体系结构描述语言被分为三大类:非正式的框线图、正式的体系结构描述语言(ADL)和基于 UML 的符号化表达。在很长一段时间内,框线图都是描述软件架构的最主要的手段。虽然提供了有用的文档,非正式描述方法仍然限制了架构描述作用的水平。因此,使用更严格的方式来描述软件架构是必需的。正如文献 *A formal basis for architectural connection* 所指出的那样,"而这些(框线图)描述可能提供了有用的文档,但非正式描述方法限制了架构描述作用的水平。因为它通常是不精确的,这意味着这样的架构描述或许不可能分析架构的一致性,或确定重要的属性。此外,没有办法检查系统实现是否和它的架构设计一样准确。"一个类似的结论是:除了提供清晰和精确的文档,规范化的主要目的是提供自动化分析文档和暴露的各种问题,否则这些问题很难被发现。

正式的体系结构描述语言是形式化的描述语言,是一种用于描述软件架构的表达方式(ISO/IEC/IEEE 42010)。自 1990 年以来,研制了许多专用 ADL,包括 AADL(SAE 标准)、Wright(由卡内基梅隆大学开发)、Acme(由卡内基梅隆大学开发)、xADL(UCI 开发)、Darwin(由伦敦帝国理工学院开发)、DAOP-ADL(由马拉加大学开发)和 ByADL(意大利拉奎拉大学开发)。早期 ADL 强调通过组件、连接器和配置对系统进行建模。最近 ADL(如 ArchiMate 和 SysML)往往是"宽泛"语言,不仅能够表达组件和连接件,还能通过多个子语言表达各种各样的问题。

然而,这些努力还没有像预期的那样,在工业实践中得到采用。Woods、Hilliard、Pandey、Clements 和其他相关人士分析了形式化描述语言在行业中缺乏应用的一些原因:正式 ADL 几乎很少集成在软件生命周期中,它们很少被成熟的工具支持,几乎没有编档,专注于非常具体的需求,没有留下空间去扩展支持新特性。

为了克服这些形式化描述语言存在的部分限制,UML 被提出并认为是现有 ADL 最可能的接班人。相关学者和工程实践人员也提出了许多建议,去使用或扩展 UML,使其更适合对软件架构建模。

事实上,最近针对从业人员的一次调查研究表明,一般来说,从业人员对他们使用的语言的设计能力是满意的,他们不满意的是架构语言的分析特性和定义额外功能属性的能力;在实践中使用的架构语言主要来源于工业开发,而不是来源于学术研究;架构语言需要更加正式和具有更好的可用性。

4.1.3　多视图建模

软件体系结构是一个复杂的实体,在 4.1.1 节中软件体系结构可以分为 5 种模型,因此,无法单纯用一维的方式描述出来。而且,一个复杂的软件系统还包括结构、行为等其他方面的特性,需要在软件体系结构模型中刻画它们。通过多视图模型从多个不同角度建立软件体系结构的模型,可以刻画软件体系结构各个方面的性质。系统的每个不同的视图都反映了一组系统相关人员所关注的系统的特定关注点。多视图体现了"关注点分离"(separation of concerns)的思想,使系统更易于理解,方便系统相关人员之间进行交流,并且有利于系统的一致性检测以及系统质量属性的评估。

不同的视图也会不同程度地暴露不同的质量属性。因此,开发者或其他涉众最关心的质量属性将影响最终编档视图的选择。例如,一个开发视图将显示系统的可移植性,一个部署视图能够帮助解释系统的性能和可靠性等。

架构模型的描述常常被组织成体系结构的多个视图,每个视图强调了系统的不同涉众所感兴趣的特定关注点。一个架构的观点是一种观察系统的方式。体系结构描述中的每个视图都应该有一个观点,来记录它所强调的问题、涉众、模型类型、使用符号和建模惯例(ISO/IEC/IEEE 42010)。

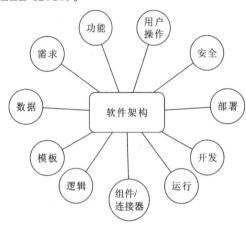

图 4-1 软件架构视点

图 4-1 显示了常见软件架构视点。

使用多个视图,虽然能与不同的涉众有效地沟通,能记录和分析不同的问题,但会产生潜在的问题,例如,因为视图通常不是独立的,这潜在的重叠意味着在单一的系统的视图中可能存在冗余或不一致。各种机制可以用来定义和管理视图之间的对应关系,来分享细节,减少冗余和执行一致性。

多视图模型的发展已经经历了几十年的时间,这期间出现了很多种不同的多视图模型,都从不同角度对软件体系结构进行了描述。约 40 年前,Parnas(1974)观察到软件是包括多种结构的,他将这些结构定义为一些局部的描述的集合,即系统是由多个子部分以及子部分之间的关系所构成的。这个定义如今仍在架构相关文献中存在。Parnas 定义了一些常见的软件结构,其中有部分是与操作系统相关的,如定义什么进程将拥有什么内存片段的结构;其他定义的结构则相对来说更加通用并且具有很好的适应性。这些结构包括模块结构(module structure)、使用结构(uses structure)和处理结构(process structure)。

多年以后,Perry 和 Wolf 发现,与建筑的体系结构类似,一个系统也是需要多种不同的视图的。每种视图强调架构的某一重要方面,这些不同的方面对不同的涉众有用,同时也有不同的目的。

之后,Rational 软件中心的 Kruchten 于 1995 年发表了一篇重要论文,论文描述了系统架构中四个主要的架构视图(逻辑视图、进程视图、部署视图、物理视图),同时包括第五个不同的视图——用例视图。用例视图通过描述不同视图如何满足核心用例,从而将其他 4 个视图联系起来。这种"4+1"视图从此之后成为 ational 统一过程的基本内容。

与此同时,Siemensy 研究中心的 Soni、Nord 和 Hofmeister 于 1995 年也对产业实践中的架构视图有了类似的观察结果。他们提出了概念视图、模块互连视图、执行视图和代码视图。

这些不同的视图(多少与 Kruchten 的"4＋1"视图模型相关)成为熟知的 Siemens 四视图模型。

之后出现了许多其他"视图集"。在 *Software System Architecture* 一书中,Rozanski 和 Woods 主张使用功能、信息、并发、开发、部署和操作视图。Dutch 电气公司的 Philip 研究中心创建了架构的 CAFCR 模型,该模型包括五种视图:消费者、应用程序、功能、概念和实现视图。

在 2000 年,IEEE 采纳了架构描述的一套标准(IEEE 1471—2000)。不用预先描述好固定的视图集,这套标准主张创建自己需要的视图,这些视图满足涉众最关注的需求。

由于 Kruchten 的"4＋1"视图模型是目前使用最为广泛得多视图描述方法,因此本书重点对该视图模型进行详细描述。

4.2　常用描述方法

4.2.1　框线图描述方法

对于软件体系结构的描述和表达,一种简洁易懂且使用广泛的方法是采用由矩形框和有向线段组合而成的图形表达工具。在这种方法中矩形框代表抽象构件,框内注明的文字为抽象构件的名称,有向线段代表辅助各构件进行通信、控制或关联的连接件。

目前,这种图形表达工具在软件设计中占据着主导地位。尽管由于在术语和表达语义上存在着一些不规范和不精确,使得以矩形框与线段为基础的传统图形表达方法在不同系统和不同文档之间有着许多不一致甚至矛盾,但该方法仍然以其简洁易用的特点在实际的设计和开发工作中被广泛使用,并为相关人员传递了大量重要的体系结构思想。

使用图形化的体系结构描述最主要的优点是它的可视化,能够直观反省系统架构,同时易于理解。然而这种方法也有其缺点,主要包括以下几方面。

(1)二义性:针对图形的本质所决定的模糊性,不同人有不同的理解。

(2)矛盾性:模型中可能存在相互冲突的陈述。

(3)不完备:无法描述所有的细节。

(4)异构性:各个建模规范不同,模型也不同,难以支持模型在各个建模工具之间的交换。

(5)无法自动化:只能由人理解,靠软件工具来理解比较困难,因此无法实现自动化验证与推理。

4.2.2　形式化描述方法

体系结构形式化能够为系统设计提供精确和抽象的模型,通过这个模型来分析体系结构的构成、分解和约束特征。它依靠数学模型和计算来描述和验证目标软件系统的行为和特征。

采用形式化的方法对软件体系结构进行建模和分析,具有精确的语义描述,并能为系统的关键属性提供严格的、正确的刻画;同时有助于发现当前软件体系结构设计中存在的错误和矛盾,并验证期望的性能是否得到满足。此外,采用通用的形式化语言,可以进行软件体系结构设计的交换。

软件体系结构描述语言是一种形式化描述方法,它在底层语义模型的支持下,为软件系统的概念体系结构建模提供了具体语法和概念框架。基于底层语义的工具为体系结构的表示、分析、演化、细化、设计过程等提供支持。其三个基本元素如下。

(1) 构件：计算或数据存储单元。

(2) 连接件：用于构件之间交互建模的体系结构构造块及其支配这些交互的规则。

(3) 体系结构配置：描述体系结构的构件与连接件的连接图。

主流的体系结构描述语言有 Aesop、MetaH、C2、Rapide、SADL、Unicon 和 Wright 等，尽管它们都描述软件体系结构，却有不同的特点。Aesop 支持体系结构风格的应用，MetaH 为设计者提供了关于实时电子控制软件系统的设计指导，C2 支持基于消息传递风格的用户界面系统的描述，Rapide 支持体系结构设计的模拟并提供了分析模拟的工具，SADL 提供了关于体系结构细化的形式化基础，Unicon 支持异构的构件和连接类型并提供了关于体系结构的高层编译器，Wright 支持体系结构构件之间的交互的说明和分析。这些 ADL 强调了体系结构不同的侧面，对体系结构的研究和应用起到了重要作用，但也有负面影响。每一种 ADL 都以独立的形式存在，描述语法不同且互不兼容，同时有许多共同的特征，这使设计人员很难选择一种合适的 ADL，若设计特定领域的软件体系结构又需要从头开始描述。

ADL 的积极因素有以下几个。

(1) ADL 是表达架构的一个正式方式。

(2) ADL 旨在做到人机可读。

(3) ADL 支持在一个比以前更高的水平上描述系统。

(4) ADL 允许分析和评估架构，表现在完整性、一致性、歧义性和性能等方面。

(5) ADL 可以支持自动生成软件系统。

ADL 的负面元素有以下几个。

(1) 对于 ADL 应该表达什么，没有一个普遍共识，特别是关于架构的行为。

(2) 目前使用表达解析相对比较困难，没有商业工具提供支持。

(3) 大多数 ADL 倾向于以某种特定的分析进行垂直优化。

4.2.3　UML 描述方法

统一建模语言（unified modeling language，UML）是一种通用的可视化建模语言，用于对软件进行描述、可视化处理、构造和建立软件系统的文档。它记录了对必须构造的系统的决定和理解，可用于对系统的理解、设计、浏览、配置、维护和信息控制。UML 适用于各种软件开发方法、软件生命周期的各个阶段、各种应用领域以及各种开发工具，UML 是一种总结了以往建模技术的经验并吸收当今优秀成果的标准建模方法。UML 包括概念的语义、表示法和说明，提供了静态、动态、系统环境及组织结构的模型。它可被交互的可视化建模工具所支持，这些工具提供了代码生成器和报表生成器。UML 标准并没有定义一种标准的开发过程，但它适用于迭代式开发过程。它是为支持大部分现存的面向对象开发过程而设计的。

UML 2.0 支持软件系统结构和行为的建模，共包括 13 种图形，并可分为三类：结构图（structure diagrams）强调的是系统式的建模；行为图（behavior diagrams）强调系统模型中触发的事件；交互图（interaction diagrams）属于行为图形的子集，强调系统模型中的控制流和数据流。具体分类如图 4-2 所示。

结构图定义了一个模型的静态架构，一般包括如下几类图。

类图：显示了系统的类以及类之间的关系。

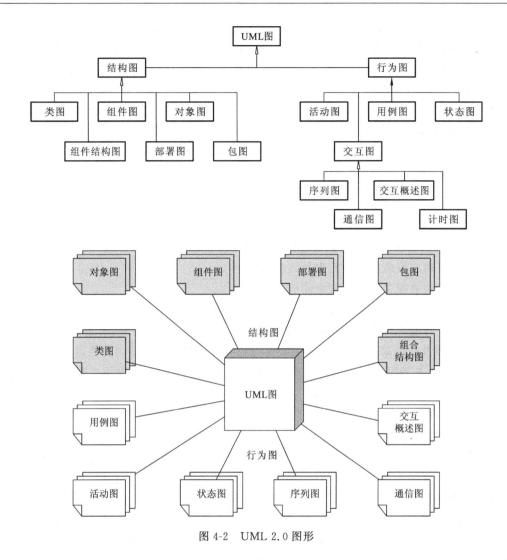

图 4-2　UML 2.0 图形

组件图:描述了组件之间的关系,以及组件所定义好的接口。一个组件通常由多个类组成。

包图:将模型划分为包含不同元素的组,并在一个较高层次描述了它们之间的依赖关系。

部署图:显示了组件和其他软件工件(如进程)是如何分布在不同的物理硬件上的。

对象图:描述了对象在运行时是如何关联和使用的,通常也称为实例图。

组件结构图:显示了类或组件的内部结构,主要针对组成它们的对象和这些对象之间的关系。

行为图显示了模型元素的交互和一些状态的改变,具体包括如下几类。

活动图:类似于流程图,用于定义程序逻辑和业务过程。

状态图:描述了一个对象的内部特性,显示了该对象的状态和事件,以及造成状态转移的条件。

用例图:描述系统与其环境之间的交互,包括用户和其他系统。

交互图属于行为图形的子集合,包括如下几类。

通信图:在 UML 1. x 中称为协作图,它描述了在运行时对象之间的调用顺序。

序列图:通常在它们垂直的时间线上称为泳道,该图显示了在对象之间传递消息的顺序。

交互概述图:类似于活动图,但也能够包含其他 UML 交互图。该图的作用是显示在一系列简单场景之间的控制流。

计时图:本质上结合了序列图和状态机图来描述一个对象随时间表现的多种不同状态,以及改变对象状态的消息。

4.3 Kruchten "4+1"视图模型

4.3.1 概述

一个软件系统的基础组织可以通过以下几种元素表达。

(1)构成或组成系统的结构元素及其接口。

(2)行为元素表现了结构元素之间的交互和协作。

(3)结构元素和行为元素的组合,从而形成更大的子系统。

这种组合是依据系统所需要的质量属性来进行的,如可用性、性能、可重用性、可理解性、经济和技术约束及权衡等。此外,也有一些应用到所有功能元素的横切关注点(如安全性和事务管理)。架构对于不同的涉众还会表现不同的方面,例如,对于一个网络工程师来说,他或许仅对系统的硬件和网络配置感兴趣;而一个项目经理会对系统将要开发的核心构件和开发的时间线感兴趣;开发者会对某一构件的具体类感兴趣;测试人员则对用例感兴趣。因此我们需要针对不同涉众展现不同的视图,凸显与他们相关的方面而隐藏与他们无关的细节。

Kruchten 的"4+1"视图就是一种将系统架构以不同的视图展现给不同涉众的视图模型,"4+1"视图模型将结构模型、框架模型、动态模型、过程模型和功能模型有机地统一在一起,形成一个完整的模型来刻画软件体系结构。"4+1"模型包括 5 个不同视角:逻辑视图、进程视图、物理视图、开发视图和场景视图。每个视图只关心系统的一个侧面,5 个视图结合在一起才能反映系统软件体系结构的全部内容。"4+1"视图模型如图 4-3 所示。

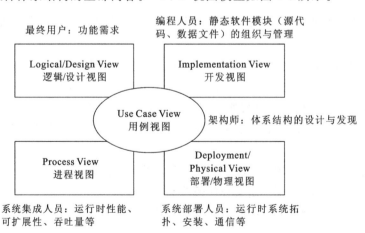

图 4-3 "4+1"视图模型

4.3.2　逻辑视图

逻辑视图(logical view)主要支持系统的功能需求,即系统提供给最终用户的服务,它通过结构元素、核心抽象和机制、关注点的分离和职责的划分来实现系统的功能。逻辑视图会划分为不同层次的抽象,并且它们能够在不断的迭代中进行演化。这种划分包括垂直划分和水平划分,应用程序可垂直划分为一些重要功能区域,如订单获取子系统和订单处理子系统;也可以水平划分为一种层次结构,不同的层将有不同的功能职责,如表现层、服务层、业务逻辑层和数据访问层。

在面向对象技术中,通过抽象、封装和继承,可以用对象模型来代表逻辑视图,可以用类图(class diagram)、包图(package diagram)、组合结构图(composite structure diagram)和状态图(state diagram)来描述逻辑视图。

UML 2.0 提供了一系列图来创建逻辑视图。

(1) 类图:这些图定义了模型的基础构建块。它们强调每个单独的类、类中的主要操作,以及类之间的关系,包括关联、使用、组合、继承等。

(2) 对象图:这些图显示了结构元素的实例是如何关联的。在类关系较为复杂的时候,它们有助于理解类图。在 UML 1.x 中对象是非正式的,而在 UML 2.0 中它们是正式的工件。

(3) 包图:这些图可用来将模型划分为一些逻辑上的容器或者是"包"。它们能够通过包来表达垂直或水平的划分。

(4) 组合结构图:这些图有助于对一个类的内部部分进行建模并表达出各部分的关系。当部分之间是相关的,这些图明显地简化了类之间的关系。其中,端口用来表示一个类是如何与环境挂钩的。这些图还能够支持协作关系,这种协作关系通常能够用来表示协作对象之间的某种设计模式。UML 2.0 已经通过引入组合结构图作为早期结构构造的一种主要改进。

(5) 状态机图:这些图能够用来理解一个对象的实例状态,这些图通常在需要理解一个类可能的状态时使用。

在对逻辑视图建模时,一般从类图和包图开始,并在比较时进行扩展。图 4-4 显示了逻辑视图的建模方法。UML 也提供实体联系(ER)图来对数据进行建模。ER 图也能够看作逻辑视图的另一种形式,一些架构师更倾向于在一个"数据视图"中来获取 ER 图。

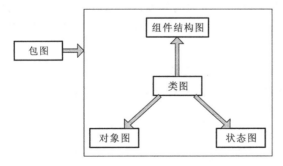

使用UML 2构建逻辑视图

(1) 从类图建模系统
(2) 使用包图进行逻辑分组

可选的使用
① 对象图,当类之间的关系需要通过实例解释时
② 状态图,当需要解释特定类内部的一个状态时
③ 组合结构图,当部分类和类之间的关系需要建模时

图 4-4　逻辑视图建模方法

4.3.3　开发视图

开发视图(implementation view)也称模块视图(module view),主要侧重于软件模块的组

织和管理。软件可通过程序库或子系统进行组织,这样,对于一个软件系统,就可以由不同的人进行开发。开发视图要考虑软件内部的需求,如软件开发的容易性、软件的重用和软件的通用性,要充分考虑由于具体开发工具不同而带来的局限性。

开发视图通过系统输入/输出关系的模型图和子系统图来描述。可以在确定了软件包含的所有元素之后描述完整的开发角度,也可以在确定每个元素之前,列出开发视图原则。

开发视图强调配置管理和实际软件模块在开发环境中的组织情况。该视图中软件被打包成实际的组件,这些组件能够由开发小组进行开发和测试。相比之下,逻辑视图侧重于概念层次,而开发视图则表现了由小组开发的工件的物理层次。

组件图通常用来表达开发视图。这些图形显示了不同的组件、可用的端口以及在开发环境中的依赖关系,包括提供的接口和需要的接口等。UML 2.0 尤其对组件图的接口和端口进行了很大的改善,组件能够绑定到实现了该组件的类或者组合结构中。这些图现在能够用来精确地表示系统内部的软件构件以及它们之间的依赖关系,无论是黑盒视图还是白盒视图。

4.3.4　进程视图

进程视图(process view)侧重于系统的运行特性,主要关注一些非功能性的需求,如系统的性能和可用性。进程视图强调并发性、分布性、系统集成性和容错能力,以及从逻辑视图中的主要抽象如何适合进程结构。它也定义逻辑视图中的各个类的操作具体是在哪一个线程中被执行的。

进程视图可以描述成多层抽象,每个级别分别关注不同的方面。在最高层抽象中,进程结构可以看作构成一个执行单元的一组任务。它可以看成一系列独立的通过逻辑网络相互通信的程序。它们是分布的,通过总线或局域网、广域网等硬件资源连接起来。通过进程视图可以从进程测量一个目标系统最终执行情况。例如,在以计算机网络作为运行环境的图书管理系统中,服务器需要对来自各个不同的客户机的进程进行管理,决定某个特定进程(如查询子进程、借还书子进程)的唤醒、启动、关闭等操作,从而控制整个网络协调有序地工作。

进程视图可以通过如下 UML 2.0 图形来表示。

(1) 序列图:这些图显示了在一个垂直的时间线下,对象之间的消息传递序列。UML 2.0 在序列图的标记上进行了重大的改善以支持模型驱动的开发。一些片段类型(如循环、断言、中断等)有助于将细节在图中表现出来,使得代码和模型能够保持同步(不仅针对结构,同时也针对行为)。

(2) 通信图:这些图显示了对象在运行时的通信情况。这些图与序列图紧密相关,序列图一般强调在时间线上一次交互的消息流传送,而通信图则强调这些参与者之间的联系,它们在以前被称为协作图。

(3) 活动图:这些图与流程图较为类似,并在不同的视图中都有着广泛的使用。在进程视图中,它们能够用来描述程序流和复杂的业务逻辑,包括行为、决策点、分支、合并以及并行处理等。

(4) 计时图:计时图主要解决性能的建模问题。它描述了一个参与者接收事件并在状态中选择所需的时间,以及参与者能够在某一个状态停留的时间。这些图是在 UML 2.0 中所引进的,可以用于性能的设计。

(5) 交互概述图:这些图提供了一种概览,描述一些参与者之间的交互是如何实现一个系统关注点的。它是活动图、序列图和计时图的一种融合,因为一个交互的每个部分都能够通过一种独立的视图类型来表达。UML 2.0 引入交互概览图,有助于形成系统整体行为的高层次的概览,也有助于理解全局系统。

在对进程视图进行建模时,可以从序列图或通信图开始。由于这两种图都能由另外一种图生成,选择哪种图主要在于个人的使用偏好。当场景变得更加复杂时,能够再选择其他的图进行描述。图 4-5 显示了用 UML 2.0 图形对进程视图进行建模的顺序。

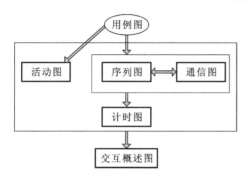

使用顺序图或通信图去建模用例实现中的简单交互

可选的使用
(1) 添加活动图来实现场景,其中的业务逻辑是一系列动作,包括分支和并行处理
(2) 添加时序图来对性能建模
(3) 对于复杂场景,可以与其他场景组合,使用交互概览图

图 4-5　进程视图建模方法

4.3.5　部署视图

部署视图(deployment view)主要考虑如何把软件映射到硬件上,它通常要考虑系统性能、规模、可靠性等。解决系统拓扑结构、系统安装、通信等问题。软件有可能会在网络上的多个计算机上运行,或者是多个处理节点上。这些繁多的元素(如进程、任务以及对象)需要映射到它们所运行的硬件上。这些物理的配置可能会由于生产环境、开发环境和测试环境的不同而不同,因此软件开发必须具备足够的灵活性,以在硬件发生改变时实现其可伸缩性。部署视图提供所有可能的硬件配置,并将开发视图中的所有组件映射到这些配置中。

部署图显示了现实世界中工件的物理位置。UML 提供了构造型来表达节点,如设备、执行环境、中间件、jar 文件等工件,以及这些设备的依赖关系等。节点还可以是嵌入式的,例如,可以表达运行在一个物理节点上的应用服务器。

4.3.6　用例视图

虽然,用例视图是讨论的最后一个视图,但通常在系统开发生命周期中它是最先创建的视图。用例视图用来捕获最终用户需求的功能性,即"系统应该做什么",用例视图也称为场景,可以看作那些重要系统活动的抽象,它使四个视图有机联系起来,从某种意义上说用例视图是最重要的需求抽象。在开发体系结构时,它可以帮助设计者找到体系结构的构件和它们之间的作用关系。

当其他视图都存在时,这个视图可能会显得有些冗余(因此才称为"+1")。然而,它却以场景的形式表达了架构重要性需求(ASR)。它还有助于检验是否所有满足了所有必需的场景。

UML 2.0 提供了用例图来表达这个视图。这些图形是由用例和参与者构成的。它们与详细的场景描述联系紧密。作为一个架构视图,我们仅对需要建模的重要用例感兴趣。

活动图也能够用来表达场景和业务过程。如今的 UML 能够很容易地从活动图中生成业务流程自动化代码。因此,活动图既能够用于表达用例视图中的需求,也能够表达进程视图中的执行进程。

4.3.7　视图间关系

图 4-6 显示了 UML 2.0 中各类图形与"4+1"视图模型中各个视图的对应情况。

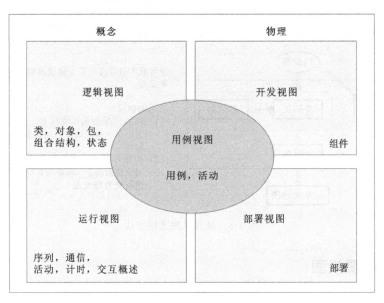

图 4-7　某系统鸟瞰图

"4+1"视图模型中各个视图是相互关联的。首先,逻辑视图和进程视图是概念层次的视图,一般是用于进行分析和设计的;开发视图和部署视图则是在物理层面上的,一般用来表达构建和部署的实际应用程序组件。

其次,逻辑视图和开发视图通常和功能性联系紧密。它们描述了功能性是如何建模和实现的。进程视图和部署视图则通过使用行为和物理建模实现了非功能性的方面。

最后,用例视图使得结构元素在逻辑视图中进行分析并在开发视图中进行实现。用例视图中的场景是在进程视图中实现的,并是在物理视图中部署。

一般来说,"4+1"视图中的视图对一般的应用程序架构进行建模是足够的。然而,也有一些额外的视图,如安全视图和数据视图也能够在有特殊应用需求时添加。我们还应该注意到,"4+1"视图方法是最适合表达应用架构的。如果需要为整个组织描述一个企业架构,则需要更加复杂的视图类型,如模块视图、组件连接器视图、数据视图和质量属性视图等。

4.4　其他常用视图

4.4.1　模块视图

模块的概念最初产生于 20 世纪 60 年代和 70 年代,它基于软件单元的思想,这些软件单元具有定义良好的接口,并能提供一组服务(一般为过程和函数),实现了完全或部分隐藏自身内部数据结构和算法。模块化的选择通常能确定系统某一部分将如何影响其他部分,因此系统具有支持可修改性、可移植性和重用的能力。这些概念在面向对象的编程语言和建模表示法(如 UML)方面得到了广泛的应用。

　　模块视图是用来描述系统的主要实现单元或模块,以及这些单元之间的关系,我们可以使用模块视图来编档"4+1"视图中的"逻辑视图"。任何软件架构文档都应该至少采用一个模块视图类型视图,否则都不可能是完整的。下面主要从元素、关系、约束和用途等方面介绍模块视图的概念。

　　概括来说,模块视图的元素是模块,它是一种能够提供内聚功能单元的软件实现单元。系统设计人员采用术语模块泛指各种软件结构,包括编程语言单元,如 Ada 包、Modula 模块、Smalltalk、C++类或者单纯的一般性源代码单元组合。

　　模块既能聚集,也能分解。不同的模块视图能基于不同的风格标准确定不同模块集,并对它们进行聚集或分解。一般,我们将模块视图类型分为四种风格,分别是:分解风格,用于集中处理模块之间的包容关系;使用风格,表示模块之间的功能依赖性关系;泛化风格,表示模块之间的特化关系;分层风格,表示模块之间受限制的"允许使用"关系。

　　模块视图类型具有以下关系。

　　(1) 部分关系:定义了子模块和聚集模块之间的部分—整体关系。部分关系的最为一般的形式仅仅表示聚集,而不具备多少隐含语义。

　　(2) 依赖关系:依赖关系通常用于设计过程的初期阶段,及依赖性的精确形式尚未决定之时。一旦做出决定,通常会用更具体的关系形式替换依赖关系,如"使用"和"允许使用",还有其他的更为具体依赖关系,包括"共享数据"和"调用"等。

　　(3) 特化关系:特化关系能定义较为特殊的模块和较为一般的模块之间的泛化关系当中的一种关系。子模块能用于父模块所处的上下文。面向对象的继承是一种特殊形式的特化关系。

　　模块视图类型主要有三方面的作用。

　　(1) 构造。模块视图能提供源代码的蓝图。在这种情况下,模块和物理结构(如源代码文件和目录)之间通常会进行详细的映射。

　　(2) 分析。需求跟踪和影响分析是两种重要的分析技术。由于模块能划分系统,因而可以确定模块责任支持系统功能需求的方式。高层需求往往会通过一组调用序列来说明系统是如何满足自己的需求和识别需求遗漏的,而影响分析有助于预见对系统进行修改所产生的影响。问题报告或更改请求会对模块产生影响。值得注意的是,为了获取良好的结果,必须使依赖性信息处于可用和正确状态。

　　(3) 交流。模块视图能用来向不了解系统的人说明系统的功能性。模块分解的各级粒度有助于对系统责任进行自顶向下的展示,从而引导学习过程。

　　另一方面,使用模块视图类型推断运行时行为并非易事,因为这种视图类型是对软件功能的划分。因此,模块视图一般不能用来分析性能、可靠性或其他诸多运行时属性。我们通常会根据组件和连接件视图和分配视图进行上述这些属性的分析。关于模块视图的总结如表 4-1 所示。

表 4-1　模块视图总结

元素	模块是实现一组责任的代码单元。模块可以是类、类集、层或任何代码单元的分解
关系	部分关系:定义了子模块和聚合模块之间的一种部分和整体的关系 依赖关系:定义了模块之间的一种依赖关系。具体的模块视图描述了依赖关系意味着什么 特化关系:定义了较为特殊的模块-子模块和较为一般的模块-父模块之间的泛化关系
约束	不同的模块视图也许会利用具体的拓扑约束,如在模块之间可视性的限制

用途	（1）构建代码的计划 （2）促进影响分析 （3）计划增量开发 （4）支持可追踪的需求分析 （5）解释系统的功能性和代码库的结构 （6）支持工作分配，执行时间表和预算信息的定义 （7）显示持久化信息的结构

4.4.2　运行时视图

运行时视图又称组件和连接件（component and connector，C&C）视图。这里的组件指运行时存在的实体，如进程、线程、EJB、Servlet、ASP. NET 构件、服务代理、数据存储及复杂的连接件（如队列、管道）。运行视图则是定义由以上元素构成的模型。此外，模型中还包含表达元素关系的交互，如通信链路和协议、信息流以及共享存储器访问。通常，可利用复杂的基础结构（如中间件框架、分布式通信信道和进程调度程序等）来执行这些交互操作。

运行时视图描绘出了一幅运行时实体和可能的交互操作图。这种视图可能会包含同一组件类型的许多实例。例如，我们可以拥有在统一视图内被实例化多次的 Web 客户机组件类型。由于吸收了面向对象系统的某些相似之处，C&C 视图类似于对象图或协作图，而不是定义元素类型的类图。

C&C 视图类型可通过许多风格得到特化，被选来表示系统 C&C 视图的风格通常取决于系统内运行时结构的性质和这种表示的预期用途。C&C 视图风格种类较多，主要有管道-过滤器、共享数据、发布-订阅、客户机/服务器、对等连接和通信进程。

在计算元素之间选择合适的交互形式是架构师的一项关键任务。这些交互操作可能会表示复杂的通信形式。例如，客户机组件和服务器组件之间的连接可能会表示某种复杂的通信协议，该协议由复杂的运行时基础结构支持。其他交互操作可能会表示多方通信形式，如事件广播或 n-way 自动协商数据同步。这些交互操作会作为 C&C 视图编档指导原则进行描述，并着重介绍一些常见缺陷，从而在某种程度上阐明这种形象描述。

首先，以一个简单的例子对 C&C 视图进行分析。图 4-7 展示了 C&C 视图的主表示，我们可能会在系统运行时架构的典型描述中看到这种表示。根据支持文档中描述，该图表示系统在运行时可能会呈现的一个状态。该系统包含一个账号数据库组件，它可由两个服务器和一个管理组件访问，一组客户柜员机系统能与账户存储服务器交互，体现了 C/S 风格。这些客户机组件之间又可以通过发布和订阅事件进行相互通信。其中一个备份服务器可以在主服务器发生故障时运行，提高系统可靠性。以上这些信息会在架构编档时，详细地记录在相应文档中，具体参考第 6 章。

图 4-7 展示了三种连接器类型，分别代表了组件之间不同的交互形式。发布-订阅连接器支持异步事件的宣布和通知。C/S 风格连接器允许一组并发客户机通过服务请求同步检索数据。数据库访问连接器支持经过验证的访问，对数据库进行监控和维护。

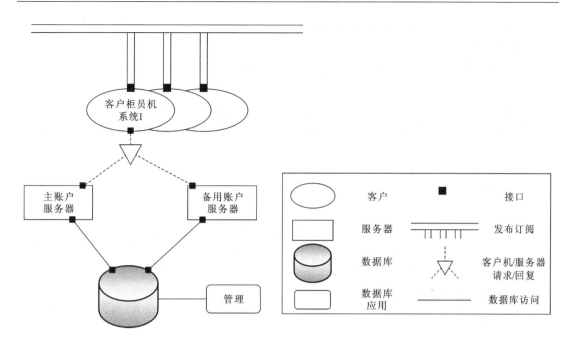

图 4-7　某系统鸟瞰图

C&C 视图类型的元素是组件和连接件。系统 C&C 视图中的每一个元素都具有运行时表现,它们都会消耗执行资源并有助于系统的执行行为。C&C 视图中的关系使组件与连接器相互关联,形成一个表示运行时系统配置的图形。

组件是能在系统内执行的主要计算元素和数据存储器。在 C&C 视图中每个组件都有自己的名称和类型。一般组件的类型包括客户机、服务器、过滤器、对象和数据库等。偏向于特定领域的组件类型,可能包括用于进程控制构架的控制器组件类型等。组件类型根据其一般计算性质及其形式来定义。

连接器是两个或更多组件之间进行交互的运行时路径。简单的连接器种类包括两个对象之间或客户机和服务器之间的过程调用、异步消息、利用发布-订阅机制进行相互通信的组件之间的事件组播以及表示异步的顺序保留数据流的管道。但是,连接器经常会表示更为复杂的交互形式,如数据库服务器和客户机之间面向事务处理的通信信道。这些更为复杂的交互形式又可以分解成组件和连接件集,这些组件和连接件通常会对运行时基础结构进行描述,运行时基础结构能实现更为抽象的交互形式。

和组件一样,C&C 视图中的每一个连接器都应该具有各自的类型,类型定义了由连接器支持的交互的性质,还明确说明连接器可以采用什么形式。通常,最好是将连接器表示的交互描述成协议。协议能描述在交互过程中可能会出现的事件模式或动作模式。

C&C 视图类型主要的关系是"连接",连接关系能表示哪些连接器能连接到哪些组件,从而将系统定义为一幅组件和连接件图。在形式上,使组件端口与连接器"角色"相互关联即可达到这一目的,如果某个组件利用其端口 p 描述的接口通过某个连接器进行交互,并符合该连接器"角色"r 描述的预期状态,那么 p 就会与 r 连接。

C&C 视图的第二种关系是接口委托关系,当一个组件或者连接器有子架构时,正确编档组件和连接件的内部结构和外部接口的关系就非常重要。这种关系可以使用接口委托来编档。对于组件来说,这种关系从内部端口到外部端口进行映射,对于连接器来说,则是内部角色和外部角色的映射。

C&C 视图类型能够用来推断运行时系统的质量属性,如性能、可靠性和有效性。值得一提的是,如果给出对单个元素和交互的特性估计或测度,编档良好的视图能使架构师预测整体系统的特性。例如,为了确定整体系统是否能满足自己的实时调度需求,我们通常需要了解面向进程的视图中每个进程的循环时间。同样,了解单个元素和通信信道的可靠性也能支持架构师购机或计算整体系统的可靠性。在某些情况下,这类推断由正规的分析模型和工具来支持。在另外一些情况下,明智地利用经验法则和以往的经验即可达到这一目的。关于 C&C视图的总结见表 4-2。

表 4-2　C&C 视图总结

元素	组件:主要的处理单元和数据存储器。一个组件有一系列的接口,组件通过接口可以和其他的组件进行交互操作 连接器:组件之间交互的途径。不同的连接器扮演不同的角色,指明了组件之间如何交互
关系	连接:组件端口与特定的连接器角色相连,产生组件和连接件的图 接口授权:在一些情况下,组件端口会在一个内部子架构中和一个或者多个端口相连。类似于连接器的多种角色
约束	(1) 组件可以只被连接到连接器,而不是其他组件 (2) 连接器可以只被连接到组件,而不是其他连接器 (3) 连接关系可以只存在于兼容的端口和角色之间 (4) 接口授权可以只被定义兼容的两个端口之间(或者角色之间) (5) 连接器不能独自出现;一个连接器必须被连接到一个组件上
用途	(1) 显示系统如何工作 (2) 指导构建运行时元素指定的结构和行为 (3) 帮助架构师和其他人理解运行时的质量属性,如性能、可靠性和可用性等

4.4.3　数据视图

数据视图简单地描述数据实体及其关系的结构。例如,在一个银行系统中,实体通常包括账户、客户和贷款。账户有几个属性,如账号、类型(储蓄或检查)、当前状态和余额。关系规定了一个客户可以有一个或多个账户,一个账户可以关联到一个或两个客户。

数据视图是从数据生产和消费的角度出发,关注系统的结构问题,对系统的主要数据实体进行了概括,是一个以属性和关系为重心的视图。这一视图不需要包括所有的数据实体,而只需包括由多个构件或者子系统共享的数据实体。数据视图关心的问题是:数据是从哪里产生的;数据是如何存储的;数据在哪些构件之间进行传输。

数据视图中的元素是数据实体,它主要表现为消息传递的数据、文件或数据库存储的数据,消息传递和数据持久存储是数据视图的主要用途;数据视图为构件与构件之间、子系统与子系统之间传递消息时提供数据实体;数据视图也为构件的集成提供良好的基础,数据视图中的数据实体就是构件集成的切入点。

数据视图中有三种关系,分别如下。

(1) 关系:用于指定实体之间的逻辑关联。参与者实体的基数是一对一、一对多或多对多的关系,这通常都是合格。此外,关系可以是标识或非标识。从 A 到 B 的标识关系意味着 B 依赖于 A,也就是说,B 的主键包含 A 的主键。在这种情况下,A 是父实体,B 是依赖实体(B 是一个弱实体)。

(2) 泛化/特化:显示实体之间的“is-a”关系。例如,保险实体是不同类型的保险的泛化;同时汽车保险和房屋保险实体是特化的保险。在概念数据模型中,这个关系就更容易发现,因为它不能被关系数据库直接支持。

(3) 聚合:是一种抽象,将实体之间的关系转化为一个聚合实体。例如,病人、医生和一个日期之间的关系,可以抽象为一个聚合实体称为预约。在实践中,这种关系是很少使用的。

软件体系结构中的数据视图不同于数据库中的数据视图。在体系结构中,组件不再是计算组件,而是数据组件,组件之间的交互,即数据视图中的连接器体现为数据组件之间的转换关系。

数据组件可以用 UML 中的类图或对象图表示,类和数据实体一一对应,连接器可以用类图或对象图之间的关系描述。属性部分列出了实体属性,而操作间隔是空的。UML 关联表示实体之间的关系和多重性(如“1…＊”),这显示了关联的两端之间的关系。数据视图为系统开发提供数据基础,是被很多团队开发成员所关注的一个部分,所以数据视图是体系结构模型中不可缺少的视图。

图 4-8 所示是一个在线订餐服务系统数据视图。

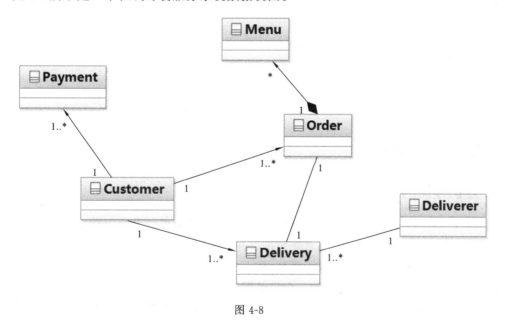

图 4-8

图中 Payment 表示支付信息,Customer 表示客户信息,Delivery 表示递送信息,Deliverer 表示投递者信息,Menu 表示菜单信息,Order 表示订单信息。

4.4.4　质量属性视图

模块、C&C 和分配视图都是结构性的视图:它们主要展示架构师已经改造成架构的结构,来满足功能和质量属性需求。

这些视图在对后续开发人员的指导和约束是优秀的,而他们的主要工作就是实现这些结构。然而,在系统中某些质量属性(或者对于这个问题,一些其他类型的涉众问题)是尤为重要和普遍的,使用结构性视图来呈现这些需求的架构解决方案,可能不是最好的方式。原因在于,解决方案分布在多个结构,可能不方便去结合(因为每个元素类型都是不同)。

另一种视图我们称其为质量视图,可以针对特定的涉众或解决特定的关注点。这些质量视图是通过提取结构视图的相关信息并组合起来构成的。典型的三种质量视图如下。

1)安全视图

安全视图可以显示为了提供安全而采取的所有的架构措施。它将显示承担一些安全角色和责任的组件,这些组件之间如何沟通,任何安全信息数据仓库,仓库的安全利益。视图的上下文信息将显示其他安全措施(如物理安全)系统的环境。安全视图的部分行为将显示安全协议的操作,以及人类在哪和如何与安全元素交互。它还将捕获系统如何应对特定的威胁和漏洞。

2)通信视图

对于在全球范围内分散和异构的系统,通信视图可能特别有用。这个视图将显示所有的组件和组件之间的通道,各种网络通道、服务质量参数值和并发的区域。这个视图可以用来分析某些类型的性能和可靠性(如检测死锁或竞争条件)。该视图的一部分行为可以显示如何动态分配网络带宽。

3)性能视图

性能视图将包括的架构用于推断系统的性能,这样的视图会显示网络流量模型、操作的最大延迟等。

4.5　接口建模

4.5.1　接口建模

1. 接口建模的目的

当初,在构建构架及构架描述语言的时候,人们对系统构件及其交互给予了殷切的关注,但他们倾向于忽略这些构件的接口,就好像接口并非构架的一部分。但是显而易见,接口在极大程度上属于构架范畴,因为倘若没有接口,将无法执行分析或系统构建。因此,为视图中展示的构件接口建模是软件体系建模的一个关键部分。

接口的特征取决于其构件的视图类型。如果构件是一个组件,接口就表示组件与环境可能进行交互的一个特定点。如果构件是一个模块,那么接口就是对服务的定义。这两种接口之间存在着某种关系,就好像组件和模块之间存在某种关系一样。

【定义】　接口是指两个独立实体进行接触、交互或相互通信的边界。

我们所说的构件环境是指与构件进行交互的其他实体集,称这些实体为参与者。一般说,一个参与者就是对与系统进行交互的外部实体的抽象。在此,我们将集中讨论构件,并对交互的定义进行扩展,使其包含某个构件所进行的能对另外一个构件的处理产生影响的任何操作。这种交互是构件接口的一部分,交互能采用多种形式,大多数交互涉及控制和(或)数据的传送。

【定义】　某个构件的参与者是指和该构件进行交互的其他构件、用户或系统。

其他交互属于非直接交互。如，如果将资源 X 用于构件 A 会使构件 B 处于某种特定状态，那么使用该资源的其他构件就可能需要了解这一事实，是否会影响其处理过程，即使它们从不与 A 进行直接交互。这种涉及 A 的事实是 A 与自己环境中其他构件之间的接口的一部分。

交互不仅限于所发生的事件。例如，假如构件 X 调用构件 Y，构件 Y 向构件 X 返回控制之前所花费的时间就是构件 Y 与构件 X 之间接口的一部分，因为这一时间会影响构件 X 的处理过程。

2. 接口建模的规范

接口模型中有一个接口规范，这是对设计师所选择的质量属性的陈述。设计师应该仅暴露与该接口交互所需要的信息。换句话说就是，设计师应该选择哪些信息是允许并且适合人们对该构件做出假定，以及哪些信息是不太可能发生变化的。对接口建模就是在暴露太少的信息和太多的信息之间达到一个平衡。如果暴露的信息太少，就会妨碍开发人员成功地与构件进行交互。如果暴露的信息太多，将会使得未来更改系统的工作变得更加困难，涉及面更广，并会使接口太复杂从而很难理解。经验就是把重点放在如何与其构件操作环境进行交互上，而非放在其实现方式上，应该仅对外部可见的信息进行建模。

作为模块出现的构件通常与进程视图中的一个或多个构件直接对应。模块和进程构件很可能有类似的（如果不相同）接口，在两个地方对其进行建模将会产生不必要的重复。为了避免出现这种情况，可以把进程视图中的接口规范指向开发视图中的接口规范，并仅包含关于其视图的特定信息。类似的，一个模块可以出现在多个开发视图中。同样，选择在一个视图中包含接口规范，并在其他视图中引用它。

3. 接口建模的内容

为了对软件接口进行建模，下面介绍一种标准的接口建模结构。读者可以对这一标准结构进行修改，删除与自己的情况不相关的项目，或者添加自己的业务所独有的项目。比使用什么标准结构更为重要的是使用某一标准结构的实际过程。我们所使用的标准结构应该能精确展示项目中针对接口的构件外部可见交互。

接口标识符：当一个构件拥有多个接口时，应该分别对这些接口进行识别，以便将它们彼此区分开来。最为常见的识别方法是为接口命名。

现有资源：接口模型的核心是构件向其参与者提供的一个资源集。定义这些资源的方法是指定它们的语法、语义，即使用它们时会发生什么，以及对其使用的任何限制。

局部定义的数据类型：如果接口资源利用的数据类型不是基础编程语言提供的数据类型，构架师就需要传达该数据类型的定义。如果该数据类型有另外一个构件定义，那么完全可以在这一构件的模型中引用这一定义。在任何情况下，利用这种资源编写构件的程序员必须了解：①如何声明这种数据类型的变量和常量；②如何写这种数据类型中的字面值；③对这种数据类型的成员可能执行什么操作和比较；④如何在适当的地方将这种数据类型的值转换成其他数据类型的值。

错误处理：应该描述由资源引发的接口错误状态。由于同样的错误状态可能会由多种资源引发，因此，方便起见，通常只需列出与每种资源相关的错误状态，并在单独收集的字典内定义它们。这一部分就是这样一部字典，常见的错误处理行为也在这一部分进行定义。

任何由借口提供的可变性：接口是否允许以某种方式对构件进行配置，必须为这些"配置参数"及其影响接口交互语义的方式进行建模。

接口质量属性特征：架构师必须为接口向构件用户公开的质量属性特征，如性能或可靠性进行建模。

构件需要什么：构件的需求可以是其他构件提供的命名特定资源。模型义务与针对现有资源的义务相同：语法、语义以及任何用法限制。

基本原理和设计问题：和对待架构或所有构架视图的基本原理一样，构架师还应该记录设计某个构件接口的理由。

使用指南：现有资源和构件需求部分，给予每种资源对构件的语义信息进行了建模。有时候，这样做并不能够满足需求。在某些情况下，必须根据大量单个交互操作相互联系的方式对语义进行推断。

4. 接口建模的涉众

构件制作人员。构件制作人员需要最为全面的接口信息。构件制作人员需要了解其他涉众将了解并可能会依赖的所有接口断言，以便实现这些断言。"维护人员"是一类特殊的制作人员，他们负责对构件进行指定的更改。

构件测试人员。构件测试人员需要有关接口提供的所有资源和功能的详细信息，这些信息通常是测试的对象。测试者只能在构件语义描述中所包含的知识限度内进行测试。如果不规定资源所需要的行为，测试者就不会知道应该对它进行测试，而且该构件可能将无法执行自己的任务。测试者还需要有关接口需求的信息，以便生成自制测试工具，如果有必要，可模拟所需资源。

使用某个构件的开发人员。这类开发人员需要有关这一构件所提供资源的详细信息，包括语义信息。只有当构件需求与开发者使用的资源相关时，才需要有关这一需求的信息。

分析人员。分析人员的信息需求取决于所执行分析的类型。例如，对性能分析人员来说，接口模型应该提供性能模型所需要的信息，如资源所需要的计算时间。分析人员是接口模型中的任何质量属性信息的最初使用者。

系统构建人员。系统构建人员强调的是在共同构成系统的构件接口中为每项"需求"找到"提供"。

集成人员。集成人员也会利用系统构成构件组装系统，但他对组装结果的行为抱有更为浓厚的兴趣。因此，集成人员关注的更有可能是构件接口之间"需求"和"提供"的语义匹配，而不是语法匹配。集成的简易性对客户来说也是关键性的因素，因为在比较销售商的产品时，客户承担着集成者角色的各个方面。

管理人员。管理人员可能会利用接口模型进行各项计划。管理者能应用度量标准对复杂性进行评估，然后推断估计出开发一个能实现接口的构件大概需要花费多长时间。管理人员可能需要有关接口大小和包容功能的信息，但无须更多细节，具体取决于度量标准。管理人员还能识别可能需要的专业知识，这一点有助于他们向合格人员分配工作。

5．接口建模的方式

接口可以通过非正规和 UML 表示法来表达,需要展示接口的存在,传达语法信息和语义信息。图 4-9 使用 UML 展示了接口的存在,但它几乎没有透露有关接口定义的信息:接口提供或需要的资源,或接口的交互性质。必须在附属于主表示的支持文档中提供这一信息。

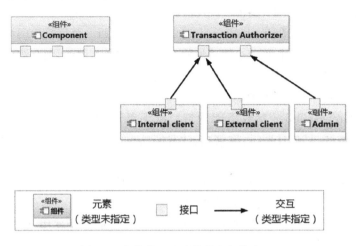

图 4-9　构件接口以及构件之间的交互

图 4-10 使用 UML 展示了有关接口的语法信息。利用 UML 中的类构造型可提供传达某些接口语法信息的方法。至少,接口是可以命名的;此外,构架师还能指定特征标记信息。

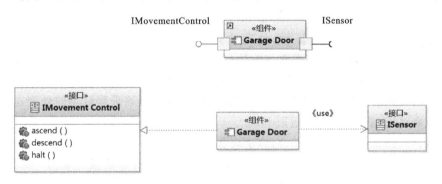

图 4-10　UML 使用"棒棒糖"表示接口

自然语言是传达语义信息的最为广泛的表示法。语义信息通常包含构件行为或者一项或多项构件资源。在这种情况下,任何针对行为的表示法都将发挥作用。布尔代数通常用来记录前置条件和后置条件,它们为语义的表达提供了相对简单和有效的方法,跟踪也能用来传达语义信息,具体方法是,描述构件响应特定使用的活动和交互顺序进行记录。

6．接口建模的案例

Java Adventure Builder Reference Application 是 Sun 公司的一个 J2EE 应用实例,它展示了如何在 J2EE 1.4 平台设计交互的和轻便的 Web Service。它同时展示了 J2EE 技术的有效应用方式,这些技术包括 JAX-RPC、JAXP、Servlet 2.4、JSP 2.0、JSTL、EJB 和 DB。

下面以它的一个服务接口 OpcPurchaseOrderService 作为案例,来介绍接口建模的编档方案。

1) 接口身份

OpcPurchaseOrderService 是一个 SOAP Web 服务接口。这个 Web 服务的主要目的是让客户端提交采购订单。

2) 现有资源

```
String submitPurchaseOrder(PurchaseOrder poObject)
```

提交一个完整的采购订单到 adventure 包。此操作将返回一个字符串类型的订单 ID。如果 PurchaseOrder 参数是有效的,操作将会简单地检查。如果它是有效的,则在数据库中创建订单,该操作返回给调用者。实际的购买订单处理是在后台进行的。如果这个操作返回给调用者后,在采购订单的处理中有一些不可预见的错误,错误会在其他地方被处理,这不是这个接口的责任。

前置条件:PurchaseOrder 参数不能为空。以下组件的 PurchaseOrder 参数不能为空: user-id、email-id、地区、订单日期、运输信息、计费信息、总价格、信用卡信息、人数信息、开始日期、结束日期和离开城市。

后置条件:成功调用此接口将返回一个唯一的订单 ID。

使用限制:授权。只能被指定的用户调用。

并发访问。访问接口的并发数量上没有任何限制。该服务是使用 EJB 实现的,并发调用是由 EJB 容器管理的。

错误处理:

```
InvalidPOException
```

如果订单是空的,或如果组成订单的任意组件是空的,服务都会抛出这个异常。

```
ProcessingException
```

如果采购订单在通过了验证后,处理过程失败(没有 InvalidPOException),则会抛出 ProcessingException。这表明该采购订单是有效的,但在下订单的时候出现了错误。

```
boolean cancelPurchaseOrder(String orderId)
```

取消采购订单。如果订单取消成功,则操作返回 true;当该采购订单的处理在进行中,一些预订已经确认,不能取消,它将返回 false。

前置条件:orderId 参数不为空,对应于现有的采购订单。

后置条件:如果操作返回 true,则订单取消,所有对应此订单的预订取消。向客户信用卡的收费也取消。

如果操作返回 false,则订单的状态保持不变。

使用限制:授权。这个操作只能被指定用户调用。客户只能取消他自己创建的采购订单。销售人员可以取消任何订单。

错误处理:

```
InvalidPOException
```

服务如果抛出这个异常,则订单 ID 是 null 或相应的订单不存在。

```
ProcessingException
```

订单存在但已经取消了。

3) 本地定义数据类型

PurchaseOrder 类型。这种类型作为参数被 submitPurchaseOrder 操作使用。它是一种数据结构,包含所有下订单所必要的信息。下面列出了 PurchaseOrder 对象的属性。

```
String poId
String userId
String emailId
DateTime orderDate
DateTime startDate
Activity[]activities
ContactInfo billingInfo
ContactInfo shippingInfo
CreditCard creditCard
String departureCity
Transportation departureFlightInfo
Transportation returnFlightInfo
Lodging lodging
DateTime endDate
int headCount
String locale
float totalPrice
```

Activity 类型。这种类型用来描述每个活动,用户将对活动进行选择,这是采购订单的一部分。

```
String activityId
DateTime endDate
int headCount
String location
String name
float price
DateTime startDate
```

ContactInfo 类型。这种类型用于存储用户的联系信息。

```
Address address
String email
String familyName
String givenName
String phone
```

Address 类型。该类型用于存储用户的地址。

```
String city
String country
String postalCode
String state
String streetName1
String streetName2
```

　　错误处理:在此接口中的所有操作可能引起以下异常,除了特定于操作的异常 RemoteException。当实现这个接口的服务提供者存在通信问题时,调用者收到 RemoteException。

4）可变性

无。

5）质量属性特征

可伸缩性：详情请看部署视图中的基本原理。

可修改性：这是异步服务，可使消费者网站和订单处理中心之间松耦合。此外，在 WSDL 中定义的 SOAP 接口可以进行版本管理，将有不止一个版本可以得到支持。

6）基本原理和设计问题

粗粒度的服务：目前，我们只暴露了一个下采购订单的 Web 服务，包括下订单活动、交通和住宿。我们不提供单独的操作。因此，由于组合了不同类型的订单，这个接口不太灵活。另一方面，提交一个完整的采购订单，包括一个单独调用。

使用 JAX-RPC 传递参数：因为消费者网站和订单处理中心位于同一企业，应避免使用复杂的 XML 处理和传递参数作为 Java 对象。它使接口稍微缺少可互操作性，但简化了实现。

使用 WSDL 发布 Web 服务：这个 Web 服务使用 WSDL 进行，WSDL 是一个众所周知的位置（静态 Web 服务，而不是使用注册表），因为它不是供公众使用的。只被消费者网站使用。选择使用 SOAP 而不是 Java RMI 或直接 EJB 调用，是出于消费者网站实现，会有不同的技术进行替换的可能性（如．NET）；在这种情况下，SOAP 可以提供所需的互操作性。

使用 EJB 端点类型：我们选择 EJB 端点类型，因为订单处理中心是使用一组 Session Bean 实现的。

7）使用指南

```
Context ic= new InitialContext();
Service opcPurchaseOrderSvc=
    (Service) ic.lookup("java:comp/env/service/OpcPurchaseOrderService");
PurchaseOrderIntf port=
    (PurchaseOrderIntf) opcPurchaseOrderSvc.getPort(PurchaseOrderIntf.class);
String orderId= port.submitPurchaseOrder(myPurchaseOrder);
```

4.6 常用建模工具

自 UML 规范公布以来，各式各样的 UML 建模工具如雨后春笋一般被开发出来。这些工具中绝大多数都是基于已有的集成开发环境而推出的 UML 建模工具，对于大多数初学者而言，耳熟能详又容易上手练习的 UML 工具无非就是 Rational Rose 和微软的 Visio UML 建模工具包。

Rational Rose 和 Visio 比较容易被初学者接受，但由于历史原因仍存在一些缺陷。其他的 UML 建模工具，如 Enterprise Architect、PowerDesigner、JUDE、Poseidon、Netbeans 等，或多或少都有各自的优势，但更加突出的是各自的缺陷；直到 IBM Rational Software Architect（RSA）UML 建模工具出现之后，无论从可用性和易用性以及可视化的优良表现形式而言，它都有巨大的优势，为此本书绝大多数的 UML 图都采用了 IBM RSA 建模工具来绘制。

4.6.1 IBM Rational Software Architect

RSA 是一套设计与开发工具，它构建在开放的、可扩展的 Eclipse 3.0 平台之上，实现了多项行业最新标准，提供了灵活的插件扩展机制。借助 UML 2.0 技术，它实现了模型驱动的软件开发模式，可以帮助开发团队创建更加强壮的软件架构。同时，RSA 作为 IBM Rational

业务驱动软件开发平台的核心构件,提供了与需求管理工具、测试工具、配置和变更管理工具及项目管理工具的完美集成,从而真正实现了企业内部的核心软件开发流程、开发平台和软件生产线。RSA 软件界面如图 4-11 所示。

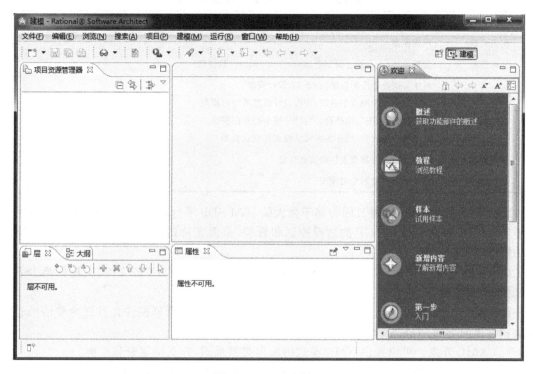

图 4-11　RSA 主界面

RSA 最主要的功能就是建模,在使用 RSA 建模工具时,模型的物理表现为模型文件(.emx)。应用程序代码是模型的详细实现,它与类似于表示模型的图文件(.dnx)一起被认为是具体模型。在模型驱动开发方法的完整应用中,可以根据概念模型自动生成许多现实模型。

软件行业采用统一建模语言(unified modeling language,UML)作为表示模型和相关产品的标准方法,是由 Rational 软件公司创建。UML 2.0 是 UML 标准的最主要的修订版,在精确的语言定义、改良的语言组织、性能等方面都有了新改进。RSA 提供了对 UML 2.0 标准的全面支持,从 UML 基本元素到 UML 图都遵循 UML 2.0 规范,能够创建用例图、活动图、类图、序列图、状态图等。

同时,RSA 中提出的各个模型一定程度上遵从了 Rational 统一过程的开发过程(rational unified process,RUP),但 RSA 并不强制用户一定要使用 Rational 统一过程来开发软件,但这些模型的效用已经在许多真实项目中得到验证。RUP 是软件工程的过程,描述了如何为软件开发团队有效地部署经过商业化验证的软件开发方法。RUP 的目标是在可预见的日程和预算前提下,确保交付能满足用户最终需求的高质量产品。使用 RUP 作为指南,部署这些最佳实践经验,将会给开发团队提供大量的关键优势,如图 4-11 所示。

RUP 以适合于大范围项目和机构的方式捕捉了许多现代软件开发过程的最佳实践,综合提出了“6 个最佳实践”,分别是迭代式开发、需求管理、使用基于构件的体系结构、可视化软件建模、验证软件质量、控制软件变更。

RUP 描述了对系统的问题和解决方案领域的定义明确的透视图的一组模型,这些模型的作用已经在许多真实项目中得到了验证。RUP 模型到 RSA 模型的映射如表 4-3 所示。

表 4-3　RUP 模型到 RSA 模型的映射

RUP 模型	RSA 模型
用例模型	用例模型
分析模型	分析模型(或者设计模型中的<<analysis>>软件包)
设计模型	对于 n 层业务应用程序:企业 IT 设计模型 对于其他类型的应用程序:用作设计模型的空白模型 对于设计"草图":用作设计"草图"模型的空白模型 可选的补充内容:用作实时概览模型的空白模型
实施模型	包含实施工件和图文件的实施项目
部署模型	用作部署模型的空白模型

RSA 既是建模工具,同时又因为基于强大的 IBM SDP 平台,所以也是一个非常全面的开发平台。RSA 提供了基于 RUP 的过程控制和管理,全面支持迭代开发。目前支持的主要开发功能有以下几方面。

(1) Web 开发。提供包括对 Java Server Faces 框架中的 AJAX 的支持,支持标准 JSF 方式、动态页面模板等。

(2) Web Service 开发。简化的向导有助于轻松创建具有简单控件并且更为整洁的自底向上和自顶向下的 Web Service。

(3) XML 开发。可以提供 XML 模式的面向类型视图,并支持重命名重构。

(4) 数据库应用和开发。分别提供了数据开发项目,用于创建和存储历程与 SQL 语句等数据库对象,数据设计项用于数据建模领域。

(5) 支持 Java/C/C++。通过类似于 UML 表示法的图中描述和编辑代码,可以创建 Java 和 C++ 等 3GL 的代码模型。通过对这些图进行编辑来添加类、字段和方法等新代码元素,也可以将现有代码元素拖到图中。

RSA 具有以下优势,可帮助开发人员更好地控制架构和交付成果。

1) 基于 UML 的建模支持简化了开发流程

(1) 借助易于使用的功能,可视化建模和编辑工具可帮助提高生产力并加速开发。

(2) 直观的简述功能使架构师能够轻松地将图形模型转化为精炼的表示,这有助于确保与利益相关方进行沟通并获取反馈。

(3) 包含的设计模式可帮助用户快速构建 UML 模型。现有模型可以分解并被独立版本化,以作为架构构建块来复用。

(4) 模型和代码的简单双向工程和同步可以提高效率和准确性。

2) 强大的工具和流程指南可提供一致性

(1) 针对基于模式的工程利用模式分析引擎。

(2) 通过架构分析、评审和度量工具来提高生产力。

(3) 更好地了解需求,以便更有效地管理风险、质量和变化。

(4) 通过流程顾问功能改进设计解决方案。

3) 对云服务的访问增加了可扩展性

(1) 通过云客户端控制台获取对云服务的访问。

（2）连接到 IBM 计算云环境，以发现、提供、激活和放弃云资源。

4）灵活的可扩展平台可提高 ROI

（1）提供一组可选扩展，通过用于协作、模拟、部署建模、面向服务架构（SOA）的功能，以及集成架构框架运用来增强 RSA。

（2）提供需求集成和端到端可跟踪性，更好地管理生命周期。

（3）与多个 IBM 产品生命周期管理解决方案（如 Rational Team Concert™、Rational Asset Manager 和 Rational Requirements Management）相集成。

（4）包括对业务流程建模表示法（BPMN）的支持，从而实现与 IBM WebSphere® Business Modeler 更紧密的集成。

4.6.2　其他常用建模工具

1. Microsoft Visio

Visio 是微软的 UML 建模工具。传统上的 Visio 以绘图方便、简单易学而闻名。但现在，它增加了对 UML 1.2 的全面支持，从而使它也成为一个轻量级的 UML 建模工具。本书后面章节要具体讨论 Visio 中的 UML 建模环境。这里简要列出几点 Visio 建模的优势，相信对建模感兴趣的读者会喜欢上它。Visio 的主界面如图 4-12 所示。

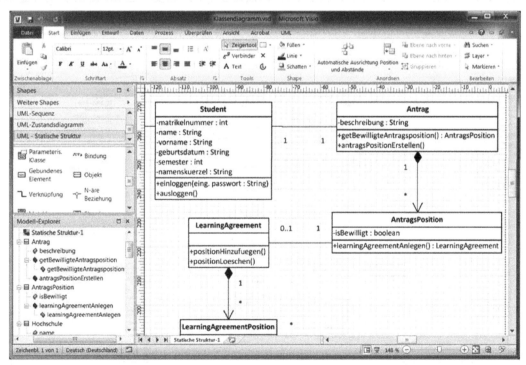

图 4-12　Visio 工具主界面

Visio 工具的主要特点如下。

（1）简单易用。作为微软 Office 套件中的一员，使用 Visio 就和使用 Word 一样简单。

（2）功能完整。Visio 提供了对 UML 建模的全部环境。只要有了 Visio，就具有了 UML

建模所需要的一切。

（3）大量的图形化模板元素。Visio 提供了 UML 构造块的图形化模板元素。将这些元素拖放到绘图中就增加了一个 UML 元素。Visio 的在线帮助提供了这些图形化元素的详细说明，这也增强了对 UML 本身的理解。

（4）支持反向工程。所谓反向工程就是从代码提取出模型的过程。利用 Visio 可以从代码（如 Visual Basic 6、Visual C++ 6 及. NET 工程）中自动获取 UML 静态模型。在获得了 UML 静态模型后，可以通过将静态模型元素拖放到其他模型图的方式，快速构建其他模型图。反向工程对建模的初学者而言，提供了另外的捷径。

（5）支持正向工程。正向工程是指将模型转换为代码的过程。对于系统分析师，他可以先用 Visio"画"出应用框架，然后让 Visio 产生框架代码。对于一般编程人员而言，Visio 也可以帮助他培养良好一致的编码风格，把握代码的总体格局。

2．Enterprise Architect

Enterprise Architect 是一个为设计和建造软件系统、业务流程建模，以及为更广义建模目的可视化平台。Enterprise Architect 基于最新的 UML 2.4 规范，UML 定义了一个可视化的语言，用来建模一个特定的领域或系统。Enterprise Architect 是一个不断发展的工具，包括了开发周期的所有方面，从最初的设计阶段到部署、维护、测试和变更控制，提供了全程追溯。EA 的主界面如图 4-13 所示。

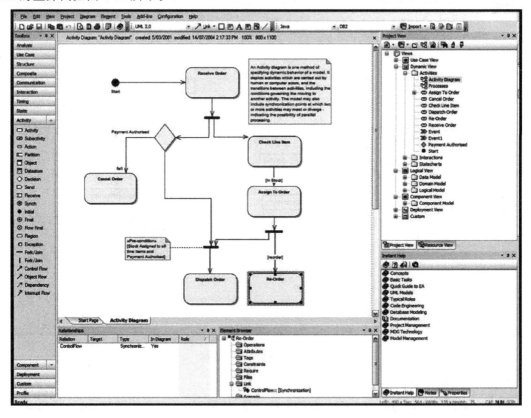

图 4-13　EA 主界面

Enterprise Architect 能为用户带来的好处如下。

(1) 建模管理复杂信息。Enterprise Architect 可以帮助个人、团体和大型组织建模和管理复杂的信息。这往往涉及软件开发和 IT 系统的设计和部署,也涉及业务分析和业务流程建模。

Enterprise Architect 集成和连接广泛的结构和行为信息,对无论当前的模型,还是将成为的模型,帮助建立一个连贯的、可核查的层次结构模型。提供工具来管理版本,追踪差异,审计变化和执行安全权限管理,帮助控制项目开发和符合标准实施。

(2) 建模、管理、跟踪需求。

使用完整的可追溯性记录需求,从基本需求到设计、建造、部署等。使用影响分析跟踪从原来的需求到计划中的改变,以建立"正确"的系统。

(3) 团队共享。

Enterprise Architect 的一个可扩展、易于部署、多用户环境,整合团队成员从所有部分和产品的系统开发和维护生命周期的所有阶段,从内置的协作和固有的信息共享提供显著效益。

业务分析师,软件架构师,开发人员,项目经理,测试、推广和支持人员的一个单一的存储库。一个统一的意见,一个复杂的系统,有许多观点和许多可能的子系统。

(4) 使用 UML 设计构造不同系统。

UML 2.4 是一个开放的标准,提供了丰富的语言用来描述、记录和设计软件、业务和 IT 系统。Enterprise Architect 可以让你利用完整的 UML 2.4 的表达能力,以一个开放和易于理解的方式来建模、设计和建造不同的系统。生成代码、数据库结构、文档和指标。变换模型、指定行为和结构作为约定协议的基础。

(5) 可视化,洞察和理解复杂软件。

软件是复杂的,往往很难理解。使用 Enterprise Architect 进行逆向工程,将各种不同的源代码转换成静态结构以便于理解。要完成这项任务,使用内置的独特分析和调试工具,在运行时捕获和可视化执行软件。创建模型元素的运行时实例,并使用内置对象工作台调用方法。通过逆向工程数据库模式为各种不同系统集成现有的数据模型。

(6) 使用全生命周期建模与项目管理。

捕获和跟踪模型元素是成功的重要信息,如测试、项目管理和维护的详细信息。使用此信息来推动和跟踪产品的开发和交付。

(7) 与其他工具共享和重用信息。

Enterprise Architect 支持多种机制使用行业标准的 XMI 进行模型的导入/导出。这使得建模者可以使用由其他工具创建的信息,在 Enterprise Architect 模型之间复制信息,甚至编写和使用自定义工具直接导入 XMI。

(8) 使用模型驱动架构创建独立平台独立的模型。

模型驱动架构(MDA)是一个开放的标准,以方便快速开发平台的独立应用。模型可以建立在一个高层次的抽象,并使用基于 MDA 的工具,针对特定的平台或领域进行模型和代码转化。Enterprise Architect 拥有一套丰富的内置支持 MDA 的工具。

4.7　思考和练习题

1. 常用的软件体系结构描述方法有哪些? 对比分析其优缺点。

2. 体系结构描述语言(ADL)和程序设计语言之间有哪些区别和联系。请从两种语言中的典型元素的属性和含义上进行比较。

3. UML 作为一种软件统一建模语言可以说是一种事实上的 ADL 工业标准,在软件体系结构建模中被广泛使用,请结合 Kruchten"4+1"视图说明 UML 2.0 中的各种图形与视图模型的常见对应关系。

4. 除了著名的 Kruchten"4+1"视图模型中的视图外,还有哪些常见视图? 举例说明如何确定究竟需要哪些视图?

5. 选取你参与过的一个实际项目或者你所熟知的一个软件系统,利用 Kruchten"4+1"视图模型,并结合一款 UML 工具来对你选取系统的体系结构进行建模。

第5章 软件体系结构设计与评估

5.1 概　述

软件体系结构是对软件系统的高层抽象,是在软件开发过程之初产生的,设计优质的体系结构可以减少和避免软件错误的产生和维护阶段的高昂代价。软件体系结构是系统集成的蓝本,是系统开发、实现的依据,它本身也需要进行分析、设计、实现、评估、编档、维护等,以确保设计出合适的软件体系结构,并使其在整个软件设计与实现过程中发挥重要作用。如今,软件体系结构分析和设计已经是软件开发过程中的重要活动和关键制品。在软件开发统一过程(如 RUP)中,软件体系结构是细化阶段的关键里程碑。为了提升软件设计与开发质量、效率,降低成本,一些学者将架构为中心的设计方法与软件开发统一过程进行融合。在软件开发过程的初始阶段、细化阶段中融入架构为中心的设计方法,将软件体系结构分析、设计、评估、实现、维护等关键活动作为软件开发统一过程的工作流。

本章重点介绍软件体系结构生命周期模型,分析软件体系结构开发的核心活动,介绍架构为中心的设计方法与软件开发统一过程融合方法。在软件体系结构生命周期中分析、设计与评估是其最关键的活动,同时介绍几种最常用的分析与设计方法,包括属性驱动的设计方法、基于模式的设计方法以及构件级设计与评估方法。最后,介绍软件体系结构的常用评估方法,重点以软件体系结构权衡分析方法 ATAM 为例,详细介绍软件体系结构评估方法和具体实施流程。

5.2　架构为中心的软件开发过程

5.2.1　软件体系结构生命周期模型

随着软件规模和复杂程度的增加,在软件设计过程中,人们所面临的问题不再仅仅是考虑软件系统的功能问题,还面临要解决更难以处理的非功能性需求,如系统性能、可适应性、可重用性等。这使得软件体系结构成为软件工程领域的研究热点。大型软件的体系结构设计成为决定系统成功与否的关键因素之一。软件体系结构的设计是整个软件开发过程中关键的一步,而不同类型的系统需要不同的体系结构,甚至一个系统的不同子系统也需要不同的体系结构。传统的软件开发过程可以划分为若干个阶段,包括问题定义、需求分析、软件设计、软件实现及软件测试等。如果采用传统的软件开发模型,软件体系结构的建立应在需求分析之后,设计之前。传统软件开发模型存在开发效率不高,不能很好地支持软件重用、满足系统质量需求等问题。

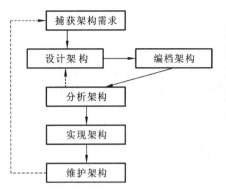

图 5-1 软件体系结构的生命周期模型

近年来,逐渐形成了以架构为中心的软件体系结构开发过程,如图 5-1 所示。在软件过程模型的基础上,扩展了体系结构的过程模型。在初始阶段、细化阶段,就开始实施软件体系结构过程的活动,捕获架构需求,形成质量属性场景,并进行架构设计、编档、分析、实现、维护,迭代软件体系结构过程,直到完成架构设计。

5.2.2 软件体系结构开发核心活动

1. 架构需求

软件体系结构需求是指用户对目标软件系统在功能、行为、性能、设计约束等方面的期望,受技术环境和架构师经验的影响。一般可根据系统的质量目标、系统的商业目标和系统开发人员的商业目标获取需求。软件体系结构需求获取过程主要是定义开发人员必须实现的软件功能,使得用户能完成任务,从而满足业务上的功能需求。与此同时,还要获得软件质量属性,满足一些非功能性需求。

软件体系结构需求捕获的过程如图 5-2 所示。软件体系结构需求由开发组织创建,并受到技术环境和架构师自身经验的影响。该过程中包括三个输出,分别是混合用例的功能性需求、详细架构需求、提供架构需求细化测试的一系列质量属性场景。

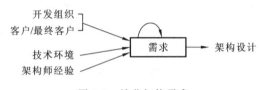

图 5-2 捕获架构需求

基于质量属性的架构需求是通过特定质量属性场景来表达的。特定质量属性场景包括:就可修改性而言,易变的场景;就安全性而言,存在威胁的场景;就性能而言,响应时间的场景;就可靠性或可用性而言,错误处理或降级的场景。我们需要在编档、构建的软件体系结构中反映这些场景。特定质量属性场景的初步使用可能被认为是设计阶段需要考虑的,但是在分析阶段质量属性场景对其他质量属性的影响也很重要。

2. 架构设计

架构师在设计软件体系结构时,首先制定许多设计决策,再根据这些决策考虑不同的体系结构和架构视图推理,以确定最佳软件体系结构。架构需求用于刺激、证明设计决策,不同的视图用于表达跟实现质量属性目标相关的信息,质量属性场景用于推理和验证设计决策。通常可根据架构风格、设计模式等方法确定设计决策。架构设计的过程如图 5-3 所示。

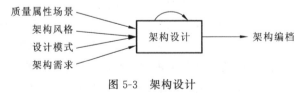

图 5-3 架构设计

架构设计是一个迭代过程,该过程中需要制定并推理许多决策,然后不断重新考虑和重新制定决策,直到完成设计。

3．架构编档

架构文档主要用来为程序员、分析师等涉众提供支持，如图 5-4 所示。架构文档是加强涉众之间交流和获取架构需求的一种强大工具，对于一个长期的软件架构是很重要的。架构文档既是指示性文档，也是说明性文档。文档的完整性和质量是架构成功的关键因素。

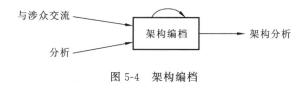

图 5-4　架构编档

软件架构文档通常按照多视图方式加以组织，其核心是一系列满足不同涉众要求的视图。视图中通常包括描述主要构件和视图关系的主要表示；说明和定义视图所展示的构件并列出其属性的构件目录；构件的接口和行为规范；对所有针对架构进行剪裁的现有内部机制进行说明的可变性指南；基本原理和设计信息等。架构文档无疑是软件体系结构开发活动中最重要的制品，本书将在第 6 章对编档进行详细介绍。

4．架构分析

在制定主要架构决策之前，架构设计、编档和分析活动是不断迭代的。该阶段需要外来的审查人员参与主要架构的评估。评估的主要目的是通过分析来识别架构中潜在的风险以及验证已完成的质量属性需求。需要外来的审查人员的原因是保证客观的检查设计，同时保证系统的组织管理层对评估结果的可信性。架构分析过程如图 5-5 所示。

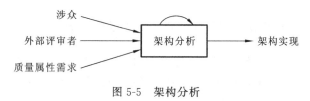

图 5-5　架构分析

在架构评估时，架构师必须参与所有的评估活动。设计团队应尽可能地为架构师提供支持。对于大型系统，参与者应该包括关键子系统的首席设计师，也可包括测试人员、维护人员、集成人员、系统管理人员、最终用户、客户和经理。此外，评估团队应该是开发团队以外的人员，能够保证评估的公正性，并可从不同角度对架构提出问题。

5．架构实现

当架构转换为代码时，必须考虑所有常规的软件工程和项目管理中的注意事项，如详细设计、实现、测试、配置管理等。本书第 7 章将对架构实现中的关键问题进行详细讨论。

在以架构为中心的开发过程中，开发团队的组织结构必须容易映射到软件架构上，反之亦然。架构对开发组织结构的影响是显而易见的。一旦对系统的架构达成一致，团队就被分配去开发不同的构件，也就创建一个反映该团队工作分类的结构。每个团队都要建立内部的工作方式（或采用整个系统的工作方式）。对于大型的系统而言，团队也许属于不同的分包商。工作方式将包括通信方式（如公告板和网页等）、文件命名规范以及版本控制系统。此外，每个组需建立保证和测试质量属性的程序,而且每个组需要建立联络员与其他组进行合作。

如果不严格遵循这些设计准则,就可能会增加系统的复杂性。事实上,团队结构和团队协作往往是影响一个大型项目能否成功的关键因素。如果团队需要进行复杂的交互,这意味着组件之间的交互过于复杂,或者是组件之间的关系不够明确。在这种情况下,不仅在团队内部需要进行频繁交流,而且在团队之间也需要。与软件系统一样,团队应该尽量保持松散耦合和高内聚。

6. 架构维护

我们在前面章节讨论过如何设计、编档、分析和实现软件架构。然而,有了软件架构并不等同于该架构是良好编档、易于传播或维护的。如果这些活动中的任何一项没有做到,那么架构将不可避免地偏离它最初的规约,这是一种潜在风险。如果架构以多种方式发生偏移,将导致系统之间不一致,或者架构没有遵循设计决策最初的基本原理,那么在原有系统中,已经很细心设计和分析所达到的质量属性也会受到影响。

在实际应用中,很少对软件架构进行编档、维护,即使编档,文档通常也是模糊不清的。因此,架构分析与设计形成的制品,如代码、构件、文件、执行追踪、测试结果、文档结构等,分析师需要和架构师合作定义描述这些制品的模式。通常,这是一个迭代的和解释的过程。这些所定义的工件的模式就成为定义架构和评估其与所构建的架构的一致性的规则集。

这些规则通常在提取工件时使用,任何遗留的异常可以通过手动和自动注释,并需更新文档描述现有代码库的实际情况,通过已明确定义的架构规则使代码库保持一致性,简单地记录存在的异常。架构维护是架构生命周期中的重要一步,架构必须像其他被维护的系统制品一样编档和维护。

5.2.3　架构中心方法与常见软件过程模型融合

近年来,由 SEI 开发的软件架构技术已经发展成为一系列架构为中心的方法(architecture-centric methods,ACM),包括软件架构分析法(SEI software architecture analysis method,SAAM)、软件架构权衡分析法(architecture tradeoff analysis method,ATAM)、SEI 质量属性专题讨论会(SEI quality attribute workshop,QAW)、SEI 质量属性驱动设计法(SEI attribute-driven design method,ADDM)、SEI 成本效益分析法(SEI cost benefit analysis method,CBAM)、SEI 中间设计积极评审法(SEI active reviews for intermediate design,ARID)。长期的实践和应用已经验证了 SEI 架构为中心的方法能够很好地支持架构需求、设计、编档、分析、实现、维护等活动。

不难看出,上述架构为中心的方法往往侧重于架构的某一方面,即便是全部软件架构开发活动也只是整个软件开发过程一部分。因此,如何整合架构为中心的相关方法,如何将架构为中心的方法与主流软件开发过程模型融合自然就成为一个现实问题。近年来,出现了一些架构为中心的方法与 Rational 统一软件开发过程(rational unified process,RUP)、极限编程(extreme programming,XP)、小组软件过程(team software process,TSP)进行融合的研究与实践。本书以 RUP 为例进行介绍。

RUP 是一种以用例驱动、以架构为中心、以增量式迭代为开发模式的面向对象开发框架。它为软件系统全生命周期的每个阶段提供了指南、模板和案例。RUP 定义了四个阶段:初始、细化、构建、提交。这些阶段由软件开发相关的工作规程组成,包括需求分析、分析与设计、实现、测试、评估、部署,以及其他支持工程规程,包括配置和变更管理、项目管理、环境以及操作和支持。每个阶段都有各自的里程碑,在细化阶段的里程碑是软件体系结构。图 5-6 显示了架构中心方法与 RUP 相结合的一般情况。架构中心方法的实施往往作为 RUP 相关工作流中的一项活动展开,如 RUP 业务建模和需求分析中会使用 QAW 方法进行架构需求定义,分析和设计中会使用 ADD 方法进行架构设计,使用 ATAM 或 ARID 方法进行架构评价。

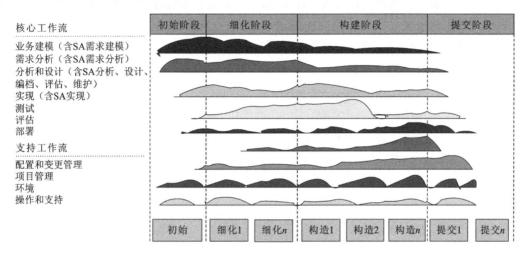

图 5-6　ACM 与 RUP 结合的过程模型

初始阶段主要确定项目的范围和目标。在这个阶段结束时形成生命周期目标里程碑,除了确定系统功能范围和目标外,同时确定系统非功能需求的范围和目标,为软件体系结构分析与设计提供支持。

细化阶段的焦点则转到构架风险上,主要开展项目风险、设计架构、制定项目计划等活动。在这个阶段结束的时候形成生命周期架构里程碑。结合系统非功能需求和系统约束,在该阶段的每次迭代中,实施软件体系结构开发过程活动,如架构分析、设计、编档、评估,进而确定满足系统需求和约束的体系结构。

构建阶段进行软件详细设计、实现和测试,包括软件体系结构的实现和维护。在这个阶段结束时形成初步运行的系统里程碑。

提交阶段主要对系统功能、性能、质量进行完善。在这个阶段结束时形成发布产品里程碑。

通过将软件体系结构开发活动融入 RUP 过程中,能够以一种显式的、系统的、工作规程的方式解决质量属性问题,进而提高 RUP 在设计过程中的作用。我们利用质量属性需求驱动软件架构,用架构为中心的活动驱动软件系统生命周期。在初始阶段、细化阶段,RUP 制品可从 SEI 架构中心方法中受益。事实上通过这种方法可以使架构为中心的活动尽早开展。合适的涉众的参与是确保这个方法成功的关键。架构为中心的方法除了可降低成本外,还能有效提高系统和软件产品的质量。

5.3 属性驱动的设计方法

5.3.1 方法概述

属性驱动的设计方法(attribute-driven design,ADD)是定义软件架构的一种方法,可根据软件质量属性需求实施架构设计过程。ADD通过一个分解系统或者系统元素的循环过程,使用架构模式和策略来满足系统质量属性需求,以完成分解操作和模式。如图5-7所示,ADD方法基本遵循"计划→执行→检查"这样的循环过程。

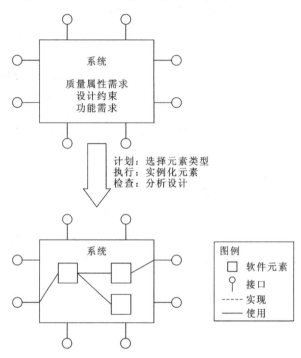

图 5-7 ADD 计划,执行以及检查周期

计划:基于质量属性和设计约束来确定在架构中使用哪些元素。

执行:实例化元素以满足质量属性需求和功能性需求。

检查:分析设计结果,确定是否满足所有需求。

重复上述过程,直到满足所有与架构相关的重要需求。

ADD的输入包括系统功能性需求、设计约束以及质量属性需求。功能性需求明确指出了当软件在某一特定条件下运行时,系统必须提供哪些功能以满足涉众显性的或潜在的需求。设计约束是关于系统设计的策略,反映了设计策略及其预定的结果,必须在最终的系统设计中体现。质量属性需求明确了系统必须满足的不同质量属性。功能性需求、设计约束以及质量属性需求可能是隐式的。

ADD的输出为系统设计,包括角色、职责、性质以及软件元素之间的关系。ADD的设计结果用多种架构视图进行编档,如模块视图、构件与连接件视图、部署视图。

总之,基于一系列的设计决策,ADD形成了一个初始的软件架构描述,包括系统的主要计算和开发元素、元素类型及其属性和结构关系、元素的交互机制。

5.3.2　设计步骤

ADD 设计步骤如图 5-8 所示。

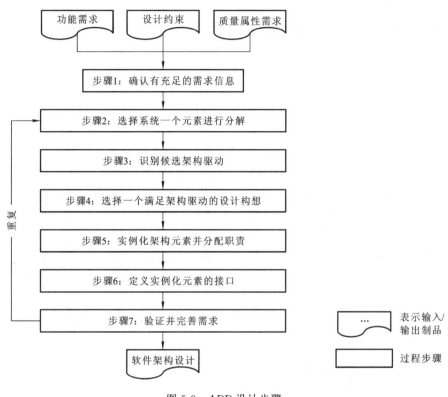

图 5-8　ADD 设计步骤

步骤 1：确认有充足的需求信息。

在步骤 1 中，首先需要搜集足够多的系统需求，并将其作为 ADD 的输入。根据得到的需优先考虑的需求列表，确定架构设计的关键系统元素。按照需求对涉众的重要程度，考虑需求及其对架构的潜在影响。对于没有被列为优先考虑的需求应该将其标记出来，并返回给涉众进行排序。

另外，还需捕获足够多的系统质量属性需求。每一个质量属性需求应该按照"刺激-响应"的方式进行描述，这种方式与质量属性场景方式是相同的。将每一个质量属性需求描述成具体可度量的质量属性响应，描述形式包括刺激源、刺激、制品、环境、响应、响应度量。架构师可根据这些质量属性需求选择合适的设计模式和策略。如果某个质量属性需求没有包含上述信息，就需要创建衍生的需求或者与涉众沟通以明确该需求。当涉众已确定足够多的功能需求和质量属性需求时，就可以开始架构设计工作了。

步骤 2：选择系统一个元素进行分解。

在步骤 2 中，将所选择的系统元素作为后续步骤的设计重点。该步骤可分两种方式完成。第一种是当首次执行该步骤时，唯一可以分解的元素是系统本身，就可将所有需求分配给该系统。第二种情况是当在完善系统的部分设计并且之前已经执行过该步骤时，这种情况下，已经将系统分为两个或者多个元素,也将需求分配给这些元素,就需要从中选择一个元素作为后续步骤的重点。

在第二种情况下,可根据以下四个问题来选择侧重的元素。

(1) 架构知识。分析当前元素是否是唯一可以选择的元素,以及系统中其他元素之间存在依赖关系的数量。

(2) 风险和困难。分析实现元素相关联需求的难度、熟悉程度、涉及的风险。

(3) 业务准则。元素在系统增量开发中所扮演的角色;元素是否需要构建、购买和注册或是作为开源程序;元素对产品上市时间的影响;实现一个组件时的人员可用性。

(4) 组织标准。元素对资源利用的影响;与元素开发有关的经验层次;元素对于改进组织开发技能的影响;负责人选择了该元素。

步骤 3:识别候选架构驱动。

我们已经选择了系统中的一个元素进行分解,并且涉众已经考虑了任何可能影响该元素的需求。在这一步,需要根据需求对架构的影响程度,再次将这些需求进行排序。这次排序可以简单地将每个需求分别设定为"高影响力"、"中等影响力"或者"低影响力"。

涉众之前已经对需求进行了排序,但第二次排序是根据需求对架构的影响力,这次排序后会将需求分成一些组。如果是用"高影响力"、"中等影响力"或者"低影响力"衡量优先级,那么这些组可以通过以下形式进行表达:(H,H)(H,M)(H,L)(M,H)(M,M)(M,L)(L,H)(L,M)(L,L)。每一组的第一个字母代表了需求对于涉众的重要程度,第二个字母则代表了需求对架构的潜在影响力。例如,某个需求表示为(H,H),则该需求对于涉众非常重要,同时会对架构的设计产生很大的影响。从这些需求组里选择几个(5 个或 6 个)高优先级的需求作为后续设计步骤的重点。

我们将所选择的需求称为当前正在进行分解元素的"候选架构驱动"。通过进一步分析之后,我们会从架构驱动中删除一些候选驱动,同时添加一些其他的需求作为候选驱动。后续步骤的目标是识别真实的架构驱动,而步骤 3 产生的需求列表可能不会影响软件体系结构,而真正影响软件体系结构的需求才是"架构驱动"。到目前为止,我们获得的还是"候选架构驱动"。

步骤 4:选择一个满足架构驱动的设计构想。

在步骤 4,需要选出架构中的主要元素及其之间的关系。根据设计约束和质量属性需求(候选架构驱动)确定元素、元素间关系及其之间的交互机制。

作为架构师,应该遵循以下 6 个步骤。

(1) 识别候选架构驱动相关的设计问题。例如,与可用性有关的质量属性需求,包括故障预防、故障捕获以及故障恢复等。

(2) 对于每一个设计问题,创建一个解决该问题的模式列表。

(3) 从模式列表中选出最能满足候选架构驱动的模式。

(4) 考虑目前已经识别的模式,并确定它们之间的关系,将所选中的模式进行组合可以产生新的模式。

(5) 通过不同的架构视图来描述已经选择的模式,如模块、组件和连接器以及分配视图。此时,不需要创建完整的文档架构视图,编档已经确定的信息以及用来推导架构的信息(包括各种元素类型的属性信息)。

（6）评估并解决设计构想不一致的问题。

步骤 5：实例化架构元素并分配职责。

在步骤 5，实例化在之前步骤中选择的软件元素，根据元素的类型为它们分配职责。实例化的元素的职责也来源于候选架构驱动关联的功能性需求以及其父元素关联的功能性需求。在执行完步骤 5 后，父元素关联的功能性需求通过一系列子元素的职责进行表达。可按照以下 6 个子步骤处理。

（1）实例化在步骤 4 选择的每一种类型的元素。我们将这些实例称为当前分解元素（父元素）的"孩子"或"子元素"。

（2）根据父元素的类型，为所有子元素分配职责。

（3）根据步骤 4 中所记录的基本原理以及元素属性，将父元素关联的职责分配给其子元素。注意，不管这些职责是否会对架构产生很大的影响，所有分配给父元素的职责都需求进行考虑。

（4）在以下两种情况下创建额外的元素类型实例：

① 一个元素职责的质量属性特性存在差异，例如，如果一个子元素的职责是实时采集传感器数据并在稍后的时间里发送数据，数据采集涉及的性能需求也许会促使我们实例化一个新的元素来处理数据采集功能，而原始的元素则处理数据传输功能；

② 需要实现其他的质量属性需求，例如，将一个元素的功能重新分配给两个元素，以提高系统的可修改性。

步骤 6：定义实例化元素的接口。

在步骤 6 中，我们定义元素所需提供的服务和性质。在 ADD 中，这些服务和性质指的就是软件接口。注意，这里的接口不是一个简单的操作签名列表，接口描述了"提供"和"需求"假设。一个接口可能包括以下任何一项：

① 操作语法（如签名）；

② 操作语义（如描述、前置条件、后置条件、约束）；

③ 信息交换（如信号事件、全局数据）；

④ 个体元素或操作的质量属性需求；

⑤ 错误处理。

步骤 7：验证并完善需求。

在步骤 7 中，检验元素分解是否满足功能性需求、质量属性需求以及设计约束。同时，准备子元素为接下来的分解做准备。可按照以下几个子步骤执行。

（1）核实与父元素关联的所有功能性需求、质量属性需求以及设计约束是否已经在分解的过程中分配给子元素。

（2）对于个体元素，将分配给子元素的所有职责转换成功能性需求。

（3）必要时，对于个体子元素完善其质量属性需求。

步骤 8：分解系统其他元素，重复步骤 2～步骤 7。

完成步骤 1～步骤 7，就已经将 1 个父元素分解成了多个子元素。每个子元素都是一个职责的集合，包括接口描述、功能性需求、质量属性需求以及设计约束。现在可以返回到步骤 2 的分解过程，继续选择下一个元素进行分解。

5.3.3　常见质量属性设计策略

图 5-9　刺激、质量属性设计策略与响应之间的联系

质量属性设计策略能够直接影响系统对一些刺激的响应,不同的设计策略往往对应着不同的质量属性。刺激、质量属性设计策略和响应之间的联系如图 5-9 所示。质量属性设计策略就如设计模式一样,是已经广泛使用的一种设计方法。在此,我们对一些常见质量属性设计策略进行描述。

我们所描述的质量属性设计策略在实际应用中还需进一步细化。例如,对于性能来说,资源调度是一个通用的性能设计策略,但是这个策略需要细化为更具体的调度策略,如针对特定目的实现最短任务优先、轮询等;使用中介是可修改性的一个设计策略,但是需要指定具体使用哪一种中介(如层次、代理等)。因此设计师需要进一步细化每种质量属性设计策略。此外,质量属性设计策略还应依赖于上下文。以性能为例,管理采样率在一些实时系统中很重要,但并非适用于所有实时系统(如数据库系统)。

本节介绍的质量属性设计策略包括可用性、互操作性、可维护性、性能、安全性、可测试性、易用性、概念完整性、可重用性、可管理性、可靠性、可伸缩性、可支持性。

1．可用性

当系统无法继续提供服务时,这意味系统产生了失败,可能是由于错误(或错误的集合)造成系统的失败。这里所讨论的可用性设计策略重点在于防止由错误而造成失败,至少能够把错误的影响限制在一定范围内,从而使系统修复成为可能。可用性设计策略可以分为错误检测、错误恢复和错误预防,如图 5-10 所示。

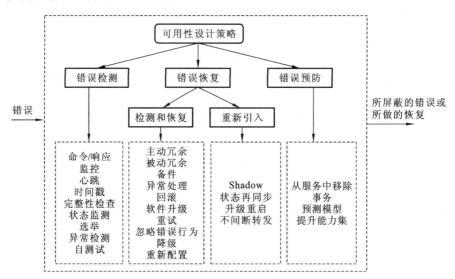

图 5-10　可用性设计策略

1）错误检测

命令/响应:一个异步请求/响应消息对在节点之间交换,用来检测可到达性以及通过相关网络路径的往返延迟。

监控：用来监控系统各个部分的健康状况，包括处理器、进程、I/O、内存等。

心跳：心跳是在一个系统监视器和被监控的进程之间进行周期性的信息交换的故障检测机制。

时间戳：用来检测错误的事件序列，主要用于分布式消息传递系统中。

完整性检测：检查一个组件的具体操作或输出的有效性或合理性。

状态检测：包括检测一个进程或设备的当前状态，或者是验证在设计阶段所作出的假设。

选举：这种设计策略的一种普遍的实现方式是三模冗余，即使用三个组件来做相同的事情，每个组件接收相同的输入，然后将它们的输出传递到选举逻辑中，选举逻辑用来检测这 3 个输出的状态的不一致性。当检测出不一致时，选举器会上报错误。

异常检测：指的是检测出那些改变了系统正常运行过程所处的系统状态。

自测试：构件（或整个子系统）能够运行程序来检测它们自身是否做出了正确的操作。

2）错误恢复

包括检测和恢复与重新引入两部分，首先介绍检测和恢复中常用的设计策略：

主动冗余（热重启）：所有的冗余组件都以并行的方式对事件做出响应。因此，它们都处在相同的状态。仅使用一个组件的响应（通常是做出响应的第一个组件），丢弃其他组件的响应。

被动冗余（暖重启）：一个主要的组件对事件做出响应，并通知其他备用的组件进行状态更新。当错误发生时，在继续提供服务前，系统必须首先确保备用状态是最新的。

备件（冷备份）：备件是计算平台配置用于更换各种不同的故障组件。出现故障时，必须将其重新启动为适当的软件配置，并对其状态进行初始化。

异常处理：系统以某种方式处理检测到的异常。异常处理的机制很大程度上依赖于使用的编程环境，从简单的功能返回代码（错误代码）到使用包含了对错误修正所需信息的异常类。

回滚：允许系统能够恢复到之前已知的一个正常状态。

软件升级：指以不影响服务的方式将当前运行的服务升级到可执行代码映像。

重试：这种方法假设造成失败的错误是暂时性的，通过重试能够使系统恢复正常状态。

忽略错误行为：这种策略将忽略那些来自特定来源且认定为伪造的消息。

降级：在出现组件运行失败的情况下，保持系统最主要的功能，而忽略次要的功能。

重新配置：通过为资源预留功能重新分配职责来从失败的组件中恢复，同时维持尽可能多的功能。

重新引入包括如下设计策略。

Shadow 操作：以 Shadow 模式来运行发生故障的组件，以确保在恢复该组件之前，模仿工作组件的行为。

状态再同步：主动和被动冗余策略要求所恢复的组件在重新提供服务前更新其状态。更新方法取决于可以承受的停机时间、更新的规模以及更新所要求的消息的数量。

升级重启：通过改变重启组件的粒度并最小化所影响服务的级别来使系统从错误中恢复。

不间断转发：最初是在路由设计中的一个概念。在这种设计策略中，功能被分为两部分：监督或控制部分（管理连接性和路由信息）和数据部分（从发送者到接收者进行实际的发包操作）。如果一个路由器检测到一个主动监督器发生故障，它能够持续地向已知的路由进行发包操作。

3）错误预防

从服务中移除：该策略从操作中删除了系统的一个组件，以执行某些活动来防止预期发生的故障。

事务：绑定几个有序的步骤，在发生故障时能够立刻撤销整个绑定。如果进程中的一个步骤失败，可以使用事务来防止任何数据受到影响，还可以使用事务来防止访问相同数据的几个线程之间发生冲突。

预测模型：该策略指的是应用一定的技术来阻止系统发生异常。之前已经讨论到使用异常类来使系统从异常中透明地恢复。其他异常防止的方法包括抽象数据类型、智能指针以及使用包装器等。

提升能力集：一个程序的能力集指的是该程序能够处理的状态的集合，如在大多数除法程序中分母为 0 这种情况是处于这些程序的能力集之外的。提升组件的能力集指的是使所设计的系统能够处理更多的情况或错误。

2．互操作性

互操作性的设计策略包括定位和管理接口两方面，如图 5-11 所示。定位方面包括服务发现，它在运行时寻找待交互的系统时使用。

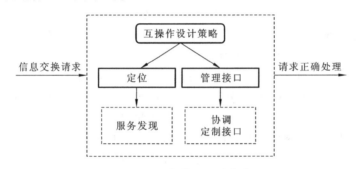

图 5-11　互操作性设计策略

1）定位

服务发现：通过搜索一个已知的目录服务来对服务进行定位（这里的"服务"指的是可以通过某种接口的形式来访问的一系列功能）。服务可以通过服务类型、名称、位置或者其他的属性来发现。

2）管理接口

协调：该设计策略使用一种控制机制来进行协调和管理服务，以及合理安排服务的调用顺序。一般在系统必须以一种复杂的方式进行交互以完成一项复杂任务时使用。

定制接口：指能够对接口添加或移除功能的能力。例如，添加缓冲区或平滑数据、对非信任的用户隐藏特定功能。

3．可维护性

可维护性设计策略的目标是控制维护的复杂性，包括控制维护所需的时间和花费，如图 5-12所示。

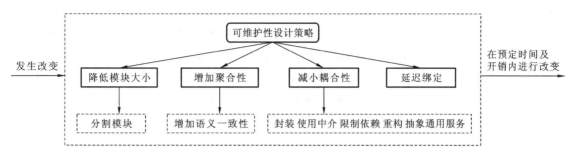

图 5-12　可维护性设计策略

1）降低模块大小

分割模块：如果所修改的模块包含很多职责，那么对其进行修改的代价会非常高。将模块细化为一些更小的模块能够减小发生改变时的平均代价。

2）增加聚合性

这类策略提供了将职责从一个模块转移到另一个模块的方法，转移模块职责的目的是降低原始模块对其他模块职责造成影响的可能性。

增加语义一致性：如果一个模块中的职责 A 和职责 B 并非提供相同的服务，它们就应该分配到不同的模块当中。一种鉴别需要转移的职责的方法是对模块可能会发生的改变进行假设，如果有些职责并未被这种改变所影响，那么这些职责就可能需要移除。

3）减少耦合性

封装：封装为一个模块引入了一个显式的接口。这种接口包括应用程序接口（API）以及与其相关的职责。封装降低了一个模块的改变会影响到另一个模块的可能性。设计的接口应该能对模块的细节进行抽象。

使用中介：中介打破了依赖性。给定职责 A 和职责 B 之间的一种依赖（如在执行 A 前需要执行 B），通过使用中介可以打破这种依赖。中介的类型取决于依赖的类型。例如，发布-订阅中介者能够移除生产者对消费者的依赖。在 SOA 架构中，服务是动态发现的，其中目录服务就是中介。

限制依赖：该策略限制一个给定模块能够交互或依赖的其他模块。这种策略可以通过限制一个模块的可见性（当开发者看不到接口时，他们无法使用它）或者授权（限制仅允许访问授权的模块）来实现。这种策略在层次架构中十分常见，一个层仅允许使用更低的层次或者使用包装器，外部实体只能看到这个包装器，而无法看到其包装器的内部功能。

重构：当两个互为复制的模块（或部分是复制的）被同一个变化所影响时，需要用到重构策略。代码重构在敏捷项目开发中是一项最佳实践，它能够确保开发组不会产生重复或者过于复杂的代码。而这一概念也能应用到架构元素当中，通用的职责（以及实现它们的具体代码）将从它们所在的模块移出，并在合适地方对它们进行实现。通过改变一些通用职责的物理位置，即让它们成为同一个父模块的子模块，这样就能够降低耦合性。

抽象通用服务：当两个模块提供类似的服务时，以一种更加通用（抽象）的形式来一次性实现这种服务将显得更加有效。仅在一个地方进行服务的修改，从而降低修改的代价。

4）延迟绑定

如果在设计时能够使得组件本身具有很好的灵活性，那么应用这种灵活性比手动地去修改某种改变要简单高效。参数化是引入灵活性的一种成熟的机制,这也很容易让人联想到之前的对通用服务进行抽象的设计策略。当我们在生命周期的不同阶段绑定参数值的时候,需要应用不同的延迟绑定策略。一般来说,在生命周期中的后期绑定参数值,效果将更好。然而,建立这种后期绑定的机制也需要一些代价,因此需要进行平衡。

在编译阶段或者构建阶段进行绑定的策略包括组件重置和编译期参数化。

在部署阶段进行绑定的策略包括配置期间绑定。

在启动阶段或者初始化阶段进行绑定的策略包括使用资源文件。

在运行时进行绑定的策略包括运行时注册、动态查找、解释参数、启动期间绑定、命名服务器、插件、发布-订阅、共享仓库。

4. 性能

性能设计策略的目标是当某一事件到达系统后,系统能够在一定的时间约束内做出响应,如图 5-13 所示。事件可以是单个事件也可以是事件流,事件是系统执行计算的触发器。性能设计策略控制产生响应的时间。

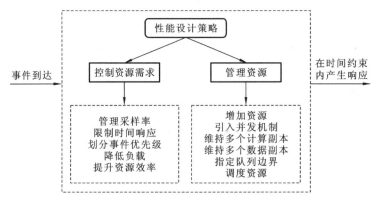

图 5-13　性能设计策略

1) 控制资源需求

管理资源需求是提升性能的一种有效方法,能够通过减少事件的数量来实现,也可以通过减少事件采样率或者是限制系统对事件的响应率实现。此外,也有一些技术能够帮助用户合理地利用资源。

管理采样率:在捕获环境数据时,可以降低采样率,以降低资源需求,但这可能会造成一定程度的数据失真。这种方法在信号处理系统中用得十分普遍,例如,不同的编解码器可以选择不同的采样率和数据格式。

限制事件响应:当系统接收到的离散事件太多而无法处理时,就应该将事件放置在一定的序列中等待处理。

划分事件优先级:如果所有的事件并非同等重要,就可以根据每个事件的重要程度进行排序并赋予其优先级。如果当前没有足够的资源来响应这些到达的事件,那么低优先级的事件将被忽略。

降低负载:中介的使用增加了处理事件流所消耗的资源,因此将它们移除可以减少延迟时间。这是一个常见的可修改性和性能之间的权衡。另一方面,关注点的分离也会增加处理事件的负载,因为这种情况下需要一系列的组件来处理一个事件,而不是一个独立的组件。上下文之间的切换以及组件之间的通信开销都会增加,特别是在组件分布于网络中的不同节点的时候。一种降低计算负载的策略是共同定位资源。共同定位意味着将协作的组件部署在一台物理节点上,以避免组件之间进行网络通信的时间延迟,或者是将资源放置在同一运行时的软件组件中,以降低子程序调用的开销。另一种降低计算负载的方式是周期性地清除那些变得不高效的资源。此外,还有一种通用的策略是执行单线程服务器。

提升资源效率:在关键区域改善使用资源的算法能够降低延迟。

2) 管理资源

尽管资源需求是不可控的,但我们可以对这些资源进行有效管理来满足资源需求。有时候一个资源可以和另一个资源进行交易。例如,中间数据会保存在缓存中或是重新生成,这依赖于时间和空间资源的可用性。这种策略通常在处理器中进行应用,但应用到诸如磁盘等其他资源上同样有用。下面是一些资源管理的策略。

增加资源:更快的处理器、额外的处理器、额外的内存和更快的网络都能够降低延迟。

引入并发机制:如果请求能够并行地进行处理,就能够减少阻塞的时间。通过在不同的线程中执行不同的事件流,或者是创建额外的线程来处理不同的活动,就能够实现并发。一旦引入了并发,可以使用一定的调度策略来达到期望的目标,包括公平最大化(所有请求得到同样的时间)、吞吐量最大化以及其他的一些目标。

维持多个计算副本:在客户机/服务器模式中,多个服务器是进行计算的副本。引入副本的目的是降低在单个服务器上的资源争用。负载平衡器是一种能够将新任务分配到可用的副本服务器上的软件;分配策略可以是简单的轮询或者是将下一个请求分配到最空闲的服务器上。

维持多个数据副本:缓存是将数据保存在不同访问速度的存储介质上的一种策略。造成不同的访问速度可能是其固有的原因(如内存和二级存储)或是由于需要进行网络通信。数据复制则是指保持数据的单独副本来降低由同步访问造成的资源争用。由于缓存或是复制的数据通常是对已有数据的备份,保持备份的一致性和同步是十分重要的。

指定队列边界:该策略控制到达队列的事件的最大数量,从而控制用来处理到达事件所需的资源。在这种策略中,需要处理队列溢出的情况,并决定是否可以忍受事件的丢失。这种策略通常和限制事件响应策略同时使用。

调度资源:只要资源发生了争用,就需要对该资源进行调度,包括处理器、缓冲区以及网络等。

5. 安全性

考虑采用什么方法能让一个系统达到安全性时可以联想到实际的物理安全控制。一个安全的装置会拥有有限的访问权限(如使用安全检查站)、有检查入侵者的方法(如通过要求合法用户穿戴徽章)、有制止机制(如武装警卫)、有反应机制(如门的自动锁)、有恢复机制(如异地备份)等。因此,我们可以将安全性设计策略分为 4 类:检测、抵御、反应和恢复。图 5-14 显示了安全性设计策略。

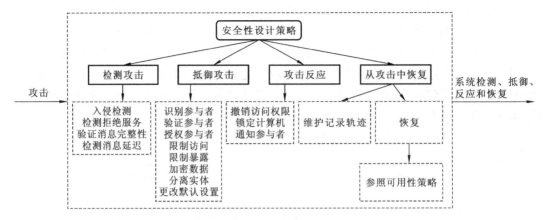

图 5-14　安全性设计策略

1）检测攻击

检测攻击大类中包括四种设计策略：入侵检测、检测拒绝服务、验证消息完整性和检测消息延迟。

入侵检测：将一个系统的网络流量和服务请求模式与一组签名或存储在数据库中的恶意行为模式进行比较。这些签名可以基于某种协议、TCP 标识、负载大小、应用程序、源地址或目的地址或者是端口号。

检测拒绝服务：将进入到系统中的网络流量的模式或签名与拒绝服务攻击的历史资料进行比较。

验证消息完整性：该策略使用校验和、哈希值等技术来验证消息、资源文件、部署文件和配置文件的完整性。校验和是一种验证机制，系统会为配置文件或消息维护一些冗余信息，并使用这些冗余信息来验证配置文件或消息。哈希值是由一个哈希函数产生的独特字符串，这个函数的输入可以是配置文件或消息。即使在原来的文件或消息中发生了很细微的改变，这种改变都会造成哈希值发生较大改变。

检测消息延迟：该策略主要是为了检测潜在的中间者攻击，这种中间者攻击会恶意地拦截（并修改）消息。通过检查传送一条消息所需的时间，就可能检测出可疑的行为。

2）抵御攻击

识别参与者：识别参与者实际上是识别任何对系统有外部输入的来源。用户通常会通过用户 ID 来识别。其他系统可能会通过访问代码、IP 地址、协议、端口等来进行识别。

验证参与者：验证指的是确保参与者（用户或者远程计算机）与其所声称的身份保持一致。密码、一次性密码、数字证书以及生物特征识别都能作为验证参与者的方式。

授权参与者：授权指的是确保一个授权的参与者有权访问并修改相应的数据或服务。这种机制通常会通过为系统提供一些访问控制机制来实现。访问控制可以是一个参与者或者是一类参与者。

限制访问：限制对计算资源的访问包括限制内存、网络连接或访问点等资源。这可以通过使用阻塞主机、关闭端口或拒绝一项协议来实现。防火墙的使用就是这种策略的一个例子。

限制暴露：限制暴露策略最小化系统的攻击面。该策略强调降低恶意行为造成的毁坏影响。这是一种被动防御，因为它并没有阻止攻击者的攻击行为。该策略一般通过最小化资源、数据或服务的访问点数量来实现。

加密数据:数据应该受到保护,免受未经授权的访问。对数据和通信应用某种形式的加密机制能够达到机密性。加密对持久化维持的数据提供了除授权外的额外保护机制。对于通信链路,可能没有授权控制。在这种情况下,加密是对在公共通信链路进行传输的数据的唯一保护机制。这可以通过虚拟专用网或者安全套接字层来实现。加密既可以是对称的(双方使用相同密钥),也可以是非对称的(公钥和私钥)。

分离实体:分离系统中的实体可以通过物理的分割来实现,即将实体分布在不同的服务器上;也可通过虚拟机实现;或者是"空中间隙",即在系统的不同部分之间没有任何联系。最后,敏感数据时常从非敏感数据中分离出来以降低那些对非敏感数据有访问权限的用户进行攻击的可能性。

更改默认设置:许多系统在交付时会指定一些默认的设置。强制用户更改这些设置能够抵御一定程度上的攻击。

3)攻击反应

撤销访问权限:如果系统或系统管理员认为正在遭受攻击,则此时可以对一些敏感资源进行严格的权限控制。例如,如果用户的笔记本电脑感染了病毒,将无法访问某些特定的资源,直到这些病毒被移除。

锁定计算机:多次输入错误登录可能预示着有潜在的攻击。许多系统对于多次登录账户失败情况下会对计算机进行锁定。

通知参与者:在遭受到持续攻击时往往需要一些人员或系统的操作,这些人员或系统(相关参与者)必须在系统检测到攻击时得到通知。

4)从攻击中恢复

一旦系统检测到并试图抵御攻击,它还需要进行恢复。其中一部分就是对服务的恢复。由于一次成功的攻击可以看作一次系统失败,可用性关于从失败中恢复的设计策略可以应用到安全性的这个方面。

除了可用性的策略来恢复服务之外,我们需要维护一个记录的轨迹。也就是记录用户或系统行为以及它们造成的影响,以便能够追踪攻击者的行为和身份。

6. 可测试性

可测试性的目标是在软件开发完成之后易于测试。图 5-15 显示了可测试性的目标。相比其他一些更成熟的质量属性策略来说,对于增加软件可测试性的策略并没有受到更多的注意。可测试性设计策略分为两大类,第一类是增加系统的可控性和可观察性;第二类则主要是在系统设计时限制其复杂性。

1)控制和观察系统状态

控制和观察对于可测试性十分重要。控制和观察的最简单形式是为软件构件提供一组输入,然后让其执行操作,最后观察其输出结果。然而,此处提到的一些设计策略将会深入到软件内部,而非仅仅针对其输入和输出。这些策略使得组件能够维持某种状态信息,允许测试者对该状态信息指定一个值,并使得测试者能够按需访问这些信息。状态信息可以是一种操作状态、一些关键变量的值、性能负载、中间过程步骤等。具体的设计策略包括以下内容。

专用接口:拥有专用的测试接口可以控制或捕获变量的值,无论是通过一个测试工具还是通过正常的执行。

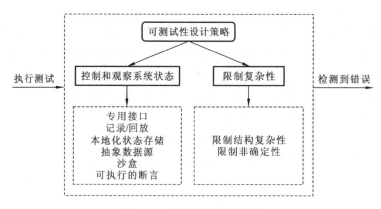

图 5-15　可测试性设计策略

记录/回放:造成错误的状态通常难以重现。当使用接口时,将其状态记录下来有助于将系统"回放",并重现遇到的错误。记录/回放指捕获通过接口传递的信息,也指将其作为将来测试的输入来使用。

本地化状态存储:如果在测试中需要以任意的状态启动一个系统、子系统或者模块,最方便的方式是将状态存储在一个单独的位置。与此相反,如果状态是隐藏的或是分布式存储的,这种测试将变得十分困难。

抽象数据源:与控制一个系统的状态类似,方便地控制系统输入会使得测试变得容易。对接口抽象能够轻松地替换测试数据。

沙盒:沙盒指的是将系统的实例从实际中分离出来,使得它能够不受约束地进行实验而不需要担心实验所造成的影响。由于任何实验不会造成永久性的影响,这有助于提高系统的可测试性。沙盒的一种普通形式是虚拟化资源。对系统进行测试通常会涉及和一些资源交互,而这些资源往往是不受系统控制的。通过使用沙盒可以自由地控制资源的行为。例如,系统时钟的行为是不受我们控制的,但通过使用沙盒对系统时钟进行虚拟化,我们可以控制时钟,从而方便系统进行时间相关的测试。

可执行的断言:断言通常是在一些特定位置的代码,用来指示程序是否处于错误的运行状态。这些断言通常用来检查变量值是否满足特定的约束。

2)限制复杂性

复杂的软件往往难以测试,因为根据复杂性的定义,它的工作状态空间十分大,从而使得在这样的状态中重现一个精确的状态变得十分困难。测试不仅仅是让程序运行失败,还需要找出造成这种失败的缺陷之处,从而将其从系统中移除,因此往往需要考虑如何使得行为是可重复的,下面列举了一些相关设计策略。

限制结构复杂性:该策略旨在避免或解决组件之间的循环依赖,分离并封装对外部环境的依赖,以及减少组件之间的依赖(如减少外部对模块共有数据的访问量)。拥有高聚合性、低耦合性以及分离关注点(可修改性的策略)同样有助于提高可测试性。此外,在任何时候都需要保持数据一致性的系统往往比其他系统更加复杂。如果可以,考虑一种"最终一致性"的模型,这种模型将在最终某一时刻达到数据的一致性。最后,一些架构风格本身就有助于提高可测试性,如层次风格中,可以先测试较低层次,然后基于低层次信任测试较高层次。

限制非确定性:在测试时,非确定性是造成系统复杂行为的一种重要形式。非确定系统比确定性系统更加难以测试。本策略包括找出所有非确定性的源头,如无约束的并行,并尽可能地将它们消除。一些非确定性因素是不可避免的,如需要响应不可预测事件的非确定性系统。

7. 易用性

易用性关注的是用户如何能够简单地完成一项任务,以及系统能够提供给用户的支持。易用性的场景包括用户主动和系统主动两方面。例如,当取消一个命令时,用户会发出一个取消操作(用户主动),然后系统会做出回复。然而在取消过程中,系统也可能会启动一个进程指示器(系统主动)。因此,这种取消操作是一种混合主动。我们通过用户主动和系统主动这两者的区别来讨论易用性设计策略所适用的不同场景。图 5-16 显示了易用性设计策略的目标。

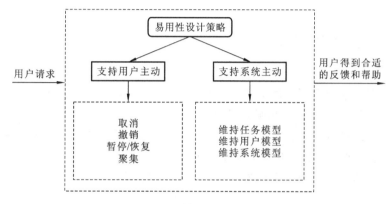

图 5-16　易用性设计策略

1) 支持用户主动

一旦系统开始执行,向用户反馈当前系统状态并让用户做出合适的响应能够增加易用性。例如,以下策略(取消、撤销、暂停/恢复和聚集)能够支持用户修正错误或是提高效率。

取消:当用户取消一个命令时,系统必须能够监听到(需要有一个固定的监听者,它不会被任何取消操作所阻塞),且需中断所取消的命令、释放所使用的资源、通知与其进行交互的组件做出合适的操作。

撤销:与取消不同,撤销操作需要系统回到之前的某个状态。为了使系统支持撤销操作,系统必须能够记录足够多的系统状态,从而能够在用户的请求下恢复到之前的某个状态。这些记录可以是状态"快照"的形式(如检查点),或者是一组可逆的操作,然而并非所有的操作都是可逆的。例如,将一个文档中所有的 a 字母改为 b 字母,其逆操作并不是将所有的 b 字母改为 a 字母。

暂停/恢复:当一个用户启动一个长时间的操作,如从服务器下载一个较大的文件,为用户提供暂停和恢复操作是有助于提高易用性的。有效地暂停一项长周期的操作需要能够暂时性地释放相关资源,以使得它们能够重新分配给其他任务。

聚集:当一个用户正在执行重复的操作,或者该操作对许多对象产生了相同的影响时,将低级别的对象聚集到一个小组中,然后将操作应用到整个小组,就可以使得用户不必不断重复地完成一项操作。

2) 支持系统主动

当系统采取主动时,它必须依赖于用户模型、任务模型或者系统本身的状态模型。每个模型都需要不同类型的输入。本类设计策略主要用来识别系统所使用的模型,以实现对系统自身行为或用户意图的预测。

维持任务模型:任务模型用来判断上下文,使得系统能够知道用户正在做什么并为用户提供帮助。

维持用户模型:该模型显式地表达了用户的一些基本信息、用户行为的期望响应时间,以及用户的一些其他方面的因素。例如,用户模型能使系统对自动提供给用户的提示信息的数量进行控制。

维持系统模型:系统自身维持一个模型,该模型用来决定期望的系统行为,使其能向用户传递合适的反馈信息。一个系统模型的常见示例是进度条,它能够预测完成当前活动所需的剩余时间。

8. 其他质量属性设计策略

1) 概念完整性

(1) 在设计时不能混合不同的关注点。可以考虑首先确定关注点,然后酌情将其分组到逻辑上的表现层、业务层、数据层和服务层中。

(2) 引入可管理的开发过程、确保系统一致性。应该考虑实现应用程序生命周期管理评估,以及使用经过验证和测试的开发工具和方法学。

(3) 加强应用程序生命周期中参与的不同小组之间的协作和沟通。应该考虑创建开发过程并整合一些工具来推动处理流程、沟通和协作的协调统一。

(4) 制定设计和编码标准。应该考虑发布一套有关设计和编码规则的指导原则,为开发过程引入代码审阅机制,以确保团队成员都遵循这些指导原则。

(5) 将已有(遗留)系统重构并迁移到新平台或新规范。需要考虑创建遗留技术的升级之路,并将应用程序从外部依赖隔离。例如,实现外观设计模式来和遗留系统进行整合。

2) 可重用性

(1) 提取共用代码或组件,实现构件级重用。例如,在多个组件、层或子系统中具有重复或相似的逻辑。要检查应用程序设计并确定公共功能,在独立的组件中实现这些功能以便重用。检查应用程序设计、确定诸如验证、日志和身份验证等横切关注点,在独立组件中实现这些功能。

(2) 使用同一种方法,通过参数的变化来实现行为的变化。

(3) 在另一系统中,或是跨多个系统、跨应用程序中的不同子系统来共享或重用某个系统的功能。考虑通过服务接口从组件、层以及子系统暴露功能,供其他层和系统使用。考虑使用平台无关的数据类型和数据结构,这样不同的平台都可以访问和识别。

3) 可管理性

(1) 监控、跟踪及调试系统健康状态。考虑创建健康模型来定义会影响系统性能的重要状态改变,然后使用这个模型来制定管理指示器需求。实现一些指示器,诸如事件和性能计数器检测状态改变,并且通过诸如事件日志、Trace 文件或 Windows 管理规范(WMI)的标准系统来捕获这些改变。捕获有关错误和状态改变的信息并且进行汇报以实现精确的监控、调试和管理。同样,考虑创建管理包,管理员可以使用管理包在他们的监控环境中管理应用程序。

(2) 实现运行时可配置。考虑如何根据运营环境的一些需求,如基础结构或部署改变动态来改变系统的行为。

（3）使用故障调试工具。考虑包含一些创建系统状态快照的代码用于故障调试，并且创建自定义的指示器来提供详尽的运营和功能报表。考虑记录和审计可能对维护及调试有用的信息，如请求细节或模块输出，以及对其他系统或服务的调用。

4）可靠性

（1）确保系统不崩溃。要使用一些方法来检测故障并且自动触发故障转移，或重定向负载到备用系统。同样，要在检测到任务对现有系统的失效请求达到一定阈值之后使用备用系统。

（2）确保输出的一致性。要实现诸如事件和性能计数器之类的指示器，来检测性能问题或是发送到外部系统的失败请求，然后通过诸如事件日志、Trace 文件或 WMI 等标准系统来显示这些信息。同时需要记录有关对其他系统和服务调用的性能和审计信息。

（3）使用一些方法处理不可靠的系统、通信故障或是交易失败。考虑如何让系统下线的时候还能把未完成的请求放入队列。实现存储和转发或是基于缓存消息的通信机制使得目标系统可以保存请求，然后在其上线之后重试。考虑为异步请求使用消息队列来提供可靠的单次递送机制。

5）可伸缩性

（1）考虑如何设计使逻辑层和物理层具有可伸缩性，以及考虑这样的设计怎样影响应用程序和数据库向上扩展和向外扩展的能力。可以把逻辑层放到相同的机器上，这样在减少服务器的数量的同时能最大化负载共享和故障转移能力。也可以将数据分区到超过一个的数据库服务器上来最大化向上扩展的可能性，而且这也带来了数据子集存放位置的灵活性。需要尽可能避免有状态的组件和子系统以减少服务器负载。

（2）要考虑如何处理流量和负载的高峰。在检测到预定义的服务负载和排队请求数达到一定阈值之后启用额外的或备用的系统。

（3）对请求进行排队，进行负载平衡处理。实现存储和转发或是基于缓存消息的通信系统，这样允许请求在目标系统不可用的时候得以保存，在系统上线之后重试。

6）可支持性

（1）确定如何监控系统活动和性能。考虑引入系统监控应用程序，如微软系统中心。

（2）使用故障排查工具。创建系统状态快照帮助用户进行故障调试，并引入一些自定义指示器来提供详尽的运营和功能报表。对那些对于维护和调试有用的信息作记录日志或审计，如请求细节或模块输出，以及对其他系统或服务的调用。

（3）使用跟踪工具。可以使用公共组件在代码中提供跟踪支持，通过面向方面编程技术或者依赖注入来实现。

5.4　基于模式的设计方法

5.4.1　方法概述

模式捕捉软件开发中现存的、充分考验的经验，再用于促进好的设计实现。每个模式处理一个软件系统的设计或实现中一种特殊的重复出现的问题。模式常分为架构模式、设计模式。

其中,软件架构风格/模式所代表的是软件系统中最高等级的模式,常用于大粒度体系结构元素设计;设计模式所代表的是软件系统中等粒度的模式,常用于更小粒度体系结构元素设计。无论哪类模式都会提供一个功能行为的基本框架,有助于实现应用程序的功能。此外,它们往往还会描述软件系统的非功能性需求,支持采用定义属性来构造软件。模式可以用来构建具有特定属性的软件体系结构。模式是属性驱动设计方法中构造高质量软件体系结构的一个重要工具,不但如此,基于模式还可独立开展软件体系结构的设计。下面讨论基于模式的软件体系结构设计方法详细步骤。

5.4.2 设计步骤

一般来说,基于模式的架构设计过程需要遵循如下步骤。

1. 选择一个需要细化设计的构件

在刚开始进行设计时,我们所选择的第一个构件就是整个系统,在以后的迭代中需要对其进一步细化。对于正在细化的构件,首先需要定义该构件的目标,可以根据需求和问题陈述来理解该构件的功能。

2. 为该构件定义需求

分析系统的其他部分或者外部系统如何与该构件交互,使用用例有助于理解该构件与外部系统的交互以及所需要的外部服务。列出在这些构件之间的高层次信息流,考虑该构件的哪些部分将对架构的不同部分产生影响,考虑需要的不同处理步骤以及系统的哪个构件将执行该步骤。在这一步还需要对系统中可能需要的类进行"头脑风暴"。

3. 针对上一步中定义的需求和交互,找出最适合的架构风格或模式

图 5-17 表示了在设计中如何选择一种模式的 7 个步骤。

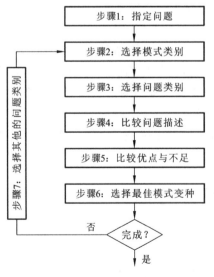

图 5-17 模式选择步骤

步骤 1:指定问题。

选择模式的第一步是指定需要解决的问题,指定的问题需要尽可能具体。如果一个问题包括很多不同部分,则可以将该问题分割为一些更小的子问题。有时这些子问题可能与结构无关,但与非功能性需求有关。找出解决小问题的模式往往比找出一种单一的模式来解决大而复杂的问题更加容易。对于每一个定义的子问题,考虑该问题对应的约束,这些约束形成了问题的上下文。

在考虑了上下文之后,需要分析比较这些问题以得到一个较好的解决方案,这些问题就是需要做出的权衡。例如,为一个系统添加错误容忍度能够增加可靠性和可用性,却造成了较高的代码复杂性、更长的开发时间和更多的执行代码(降低性能)。虽然这些权衡可能不会立即显式地出现,但当开始选择模式时,就会

遇到这些权衡。

最后,将问题映射到一个模式类别当中,并考虑其中是否存在一个好的模式能够与所定义的问题及其权衡相匹配。

步骤 2:选择模式类别。

在对每个问题定义了子问题之后,需要决定选择哪个模式来解决正处理的问题。当在定义系统的基础结构时,需要寻找一种架构模式;当在构建架构的一些构件时,需要寻找一种设计模式;当正在针对某种编程语言进行实现时,则寻找一种语言相关的惯用法。这一步的目标是缩小需要检查的模式的数量,从其中找出解决问题最合适的模式。例如,在设计初始,我们往往把整个系统按照一种层次架构模式划分成不同的层。

步骤 3:选择问题类别。

在定义了可以提供解决方案的模式类别之后,需要定义要解决的问题类别。例如,在一系列的架构模式中,这些模式分别属于不同的问题类别,有时候将其称为域。问题类别有助于减少需要搜寻的模式的数量。表 5-1 表示了一些问题类别的示例。

表 5-1　常见问题类别示例

架构模式问题类别	设计模式问题类别	惯用法问题
结构	结构型	Java
分布式系统	创建型	C++
交互系统	行为型	Small Memory Systems
自适应系统		Ruby
实时系统		Smalltalk
容错系统		Performance Tuning

步骤 4:比较问题描述。

在本步骤中,可以使用步骤 1 中问题的详细描述来进一步缩小模式的范围。使用详细的问题信息来检查候选模式对应的问题,具体方法如下。

(1)判断候选模式的问题是否与正在尝试解决的问题相匹配。

(2)判断候选模式是否需要应用其他的模式。如果尚未应用其他模式,则需要考虑是否能够应用这些模式,或者应用了这些模式后会对软件造成怎样的影响。

(3)结合问题的结构检查候选模式的结构。考虑是否已将最主要问题划分成了一些小问题,或者是否在划分子问题上走得太远。这些问题的答案将有助于重新定义问题,以使其能够更好地与模式进行匹配。

(4)结合上下文检查候选模式,不匹配的模式应该从候选列表中移除。

步骤 5:比较优点与不足。

在此步骤中,需要进一步检查之前所考虑的模式,重点关注需要进行的权衡以及应用这些模式会产生的后果。考虑根据权衡确定的模式是否能够解决问题并满足应用程序的需求,如果无法满足需求,则需要将该模式从考虑中移除。

通常需要考虑模式所产生的影响,应用某个模式后是否能够带来所期望的好处,模式所带来的不足是否是可管理的,应用某个模式能否提供一条清晰的设计路线,应用某种模式是否会给所解决的问题引入更多的问题,应用某种模式是否会对整体设计有负面的影响等问题。在考虑了优点和不足之后,需要选择一种最佳模式。

步骤 6:选择最佳模式变种。

模式有时会包含一些变种,模式变种可以以其他的方式实现解决方案。例如,MVC 模式包含一种文档-视图的变种,文档-视图提供了另一种方式来实现视图和控制器之间的解耦。在一些案例中,文档-视图是一种比 MVC 模式更好的方案。如果已经找到解决问题或子问题的模式或模式变种,可以继续设计。如果没有,就需要进行最后一步。

步骤 7:选择其他的问题类别。

如果无法找出满足问题所有需求的模式,可以尝试重新寻找模式,但是这次需要拓宽问题类别。另一种方式是寻找紧密相关的模式。许多模式在其他类别中是专业的模式,如设计模式中的组合模式是一种通用的模式,许多人针对特定的应用来利用该模式的变种解决特定的问题。如果发现一些专用的模式与所需要的模式十分类似,可以检查这种模式的通用模式,这种通用的模式也许可以为问题提供设计方案。

4. 使用与问题相匹配的模式来指导类和构件的设计

所有的模式、类或构件之间的交互都包含着一个成熟的结构,模式也能够包含多种动态交互(如消息或调用函数)。使用模式来作为架构设计的输入,原因之一是模式能够描述该解决方案中的一些权衡。在该步骤中,可使用第 3 步中的成熟的软件解决方案作为额外的信息,来进一步完善在第 2 步中定义的类和构件。

5. 在构件中进行迭代,为每个构件重复第 2~4 步

当选择下一个需要进行设计的构件时,一般会选择最感兴趣的那个构件。这种反应是很自然的,但实际上应该选择下一个最重要的构件来进行细化。可根据关键功能或者难度较大的构件来进行选择。为了满足架构的所有需求,可能需要对该设计方法进行多次迭代。

5.5 模块设计与评估方法

模块化是指在软件设计中解决一个复杂问题时自顶向下逐层把系统划分成若干模块的过程。在上述属性驱动的设计方法和基于模式的设计方法中,无论是对软件基础架构的设计,还是对其中某些构件的细化设计,都包含依据系统或构件质量和职责进行适当划分和模块化的过程。软件模块一般可分为函数、对象与类、构件、服务以及包。在对系统进行模块化设计时,需将系统分解为一组模块并描述每一个模块的功能,还需要确定各模块之间的关系。在确定模块间关系时,首先需要识别它们的依赖关系,然后决定模块之间的通信机制,最后需要确定模块提供的接口。

模块化的核心技术是分解,它能够将复杂的大问题分解为小问题,从而使用分而治之的方法解决该问题。一般来说,模块化可通过如下步骤完成。

(1)选定问题(初始化时一般为整个问题)。

(2)使用设计方法将该问题分解为多个构件。

(3)描述各个构件之间的交互机制。

(4)重复上述步骤,直到满足了终止标准为止。

　　模块化设计有助于满足软件的质量属性需求。通过定义良好的抽象接口,可提高系统的可扩展性;利用模块低耦合高内聚的特性,可提高系统可复用性;通过隐藏对机器的依赖性,可提高系统的可移植性。在一个良好的设计过程中模块化方法十分重要,它能够使关注点分离,从而降低系统的复杂度。此外,多人可同时独立进行开发,因而提高了系统的伸缩性。

　　一种良好的模块设计是指在系统整个生命周期中,能够通过功能分解降低系统复杂度,从而使得开发和维护成本最小化,并可提高系统质量。因此,我们需要一些标准来评价模块设计,同时需要一些原则与规则来指导模块的设计。

5.5.1　模块化设计评价标准

　　为了评价模块化设计,常定义如下几个评价标准。

　　可分解性:在模块划分过程中,将问题分解为各个可以独立解决的子问题,显式地表达模块之间的依赖关系并使其之间的依赖最小化。评价系统或模块是否具有可分解性时可分析大的构件是否可以分解为一些更小的构件,如果不能够再进行细分,那么表明模块划分合理。

　　可组合性:在分解后的模块中根据业务需要易于将其中的部分模块重新组合形成新的系统。这样就能够使得模块可在不同的环境下进行复用。评价模块是否具有可组合性时,可分析大的构件是否能够由小的构件组成,如果能够将小的构件进行组合形成大的构件,那么说明这些构件具有较好的可组合性。

　　可理解性:系统设计者能够容易地理解每个模块。在评价模块的可理解性时,可根据设计师对每个子模块功能、职责的理解情况,分析是否对每个独立的构件有着清晰的理解和认识。

　　连续性:系统中发生小的变化将只影响一小部分模块,而不会影响整个体系结构。分析系统中的模块是否具有连续性时,可根据系统中小的变化对整个系统的影响程度进行分析。如果系统中的变化对系统所造成的影响足够小,那么说明连续性较低。

　　可保护性:系统在运行时发生的异常只出现在小范围的模块中。通过分析系统运行时的异常所造成的影响范围和程度,就可以评价系统的可保护性。如将异常限制在小范围的相关构件上,那么说明系统具有可保护性。

5.5.2　模块化设计规则

　　模块化设计需要遵循以下 5 个规则。

　　直接映射:直接映射是指模块的结构与现实世界中问题领域的结构保持一致。它将对可持续性、可分解性评价标准产生影响。在可持续性方面,能够使模块更容易访问并限制系统改变所造成的影响;在可分解性方面,在问题域模型中进行分解将会为整个软件进行模块分解奠定良好基础。

　　少的接口:模块应尽可能少地与其他模块通信,它将对连续性、保护性、可理解性、可组合性产生影响。可想象为:“不要对太多人讲话”。

　　小的接口:如果两个模块通信,那么它们应交换尽可能少的信息,从而限制模块之间通信的“带宽”,它将对连续性和保护性产生影响。可想象为:“不要讲太多”。

　　显式接口:当 A 模块与 B 模块通信时,通信应发生在 A 模块与 B 模块的接口之间,受其影响的评价标准包括可分解性、可组合性、连续性和可理解性。可想象为:“公开地大声讲话,不要私下嘀咕”。

信息隐藏:经常可能发生变化的设计决策应尽可能隐藏在抽象接口中,它将影响评价标准中的连续性。

5.5.3　模块化设计的基本原则

本书中模块化设计的基本原则包括三方面:类设计原则、包聚合设计原则和包耦合设计原则。其中,类是最细粒度的模块,包是对类加以组织形成的更大粒度的模块。所谓包聚合设计考虑的是哪些类应该放入哪些包中;包耦合设计考虑的是如何处理包之间的关联。

1. 类设计原则

1）单一责任原则（single-responsibility principle,SRP）

一个类只负责一项职责。当一个类包含多个职责时,必须根据不同的职责重新划分类。使得每个类与其职责一一对应,当以后需要改变职责时,只需要处理其相对应的类即可。如果一个类包含多个职责,那么将会引起许多不良后果,如会引入额外的包、占据资源,或导致频繁地重新配置、部署等。遵循单一职责原则一方面可以降低类的复杂度,一个类只负责一项职责,其逻辑要比负责多项职责简单得多;另一方面可以提高类的可读性,增强系统的可维护性;此外,可以降低变更引起的风险。

单一职责原则看似一个非常简单而直观的原则,但在实际设计当中却是最难做到的原则。

单一职责原则的实质是:引起一个类变化的原因有且只有一个。

假设我们需要一个对象来封装一个电子邮件,在下面的示例中将使用 IEmail 接口来实现。乍一看,好像所有的一切看起来都是对的,但如果我们仔细观察就会发现 IEmail 接口和 Email 类拥有两个职责（拥有多个引起变化的原因）。其中一个变化是关于电子邮件协议的支持,如 POP3、IMAP;如果要支持其他协议,则对象必须按照另一种方式进行序列化,同时添加代码以支持新的协议。另一个变化则与内容相关,即现在的内容仅支持字符串,但在将来也可能需要它支持 HTML 或其他格式。

（1）不符合 SRP 原则的类设计。

如果只使用一个类,那么当其中一个职责变化时,就会影响到另一个,例如,添加一个新的协议,则需要添加代码解析并且序列化每种类型字段的内容;添加一些新的内容（如 HTML）,则需要为每一个已实现的协议添加代码。

```
//单一责任原则的一个不好的示例
interface IEmail {
        public void setSender(String sender);
        public void setReceiver(String receiver);
        public void setContent(String content);
    }
//IEmail 接口的一种实现
class Email implements IEmail {
        public void setSender(String sender) {//set sender;}        //设置发送者
        public void setReceiver(String receiver) {//set receiver;}  //设置接收者
        public void setContent(String content) {//set content;}     //设置内容
    }
```

（2）按照 SRP 原则改进后的类设计。

下面是按照 SRP 对上述例子改进后的设计。其实我们可以创建一个新的名为 IContent 的接口和 Content 的类，用来分担不同的职责。一个类对应一个职责，可以让我们的设计更灵活，例如，添加一个新的协议，只引起 Email 类的变化；添加一个新的内容，所引起的变化仅在 Content 类中。

```
//single responsibility principle - good example        //单一职责原则例子
interface IEmail {
    public void setSender(String sender);
    public void setReceiver(String receiver);
    public void setContent(IContent content);
    }
//定义内容 Content 接口
interface Content {
    public String getAsString();//used for serialization
    }
//IEmail 接口的一种实现
class Email implements IEmail {
    public void setSender(String sender) {//set sender;}         //设置发送者
    public void setReceiver(String receiver) {//set receiver;}   //设置接收者
    public void setContent(IContent content) {//set content;}    //设置内容
    }
```

所以，单一责任原则在模块化设计阶段是一种较好的识别类的方法，它可以提醒你思考，如何才能使一个类更完善，更实用。而只有当明白每一个模块如何工作后，才能正确地细分职责。

2）开放-封闭原则（open/closed principle，OCP）

OCP 原则的目的是要求设计的软件实体（类、模块、函数等）应该是可以扩展但不可修改的。在软件的生命周期内，由于变化、升级和维护等原因需要对软件原有代码进行修改时，可能会给旧代码中引入错误，也可能会使我们不得不对整个功能进行重构，并且需要对原有代码重新测试。因此，当软件需要变化时，尽量通过扩展软件实体的行为来实现变化，而不是通过修改已有的代码来实现变化。此外，可用抽象构建框架，用实现扩展细节。当软件需要发生变化时，只需要根据需求重新派生一个实现类来进行扩展。

在 C++、Java 或者其他任何面向对象程序中，可以创建出固定却能够描述一组任意个可能行为的抽象体。这个抽象体就是抽象基类（或者是接口）。而一组任意个可能的行为则表现为可能的派生类。模块可以操作一个抽象体。由于模块依赖于一个抽象体，所以它对于更改可以是封闭的。同时，通过从这个抽象体派生，也可以扩展这个模块的行为。

开放-封闭原则指出：在应用设计和编写代码时，新添加的功能应尽可能少地引起现有代码的变化。且设计应该允许新功能作为一个新的类添加进来，且尽可能使已存在的代码保持不变。

开放-封闭原则的实质是：软件实体（如类、模块、函数等）应该是对扩展开放的，但不可修改。

（1）不符合 OCP 原则的类设计。

图 5-18 是一个违反了开放-封闭原则的类设计例子。例中实现了一个图形编辑器，用于处理不同形状的绘制。显然，该类没有遵循开放-封闭原则，因为每当添加一个新的形状类时，GraphicEditor 都要做出修改，这样存在以下几个缺点：

① 每当添加一个新的形状类时，都需要重新编写 GraphicEditor 类；

② 当在比较复杂的 GraphicEditor 中添加新的形状类时，开发者必须知道 GraphicEditor 的整个逻辑；

③ 即使新添加的形状类完美运行，也可能会以一种人们不期望的方式来影响现有的功能。

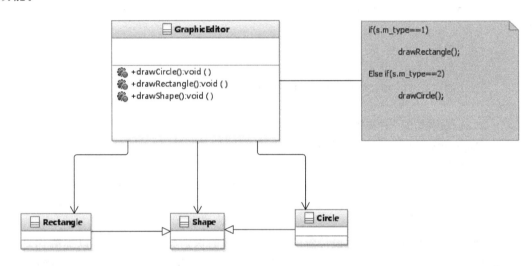

图 5-18　不符合 OCP 原则的类设计

进一步，假设 GraphicEditor 是一个很大的类，它包括很多功能，并且是由一群开发者联合开发的，而形状这个类可能只由某一个开发人员来实现。在这种情况下，允许新的形状类加入却不改变 GraphicEditor，这将是很大的改进。

```
//Open-Close Principle-Bad example        //违反开放-封闭原则的例子
    class GraphicEditor {
    public void drawShape(Shape s) {
        if (s.m_type==1)
            drawRectangle(s);
        else if (s.m_type==2)
            drawCircle(s);
        }
    public void drawCircle(Circle r) {…}
    public void drawRectangle(Rectangle r) {…}
      }
    class Shape {
    int m_type;
      }
```

```
class Rectangle extends Shape {
    Rectangle() {
    super.m_type= 1;
    }
}
class Circle extends Shape {
    Circle() {
    super.m_type= 2;
    }
}
```

（2）按照 OCP 原则改进后的类设计。

下面是按照开放-封闭原则对上述例子改进后的设计，修改后的类图如图 5-19 所示。在新的设计中，我们在 GraphicEditor 中使用了抽象 draw()方法来绘制对象，把具体的实现移动到形状对象中。使用开放—封闭原则，以前设计遇到的问题就可以避免了，因为当添加一个新的形状类时，GraphicEditor 并没有改变。其优点在于：

① 无须进行单元测试；

② 不要求了解 GraphicEditor 的源代码；

③ 把绘图代码移动到具体的形状类中，当新添加一个功能类时，降低了对已有功能类的影响风险。

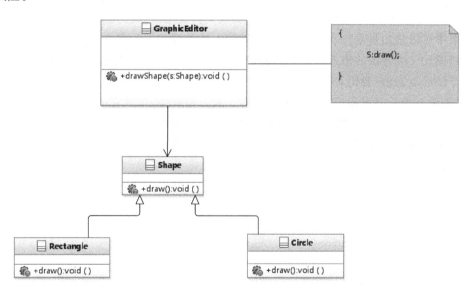

图 5-19　遵循 OCP 原则的类设计

//Open-Close Principle-Good example　　　　　　//遵循开放-封闭原则的例子

```
class GraphicEditor {
  public void drawShape(Shape s) {
    s.draw();
  }
}
```

```
//定义图形类
class Shape {
  abstract void draw();
}
    //定义图形类 Shape 的一个子类矩形类 Rectangle
class Rectangle extends Shape {
  public void draw() {
    //画矩形
  }
}
```

所以,像其他原则一样,开放-封闭原则也仅仅只是个原则。为了得到更灵活的设计,我们必须投入更多的时间与精力,并且需要引入新的抽象层,因此也提高了代码的复杂性。所以开放-封闭原则仅适用于那些需要经常更改的情况。

有很多设计模式可以帮助我们扩展代码却不必改变它。例如,Decorator 模式有助于编程者遵循开放-封闭原则。另外,工厂方法或观察者模式可能被用来设计一个在现有代码中容易实现,并且有较小改动的程序。

3）里氏(Liskov)替换原则(Liskov substitution principle,LSP)

所有引用基类的地方必须能够透明地使用其子类的对象,即派生类必须能够通过其基类的接口使用,客户端不需要了解两者之间的差异。子类可以扩展父类的功能,但不能改变父类原有的功能。它包含以下 4 层含义:子类可以实现父类的抽象方法,但不能覆盖父类的非抽象方法;子类中可以增加自己特有的方法;当子类的方法重载父类的方法时,方法的前置条件(方法的形参)要比父类方法的输入参数更宽松;当子类的方法实现父类的抽象方法时,方法的后置条件(方法的返回值)要比父类更严格。

下面来看一个长方形和正方形的例子。对于长方形的类,如果它的长和宽相等,那么它就是一个正方形,因此,长方形类的对象中有一些正方形的对象。对于一个正方形的类,它的方法有 setSide 和 getSide,它不是长方形的子类,所以长方形类也不会符合 LSP。

长方形类:

```
public class Rectangle{
  …
  setWidth(int width){
    this.width=width;
  }
  setHeight(int height){
    this.height=height
  }
}
```

正方形类:

```
public class Square{
  …
  setWidth(int width){
    this.width=width;
```

```
    this. height= width;
  }
  setHeight(int height){
    this.setWidth(height);
  }
}
```

例子中改变边长的函数：

```
public void resize(Rectangle r){
  while(r.getHeight()<=r.getWidth){
    r.setHeight(r.getWidth+1);
  }
}
```

那么，如果将正方形当作长方形的子类，会出现什么情况呢？我们让正方形从长方形继承，然后在它的内部设置 width 等于 height，这样，只要 width 或者 height 被赋值，那么 width 和 height 会被同时赋值，这样就保证了正方形类中，width 和 height 总是相等的。现在假设有个客户类，其中有个方法，规则是这样的：测试传入的长方形的宽度是否大于长度，如果满足就停止下来，否则就增加宽度的值。现在我们来看，如果传入的是基类长方形，将会运行得很好。根据 LSP，我们把基类替换成它的子类，结果应该也是一样的，但是因为正方形类的 width 和 height 会同时赋值，条件总是满足，这个方法没有结束的时候。也就是说，替换成子类后，程序的行为发生了变化，它不满足 LSP。

那么我们创建一个新的抽象类，作为两个具体类的超类，将两个类的共同行为移动到抽象类中来解决问题。构造一个抽象的四边形类，把长方形和正方形共同的行为放到这个四边形类里面，让长方形和正方形都作为它的子类，问题就解决了。对于长方形和正方形，取 width 和 height 是它们共同的行为，但是给 width 和 height 赋值，两者行为不同。因此，这个抽象的四边形的类只有取值方法，没有赋值方法。

4）依赖倒置原则（dependency inversion principle，DIP）

高层模块不应该依赖低层模块，两者都应该依赖其抽象，抽象不应该依赖细节，细节应该依赖抽象。相对于细节的多变性，抽象的模块要稳定得多，以抽象为基础搭建起来的架构比以细节为基础搭建起来的架构要稳定得多。依赖倒置原则的核心思想是面向接口编程，代表高层模块的类将负责完成主要的业务逻辑，一旦需要对它进行修改，引入错误的风险极大。所以遵循依赖倒置原则可以降低类之间的耦合性，提高系统的稳定性，降低修改程序造成的风险。另一方面，依赖倒置原则给多人并行开发带来了极大的便利，参与协作开发的人越多，项目越庞大，采用依赖倒置原则的意义就越重要。在实际应用中，一般需要做到如下 3 点：低层模块尽量都要有抽象类或接口，或者两者都有；变量的声明类型尽量是抽象类或接口；使用继承时遵循里氏替换原则。

当设计软件应用时，可以认为基础的实现和初级操作属于低层次模块（如磁盘访问、网络协议等），而复杂的封装逻辑类属于高层次模块（如业务流程）。高层次模块依赖于低层次模块。要想实现这种结构，当我们需要编写高层次模块时，一种通常的方式是先编写低层次模块。由于高层次模块在其他方面的规定，这么做似乎是符合逻辑的方式。但是这不是一个灵活的设计，如果我们需要更换一个低层次模块，那么会发生什么？

下面来看一个关于复制模块的经典例子,从键盘读取字符,并将其写入到打印机设备。含有高层次逻辑模块的类是 Copy 类,而低层次模块类是 KeyboardReader 类和 PrinterWriter 类。

在一个糟糕的设计中,高层次类直接使用,并且严重依赖于低层次的类。在这种情况下,如果我们想设计成定向输出到新类 FileWriter,则必须改变 Copy 类(假设它是一个非常复杂、逻辑混乱、测试困难的类)。

为了避免这种情况,我们在高层次模块和低层次模块之间引入一个抽象层。由于高层次模块包含复杂的逻辑,不应该依赖于低层次模块,所以这个新引入的抽象层也不应该依赖于低层次模块。低层次模块是基于抽象层来创建的。

根据这个原理,结构设计方式应该是从高层次模块到低层次模块,即高层次模块→抽象层→低层次模块。

依赖倒置原则的实质是:高层次模块不应该依赖低层次模块,两者都应该依赖其抽象,抽象不应该依赖细节,细节应该依赖抽象。

(1) 不符合 DIP 原则的类设计。

下面的例子就违法了依赖倒置原则。Manager 类为高层次类,Worker 类为低层次类,我们创建一个新类名为 SuperWorker,把它当作一个特殊 Worker 类添加到应用中,用它来调节公司决策层的决定。

假设 Manager 类相当复杂,并且包含非常混乱的逻辑。为了引入新类 SuperWorker,必须改变它。它的缺点如下:

① 我们必须改变 Manager 类(记住这是一个非常复杂的类,这会花费相当多的时间和精力来进行更改;

② Manager 类的一些通用功能可能会受到影响;

③ 单元测试必须重做。

所有这些问题都需要大量的时间去解决,并且可能会使一些已实现的功能产生新的问题。但如果程序遵循依赖倒置原则,那么情况将有所不同。这意味着我们设计的 Manager 类、Worker 类实现了 IWorker 接口。当我们需要添加 SuperWorker 类时,只需要为它实现 IWorker 接口,而现有的类不需要额外的改变。

```
//Dependency Inversion Principle-Bad example        //不遵循依赖倒置原则的例子
class Worker{
    public void work() {
      //…working
        }
    }
class Manager{
    Worker worker;
    public void setWorker(Worker w) {
      worker=w;
        }
    public void manage() {
        worker.work();
        }
```

```
        }
    class SuperWorker {
      public void work() {
        //…working much more
      }
    }
```

（2）按照 DIP 原则改进后的类设计。

下面是按照依赖倒置原则对上述例子改进后的设计，在这个新的设计中，新设计的抽象层通过 IWorker 接口加入。现在上面代码中的问题已得到解决（因为高层次的逻辑基本没变）：

① 当添加 SuperWorker 时，Manager 类没有要求改变；

② 最小化了对于 Manager 类中的旧功能的影响，因为没有改变它；

③ 无须重新进行单元测试。

```
    //Dependency Inversion Principle-Good example        //遵循依赖倒置原则的一个例子
    interface IWorker {
      public void work();
    }
        //IWorker 接口的实现
    class Worker implements IWorker{
      public void work() {
        //…working
      }
    }
        //IWorker 接口的另一种实现
    class SuperWorker   implements IWorker{
      public void work() {
        //…working much more
      }
    }
    class Manager {
      IWorker worker;
      public void setWorker(IWorker w) {
        worker=w;
      }
      public void manage() {
        worker.work();
      }
    }
```

所以，如果此原理被应用，意味着高层次模块不再直接依赖于低层次模块，它们使用的接口是一个抽象层。这样当实例化一个低层次模块进入高层次模块时，就不需要新的操作来完成了。并且，一些创新设计模式可以被使用，如工厂方法、抽象方法、原型等。

模板设计模式是依赖倒置原则被应用的一个实例。

当然，为了得到更灵活的设计，必须投入更多的时间与精力。这个原则不应该被类或模块盲目套用。如果有一个功能类,且此类在将来更可能保持不变,则没必要遵循此原则。

5)接口隔离原则(interface segregation principle,ISP)

客户端不应该依赖它不需要的接口,一个类对另一个类的依赖应该建立在最小的接口上。在建立单一接口时,不要建立庞大臃肿的接口,尽量细化接口,并且接口中的方法尽量少。接口是设计时对外部设定的"契约",通过分散定义多个接口,可以预防外来变更的扩散,提高系统的灵活性和可维护性。采用接口隔离原则对接口进行约束时,要注意以下几点:接口尽量小,但是要适度;为依赖接口的类定制服务,只暴露给调用的类所需要的方法,对不需要的方法则隐藏起来;提高内聚,减少对外交互。

当设计一个应用程序时,应该关心如何抽象一个包含多个子模块的模块。因为模块是由类来实现的,我们可以用一个接口完成对系统的抽象。但是,当我们想要扩展应用程序,如添加只包含原来系统部分子模块的其他模块时,就不得不实现全部接口,并且添加一些虚方法。这样的接口被命名为臃肿接口或被污染的接口。具有一个被污染的接口可能会导致系统出现不可预知的错误。

接口隔离原则的实质是:客户端不应该被迫依赖于它不需要使用的接口。

(1)不符合 ISP 原则的类设计。

下面的例子就违法了接口隔离原则。有一个 Manager 类来负责管理工人,工人分为两种,一类工作效率一般,一类工作效率高。这两种工人每天都需要休息和吃饭。但是,现在新来了一些机器人,它们不吃饭也不休息,而且工作效率更高。一方面,因为机器人工作,所以应该把 Robot 类在 IWorker 接口中实现;另一方面,因为机器人不吃饭,所以没必要去实现该功能。

这就是为什么在这个例子中,IWorker 被认为是污染的接口。

如果保持先前的设计,那么新建的 Robot 类被迫实施了关于 eat 的方法。可以写一个什么都不做的虚类(如每天两次午餐),但会对应用产生不良影响(例如,管理人员看到的报告上写的是比人数更多的午餐)。

根据接口隔离原则,灵活的设计不会有污染的接口。在我们的例子中,IWorker 接口应该分成两个不同的接口。

```
//interface segregation principle-bad example        //不遵循接口隔离原则的例子
    interface IWorker{
      public void work();
      public void eat();
    }
    class Worker implements IWorker{
      public void work() {
        //···working
      }
      public void eat() {
        //···eating in launch break
      }
    }
    class SuperWorker implements IWorker{
```

```
    public void work() {
       //···working much more
    }
    public void eat() {
       //···eating in launch break
    }
  }
class Manager {
    IWorker worker;
    public void setWorker(IWorker w) {
       worker=w;
    }
    public void manage() {
       worker.work();
    }
  }
```

（2）按照 ISP 原则改进后的类设计。

以下是按照接口隔离原则对上述例子改进后的代码。通过把 IWorker 接口分为两个不同的接口，新类 Robot 就不会被强制实施 eat 方法了。此外，如果需要给机器人充电，可以创建另一个接口 IRechargeble。

```
//interface segregation principle-good example    //遵循接口隔离原则的一个例子
    interface IWorker extends Feedable,Workable {
    }

    interface IWorkable {
      public void work();
    }

    interface IFeedable{
      public void eat();
    }

    class Worker implements IWorkable,IFeedable{
      public void work() {
         //···working        //正在工作中
      }

      public void eat() {
         //···eating in launch break        //正在吃午餐
      }
    }
```

```
class Robot implements IWorkable{
  public void work() {
    //···working          //正在工作中
  }
}

class SuperWorker implements IWorkable,IFeedable{
  public void work() {
    //···working much more        //正在做许多工作
  }

  public void eat() {
    //···eating in launch break       //正在吃午餐
  }
}

class Manager {
  Workable worker;

  public void setWorker(Workable w) {
    worker= w;
  }

  public void manage() {
    worker.work();
  }
}
```

所以,如果接口已经设计为臃肿的接口,则可以使用适配器模式进行分离。

2. 包聚合设计原则

1) 重用/发布等价原则(reuse/release equivalency principle,REP)

重用的粒度就是发布的粒度。由于重用性必须是基于包的,所以可重用的包必须包含可重用的类。因此,某些包应该由一组可重用的类组成。使用重用/发布等价原则进行设计,有助于进行维护、版本跟踪、变更控制等。

复用的粒度就是发布的粒度。组件只有通过跟踪系统的发布,才能被称为有效的复用。想象一下代码复制这一情况:你只是拥有了你复制的代码。如果它不能在你的项目中很好地运行,那么你必须进行修改。如果代码中有 Bug,则必须找到并且改正它们。如果原作者在其中找到一些 Bug 并且修改了它们,那么你也必须找到并修改,而且还要考虑,怎样修改才能适合你的项目。并且,当复制的代码有很多歧义时,那么它将会给认知带来困难,那些代码也仅仅属于你的。当然,复制一些代码会使得最初的开发变得很容易,但它对软件生命周期中实施成本最高的阶段,即维护,并没有什么帮助。

这里讲的重用是指当且仅当我们不需要看源代码(即使是那些公共头文件)的情况,此时仅需要连接静态库或动态库。不管何时那些库函数做出修改或更新,都会收到一个全新的版本,而用户要做的仅仅是在恰当的时候把它整合到自己的系统中。

我们期望所重用的代码就像一个产品,它不由我们维护。我们只是顾客,维护则是作者或者其他相关人员的责任。

当原作者修改了我们所使用的库时,应该及时通知我们。同时我们可以决定继续使用原来的库一段时间。影响该决定的因素包括,那些改变对我来说是否特别重要,那么我们有权决定,以及什么时候可以根据计划完成集成。因此,需要作者有规律地发布那些修改的库,也需要作者能够给发布的库的数据或名称标明一定的顺序。

所以,如果不发布,就不能复用。而且,当我们复用那些发布的库时,实际上也是整个库的客户。不管那些改变对我们的系统是否有影响,当新版本发布后,都得把它整合到我们的系统中,这样在将来的系统增强与完善中,系统才能处于优势地位。

REP 指出,一个包的重用粒度可以和发布粒度一样大。我们所重用的任何代码都必须同时进行发布和跟踪。简单地编写一个类,然后声称它是可重用的做法是不现实的。只有在建立一个跟踪系统,为潜在的使用者提供所需要的变更通知、安全性以及支持后,重用才成为可能。我们必须从潜在的重用者的角度去考虑包的内容,一个包中的类要么都是可重用的,要么都是不可重用的。

2)共同重用原则(common reuse principle,CRP)

一个包中的所有类应该是共同复用的。如果重用了包中的一个类,就要复用包的所有类。这个原则可以帮助我们决定哪些类应该放进同一个包中。它规定了趋向于共同重用的类应该属于同一个包,相互之间没有紧密联系的类不应该在同一个包中。

一个简单的例子是一个容器类和它相关的迭代器,因为这些类彼此紧密耦合,所以它们要被一起复用,并且要属于同一个包。

之所以一起复用是因为,当我们决定使用一个包时(哪怕仅使用一个类),便产生了一个对整个包的依赖关系。之后,不管我们是否使用了包中所有的类,只要这个包被发布,那么使用该包的应用程序就必须重新编译并发布。如果这个包所改变的是我们不关心的内容,那我们也别无选择,只有修改工程,使之重新生效。

通常包也有一些物理的对应实体,如共享库、DLL、JAR,如果被使用的包以 JAR 的形式发布,那么使用这个包的代码就依赖于整个 JAR。对 JAR 的任何修改——即使所修改的是与用户代码无关的类,仍然会造成这个 JAR 的一个新版本的发布。这个新 JAR 仍然要重新发行,并且使用这个 JAR 的代码也要进行重新验证。因此,当依赖于一个包时,我们将依赖于那个包中的每一个类。

3)共同封闭原则(common closure principle,CCP)

包中的所有类对于同一类性质的变化应该是共同封闭的,这实际上考虑了变化的轴线。一个变化若对一个包产生影响,则将对该包中的所有类产生影响,而对于其他的包不造成任何影响。这也可以认为是单一职责原则对于包的重新规定。由同样的原因而更改的类,都应该聚集在一个包内。包中一个类的改变会影响到包中其他所有的类。

在大多数应用中,可维护性的重要性超过可重用性。如果一个应用中的代码必须更改,那么我们希望更改都集中在一个包中,而不是分布在多个包中。如果更改集中在一个包中,那么只需要发布那个更改了的包,不依赖于这个包的其他包则不需要重新生效或者发布。

CCP 的意图是使因为共同的原因而变化的类都分布在同一个包中。如果两个类之间有非常紧密的绑定关系,不管是物理上的还是概念上的,那么它们总是会一同进行变化,因而它们应该属于同一个包。这样做会减少软件发布、重新验证、重新发行的工作量。

CCP 规定了类对于修改应该是封闭的,对于扩展应该是开放的。但是要做到 100% 的封闭是不可能的,应当进行有策略的封闭。我们所设计的系统应该对于遇到的最常见的变化做到封闭。CCP 通过把对于一些确定的变化类型开放的类共同组织到同一个包中,从而增强了封闭性。

3. 包耦合设计原则

1)无圈依赖原则(acyclic dependencies principle,ADP)

(1)包依赖的概念。

一个包依赖于另一个包,通常是指一个包中的类引用了另一个包中一个类的头文件,如 ♯include。在 UML 中包被描述成"带标签的文件夹",图中的依赖关系为虚线箭头。箭头直接指出了所属的依赖关系,箭头所指的包就是所依赖的包。在 C++ 中,一个类使用语句 ♯include 来确定它们之间的依赖关系。

图 5-20 给出了一个非常典型的应用程序包结构图。相对于这个例子的意图来说,应用程序的功能并不重要,重要的是包的依赖关系结构。我们还可以把这种结构看作一个有向图,其中,包是节点,依赖关系是有向边。

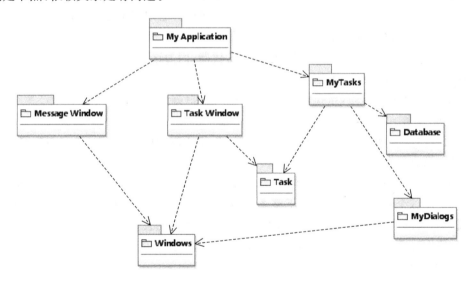

图 5-20　无环包图

仔细观察图 5-20,不难看出无论从哪个包开始,都无法沿着依赖关系而绕回到这个包。该结构中没有环,它是一个有向无环图。

当负责 MyDialogs 的团队发布了这个包的一个新版本时,很容易逆着依赖关系指向寻找出受到影响的包。可以看出,MyTasks 和 MyApplication 都会受到影响。当前工作于这两个包的开发人员就要决定何时应该和 MyDialogs 的新版本集成。

还要注意,当 MyDialogs 发布时,完全不会影响到系统中许多其他的包。它们不知道 MyDialogs,并且不关心何时对 MyDialogs 进行更改。这是件好事,意味着发布 MyDialogs 的影响相对较小。

当工作于 MyDialogs 包的开发人员想要运行这个包的测试时,只需要把 MyDialogs 版本沿着正向依赖关系寻找,本例中是和当前正使用的 Windows 包的版本一起编译、链接即可。不会涉及系统中任何其他的包。这意味着工作于 MyDialogs 的开发人员只需要较少的工作即可建立一个测试,而且他们要考虑的变数也不多。

在发布整个系统时,是自底向上进行的。首先编译、测试以及发布 Windows 包。接着是 MessageWindow 和 MyDialogs。在它们之后是 Task,然后是 TaskWindow 和 Database。接着是 MyTasks,最后是 MyApplication,这个过程非常清楚并且易于处理。我们知道如何构建系统,因为我们理解系统各个部分之间的依赖关系。

(2) 包之间循环依赖的影响。

如果一个新需求迫使我们更改 MyDialogs 中的一个类去使用 MyApplication 中的一个类,这就产生一个依赖关系环,如图 5-21 所示。

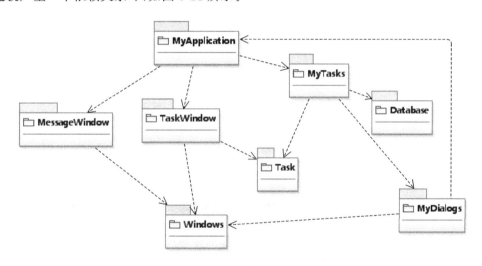

图 5-21　有环包图

这个循环立即会产生不良问题。例如,工作于 MyTasks 包的开发人员知道,为了发布 MyTasks 包,他们必须兼容 Task、MyDialogs、Database 以及 Windows。然而,由于依赖关系环的存在,他们现在必须同时兼容 MyApplication、TaskWindow 以及 MessageWindow。也就是说,现在 MyTasks 依赖于系统所有其他的包,这就致使 MyTasks 难以发布。MyDialogs 有着同样的问题。事实上,这个依赖关系环会迫使 MyApplication、MyTasks 以及 MyDialogs 总是同时发布,它们实际上已经变成同一个大包。于是,在这些包上工作的所有开发人员彼此之间的发布行动要完全一致,因为他们必须使用彼此之间完全相同的版本。

这只是问题的一部分。考虑一下我们想要测试 MyDialogs 包时会发生什么。我们必须链接进系统中所有其他的包,包括 Database 包。这意味着仅仅为了测试 MyDialogs 就必须要作一次完整的构建,这是无法接受的。

如果想知道为何必须要链接进这么多不同的库,以及这么多其他人的代码,只需运行某个类的简单的单元测试就可以了,如果不断地提示你引进某个包,或许就是因为依赖关系图中存在环。这种环使得难以对模块进行隔离,单元测试和发布变得非常困难且容易出错。而且,编译时间会随着模块的数目呈几何级数增长。

(3) 消除包的循环依赖。

在包的依赖关系图中不允许存在任何回路,满足该原则的包很容易进行测试、维护和理解,而若存在回路依赖,则很难预测该包的变化会怎样影响到其他的包。消除循环依赖通常有两种方式。

① 使用依赖倒置原则,如图 5-22 所示,可以创建一个具有 MyDialogs 需要的接口的抽象基类。然后把该抽象基类放进 MyDialogs 中,并使 MyApplication 中的类继承于它。这就倒置了 MyDialogs 和 MyApplication 间的依赖关系,从而解除了依赖环。

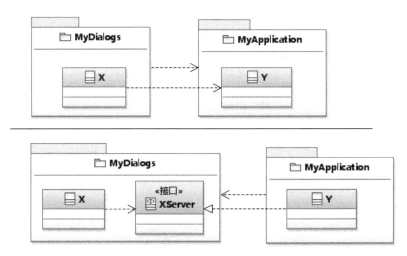

图 5-22　使用依赖倒置原则解除依赖环

② 新创建一个 MyDialog 和 MyApplication 都依赖的包。将 MyDialog 和 MyApplication 都依赖的类移到这个新包中,如图 5-23 所示。

第二种解决方案意味着,在需求改变面前,包的结构是不稳定的。事实上,随着应用程序的增长,包的依赖关系结构就会抖动和增长。因此,必须始终对依赖关系环的情况进行监控。如果出现了环,就必须使用某种方法将其解除。有时这意味着要创建新的包,这就造成依赖关系结构增长。

2) 稳定依赖原则(stable dependencies principle, SDP)

包之间的依赖关系只能指向稳定的方向。由于稳定的包通常较难发生改变,故被依赖的包应该比依赖的包更加稳定。如果不稳定的包却被很多其他包依赖,当不稳定的包发生改变时,会导致很多潜在的问题。

图 5-24(a)展示了一个稳定的包 X,有 3 个包依赖于它,称 X 对这 3 个包负有责任。另外,X 不依赖于任何包,因为所有的外部影响都不会使其改变,称 X 是无依赖性的,按照 SDP 原则该包应该是最稳定的。另一方面,图 5-24(b)展示了一个非常不稳定的包 Y,没有任何其他的包依赖于 Y。此外,Y 依赖于 3 个包,所以它具有 3 个外部更改源。

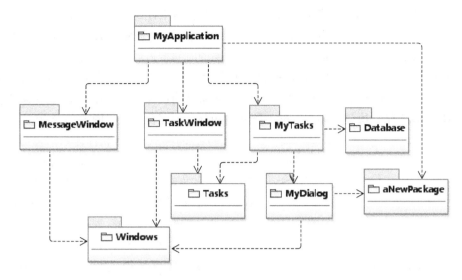

图 5-23　使用新包解除依赖环

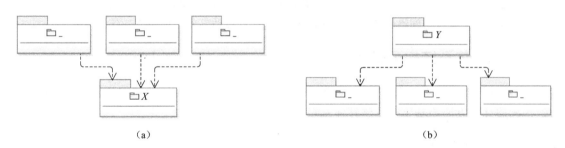

图 5-24　包的稳定性

应注意,一个系统中不是所有的包都是稳定的,那样系统将无法发生变化,这不是我们想要的。一个系统应由稳定的和不稳定的包组成。

3）稳定抽象原则（stable abstraction principle,SAP）

包的抽象程度应该和其稳定性程度一致,该原则把包的稳定性和抽象性联系起来。一个稳定的包应该也是抽象的,这样它的稳定性就不会使其无法扩展。另一方面,一个不稳定的包应该是具体的,它的不稳定性使得其内部的具体代码易于更改。因此,如果一个包是稳定的,那么它应该也要包含一些抽象类,这样就可以对它进行扩展。可扩展的稳定包是灵活的,并且不会过分限制设计。

SAP 和 SDP 结合在一起,形成了针对包的 DIP 原则。这样说是准确的,因为 SDP 规定依赖应该朝着稳定的方向进行,而 SAP 则规定稳定性意味着抽象性。因此,依赖应该朝着抽象的方向进行。

5.6　软件体系结构评估

5.6.1　概述

软件质量从软件工程诞生起就一直到受广泛关注,但是人们对软件质量的认识却在发生变化,其内涵更加丰富,从功能、性能属性到可移植、可扩展、易用性、易维护性、安全性、可靠性等诸多非功能质量属性,从满足用户需求到满足系统涉众的需求。"缺陷放大模型"以及业界大量的统计数据表明:修正软件缺陷的成本随着发现该缺陷的时间推迟而增长,而且50%～75%的缺陷是设计阶段注入的。软件体系结构评估的目的就是为了在开发过程的早期,通过分析系统的质量需求是否在软件体系结构中得到体现,识别软件体系结构设计中的潜在风险,预测系统质量属性,并辅助软件体系结构决策的制定。软件体系结构分析与评价过程如图5-25所示。

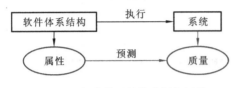

图 5-25　软件体系结构分析与评价

20世纪90年代以来,软件体系结构的评估技术一直是研究的热点问题。软件体系结构的评估技术不断出现,一些方法已经发展得比较成熟并得到了应用和验证,如基于场景的软件体系结构分析方法(scenarios-based architecture analysis method,SAAM)、软件体系结构权衡分析方法(architecture tradeoff analysis method,ATAM)、利用软件性能工程SPE对软件体系结构进行评估方法(performance assessment of software architecture,PASA)、软件体系结构层次可维护性预测方法(architecture-level modifiability analysis,ALMA)等。近年来,随着技术发展和经验的积累,逐渐出现了一些新的评估方法,如基于贝叶斯信念网络的软件体系结构评估方法、软件体系结构度量方法等。

5.6.2　体系结构评审方法

根据各种评估技术的主要特点,可将评估技术分为三大类:基于场景的评估方法、基于度量-预测的评估方法和基于特定软件体系结构描述语言的评估方法。

1. 基于场景的评估方法

软件体系结构评估中,评估人员关注的是软件系统质量,这些质量可通过性能、可靠性、可用性、安全性、可修改性、功能性、可变性、集成性、互操作性等相关属性来表示。但大多数软件质量属性极为复杂,根本无法用一种简单的尺度来衡量。同时,质量属性并不是处于隔离状态,只有在一定的上下文环境中才能作出关于质量属性的有意义的评判。为达到目的,评估人员首先要精确地提出具体质量指标,并以这些质量指标作为软件体系结构优劣的评估标准,所采用的方法便是场景。场景是软件体系结构分析评价中常用的一种技术,由用户、外部刺激等初始化,场景包括系统中的事件和触发该事件的特定刺激。利用场景技术可以将评估目标进行细化,代替对质量属性(可维护性、可修改性、健壮性、灵活性等)的空洞表述,使得对软件体系结构进行测试成为可能。因此,场景对于评估具有非常关键的作用,整个评估过程就是论证软件体系结构对关键场景的支持程度。

基于场景的评估方式分析软件体系结构对场景的支持程度,从而判断该软件体系结构(SA)对这一场景所代表的质量需求的满足程度,如图5-26所示。这种评估方式将对系统质量需求转换为一系列风险承担者与系统的交互活动,分析软件体系结构对这些活动的支持程度。在评估过程中将考虑所有与系统相关人员(包括风险承担者)对质量的需求,从而确定应用领域功能与软件体系结构之间的映射。在此基础上设计用于体现待评估质量属性的场景以及软件体系结构对场景的支持程度。

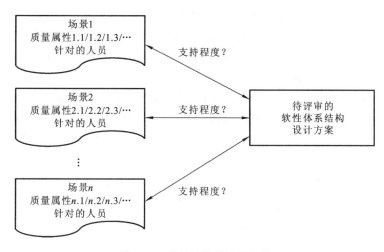

图 5-26　基于场景的评估方法

　　基于场景的评估方法是研究最广泛、应用最成熟、数量最多的一类软件体系结构评估方法。常见的基于场景的评估方法包括基于场景的软件体系结构分析方法、基于复杂场景的SAAM(SAAMCS)、基于领域的 SAAM(ESAAMI)、软件体系结构权衡分析方法、针对演化和重用的 SAAM(SAAMER)、积极评审中间设计方法(ARID)、软件体系结构层次的可更改性分析方法、基于模式软件体系结构评估方法(PSAEM)、面向方面的 SAAM(ASAAM)、软件体系结构层次的可用性分析方法(SALUTA)。结合基于场景的评估方法的特点,下面从软件体系结构描述、评估目标、质量属性、关键技术、过程支持、资源需求等几方面对这类方法进行分析和阐述。

　　基于场景的评估方法主要目标包括评估软件体系结构是否满足各种质量属性的要求、比较不同的软件体系结构方案、风险评估。评估结果大多以评估报告的形式给出,根据评估目标的不同,不同的评估方法给出的报告内容各异。一般的评估报告包括软件体系结构模型对所评估质量属性的满足程度。通过专家的分析,在报告中也可以给出软件开发中可能存在的风险,有时甚至包括软件体系结构设计的改进建议等。

　　在基于场景的评估方法中,利用场景来具体化评估目标。因此,场景获取是明确评估目标的重要环节。场景获取最基本的方法就是让项目涉众进行头脑风暴,如在 SAAM 和 ATAM方法中利用问题清单等方式启发评估人员获取场景。在头脑风暴的基础上,为了对场景进行积累和重用,ESAAMI方法强调了场景的领域特性,通过领域分析增加领域知识,积累分析模板,提高在领域内对场景的重用和获取。PSAEM 方法则从系统设计的角度提出了一种基于模式的场景提取技术,将软件体系结构模式和设计模式中包含的通用行为作为评估的场景,从而得到了通用的场景模式,可以在不同项目评估中得到重用。此外,为了尽可能地平衡候选场景的完整性和关键性,研究人员提出了场景的等价类选择技术,该技术将所有场景划分为等价的组,然后从每组中抽取一个场景进行评估,从而避免重复评估类似的场景,减少评估成本。

　　采用评审会议的方法进行场景分析是最基本的分析方法。评估人员利用该方法可以对多个软件体系结构方案进行比较,得到软件体系结构对各场景的满足程度。SAAM、ATAM 等方法都基于这种人工评审的技术。这种技术是基于场景评估方法中的主流技术。但人工评审从效率和精确性上都有一定的欠缺,所以研究人员也在利用一些自动分析的方法,对场景进行模拟执行,通过模拟数据来说明软件体系结构是否满足场景的要求。在场景分析中,对于不同质量属性的综合分析也是一项非常重要的技术,其中最有影响力的研究是 ATAM 方法中引入效用树技术来支持对多属性进行权衡分析的能力。效用树描述了质量需求与设计之间的关系以及质量需求之间的优先顺序,可用于划分和组织场景。

基于场景的评估方法都定义了评估的步骤,其中最重要的两个步骤是:开发场景和评估场景。开发场景包括场景的收集和选择,其目的是根据不同的评估目标选择出能够体现相应软件质量属性的关键场景;评估场景则是评价软件体系结构是否能够直接或间接地支持场景所体现的质量属性。但严格地说,评估步骤的定义还不足以说明评估过程的支持。完整的过程定义应该不仅对评估步骤,而且对各个步骤的参与者、输入/输出制品进行定义。目前,ATAM 方法对评估过程的描述最为完整,其评估过程定义为 4 个阶段,共 9 个活动,并详细定义了各个活动的参与者与各个活动需要的和产生的各种软件制品。

2. 基于度量-预测的评估方法

在软件工程领域中,软件的度量和预测技术是保证软件质量的重要技术之一。软件体系结构作为软件开发过程中一个早期的设计模型,如果能够度量并预测未来软件产品的质量,那么其可以根据预测的结果及时给出设计缺陷,这对于减小开发风险和提高软件质量是非常重要的。根据这一思路,出现了一类基于度量-预测的评估方法。

软件体系结构的度量是对软件中间产品的度量,可以更加精确地描述软件体系结构的各种特征,并通过预测发现软件设计中存在的问题。该类方法具有的重要特征包括将传统的度量和预测技术应用在软件体系结构层次;度量技术需要软件体系结构提供比较细粒度的信息,对模型的要求比较严格;利用度量技术对软件体系结构模型的内部特征(如复杂性、内聚度、耦合性等)进行度量;利用这些度量作为预测指标,对某些软件的外部质量(如可维护性、可演化性、可靠性等)进行预测,但由于预测模型构造的困难,这些预测一般只作为一种辅助评估的手段。

常用的基于度量-预测的评估方法包括软件体系结构评估模型(SAEM)、软件体系结构性能评估方法(PASA)、基于贝叶斯网的软件体系评估方法(SAABNet)、软件体系结构度量过程、软件体系结构变化的度量方法(SACMM)、软件体系结构静态评估方法(SASAM)、软件体系结构层次可靠性风险分析方法(ALRRA)。结合基于度量-预测评估方法的特点,下面从软件体系结构描述、评估目标、关键技术、工具支持、资源需求这几个方面对这类方法进行了分析和比较。

基于度量-预测的评估方法需要软件体系结构模型提供的信息是完整、无二义和一致的。完整性是指针对不同的度量和预测技术,软件体系结构模型提供的信息应该能够保证度量的计算,也就是说,信息是足够的;无二义性是指对软件体系结构模型的语义是清晰的,不存在不同的理解;一致性是指对于不同视图中的相同模型元素应该具有相同的性质。根据这些要求,软件体系结构描述语言最好采用形式化语言或由半形式化的 UML 扩展得到。在上述这些方法中大部分都使用 UML 并对其进行了扩展,例如,PASA 要求利用 Kruchten 提出的"4+1"视图模型对软件体系结构进行描述,并对 UML 元模型进行扩展以适应性能评估的要求。其中,利用消息顺序图(扩展的顺序图)对性能场景进行描述,利用扩展的部署图来描述运行环境的特征。ALRRA 明确提出软件体系结构描述语言必须能够描述构件间交互关系和独立构件的行为特征,ALRRA 中采用了扩展 UML 得到的 ROOM(实时面向对象建模语言)中的顺序图和状态图对系统的动态行为进行描述,并且 ROOM 模型可以模拟执行。SACMM 则使用了形式化的方式定义了带标签的图结构,并利用这种结构给出软件体系结构,然后可以计算出变化的大小。值得注意的是,虽然度量和预测技术本身是不依赖于语言的,只需要有合适的语言就能够给出完整、无二义、一致的模型,但该类方法大多有自动化工具支持,而工具的实现则是需要依赖于某种具体语言的。

基于度量的评估方法主要目标包括:①通过精确的度量,可以评估软件体系结构层次上的内部质量特征;②利用预测模型可以评估软件的外部特征;③可以进行风险评估。在该评估方法中,度量技术解决的是各种因素的可度量问题,而预测技术解决的是各种因素之间的相关性问题,这两项技术都是评估的基础问题。

根据度量对象的不同,度量技术可以分为两类:软件体系结构模型的度量技术、对各种质量属性在软件体系结构层次的度量技术。其中,软件体系结构模型的度量技术主要是对软件体系结构模型的结构特征和行为特征进行度量,如结构复杂度、结构形态、行为复杂度等。而另一种度量技术则是对性能、可靠性、可维护性等质量属性在软件体系结构层次的量化形式进行研究,例如,PASA 方法就定义了计算机资源需求、作业驻留时间、利用率、吞吐量、队列长度等度量,对性能进行量化的表示;SACMM 方法为了对软件可更改性及软件体系结构的演化性进行评估,利用 graph kernel 函数定义距离度量对软件体系结构的相似性进行量化;ALRRA 方法提出与故障相关的一组度量,包括构件和连接件的故障模式、故障严重性级别。通过复杂性度量和故障严重性级别,可以计算出可靠性风险因子。SACMM 方法利用距离和相对距离度量,建立软件体系结构转换模型,该模型表示了软件开发过程不同软件体系结构的差异,具有计算效率高、简单易用的特征。

预测技术是在度量技术的基础上进一步研究在软件体系结构层次上各种因素之间的关系。利用这些经验关系,可以通过一些在软件体系结构层次上的特性(如结构和行为特性等)来预测未知的软件质量特性(如可靠性、可维护性等)。预测技术的研究需要比较深入的理论知识,需要积累大量的经验数据,这些都是软件工程研究中的难点问题,但如果该技术得到突破,将对评估技术自动化方面的研究产生重要的影响。目前,该技术已经取得了一些成果,例如,在 ALRRA 方法中,利用复杂性度量和故障严重性级别,建立了基于构件依赖图(CDG)的模型,并利用风险分析算法对 CDG 模型进行计算,可以评估软件体系结构的可靠性风险;SAABNet 方法则利用贝叶斯信念网构造了软件体系结构策略到软件质量的因果关系模型,可以通过设计策略对各种质量属性进行预测。

3. 基于特定软件体系结构描述语言的评估方法

基于特定软件体系结构描述语言(ADL)的评估方法是一类比较特殊的方法,这类方法依赖于某种具体的软件体系结构描述语言,一般是软件体系结构语言研究的附属品。该类方法具有的重要特征包括:评估技术与特定软件体系结构描述语言的定义机制和理论基础密切相关;软件体系结构描述语言的定义非常严格,通常是形式化或半形式化的描述语言。常见的方法包括特定领域软件体系结构分析方法(DSSA)、Rapide 方法,以及基于 UML 逆向工程的软件体系结构分析方法。

基于特定 ADL 的评估方法使用的软件体系结构描述语言通常是具有形式化基础的语言或半形式化的描述语言。所以这类语言具有可执行、可自动分析的能力,这就为软件体系结构的评估奠定了基础。DSSA 方法使用了 Meta-H 语言描述软件体系结构模型。Meta-H 是由

Honeywell 公司定义的,支持对可靠性和安全性要求较高的多处理器实时嵌入式系统的创建、分析和验证,主要适用于航空电子控制软件系统。Rapide 是由美国斯坦福大学的 Luckham 等定义的一种可执行的软件构架定义语言,主要适用于对基于事件、复杂、并发、分布式系统的架构进行描述。在基于 UML 逆向工程的软件体系结构分析方法中,利用 UML 定义特定领域的软件体系结构概念模型和约束模型。

在基于特定 ADL 的评估方法中,可以评估的质量属性是受到其语言特征和形式化理论基础的限制的。该类方法一般用于评估特定领域软件系统的性能、可靠性、安全性、事务性等质量属性。各种特定的 ADL 具有不同的形式化理论基础,其评估技术依赖于所采用的理论模型。例如,DSSA 中的 Meta-H 语言的语义主要基于形式化调度和数据流模型,所以可以通过对软件体系结构的模拟执行,得到以下分析结果:①时间性能,主要分析进程时间的限制、各子系统执行时间统计和交互次数等;②可靠性,通过生成马尔可夫可靠性模型对缺陷发生和传播进行分析;③安全性,通过这 3 种分析,可以评估系统稳定性、性能、鲁棒性、可靠性、安全性等质量属性。Rapide 中通过偏序事件集定义构件的计算和交互语义,利用抽象状态和状态转移规则来定义该类构件的行为约束,利用模型检测体系结构参考模型的动态结构,分析软件体系结构的一致性,检查事务的原子性、一致性、隔离性、持久性。

另外,在基于 UML 逆向工程的软件体系结构分析方法中,通过一种结合自顶向下和自底向上方法的逆向工程构造软件实现模型与软件体系结构模型之间的关系。利用概念模型和约束模型进行软件体系结构的结构分析,首先根据约束模型对软件体系结构模型进行验证,然后利用原子操作(增加、删除、合并等)对不同的软件体系结构模型进行比较,对软件的可维护性进行评估。

5.6.3　一种典型的评审方法:ATAM

ATAM 方法是 SEI 于 2000 年在 SAAM 方法基础上提出的,它是考虑了可修改性、性能、可靠性和安全性等多种质量属性的软件体系结构评价方法,并能确定这些相互制约属性之间的权衡点。ATAM 方法包括四大部分,共九个步骤:①介绍,通过介绍进行信息交流,包括ATAM 方法介绍、商业动机介绍、软件体系结构介绍,共三个步骤;②调查分析,包括确定软件体系结构的方法、生成质量属性效用树、分析软件体系结构方法,共三个步骤;③测试,包括集体讨论并确定场景的优先级、分析软件体系结构方法,共两个步骤;④形成报告,即评估结果的描述。ATAM 的执行过程如图 5-27 所示。

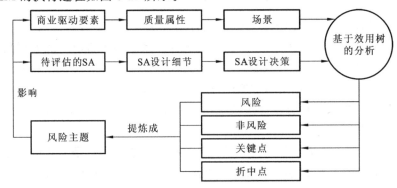

图 5-27　ATAM 的执行过程

　　ATAM 通过用调查表来收集影响软件体系结构质量属性的要素,描述质量属性的特征,尽管九个步骤按编号排列,但并不一定严格遵照这种瀑布模型执行,评估人员可以在九个步骤中进行跳转和迭代。ATAM 能针对性能、可用性、安全性和可修改性这些质量属性,在系统开发之前对其重要性进行评价和权衡。当评估活动结束后,将评估的结果与需求作对比,如果系统预期行为与需求接近,设计者就可以继续进行更高级别的设计或实现;如果分析发现了问题,就对所设计的软件结构、模型或需求进行修改,从而开始迭代过程。

　　ATAM 在具体评估中将场景分为三类:①用例场景,描述用户的期望与正在运行的系统交互,用于信息的获取;②生长场景,预期的系统变更与质量属性的关系;③探索场景,暴露当前设计的极限或边界,显示可能隐含的假设,即弄清这些更改所产生的影响。在实际使用场景过程中,评估小组邀请风险承担者对三类场景进行集体讨论,根据风险承担者的意见将代表相同行为或相同质量属性的场景进行合并,确定其中若干个场景,最后通过投票的方式来确定这些场景的优先级别。这就要求软件设计师必须清楚地向风险承担者表达软件结构设计中所使用的体系结构设计方法,风险承担者根据确定使用的体系结构设计方法,采用"刺激-环境-响应"模式来生成三类场景。

　　软件体系结构的评估参与人员主要有风险承担者及评估小组成员,不同的风险承担者对软件的质量属性有着不同的组织目标,不同的组织目标是由商业动机的出发点不一样而造成的,在软件体系结构阶段就应该考虑他们的商业动机及目标满足程度。

　　ATAM 建立在 SAAM 的基础上,借助于效用树将风险承担者的商业目标转换成质量属性需求,再转换成代表商业目标的场景。针对风险承担者不同的商业动机,评估人员首先确定不同的商业动机所代表的质量属性与其他质量属性比较,得到相对重要性的矩阵,并运用层次分析法来确定质量属性的优先组合,将模糊的目标定量化,生成质量属性效用树,这样评估人员更容易关注效用树的叶节点,更好地满足处在高优先级位置的场景所需采用的软件体系结构方法,更为精确地定义质量需求。效用树的理论基础是管理学中的"需要理论",即通过刺激及其所产生的期望响应来描述场景,根据期望的迫切程度确定场景优先级别。在理想情况下,所有场景都以"刺激-环境-响应"的形式表述。ATAM 通过不同质量属性之间的交互及依赖关系,寻求不同质量属性之间的权衡机制,因此 ATAM 方法在具体评估分析过程中要求记录系统风险,找出敏感点及权衡点,同时完善体系结构的相关文档。

　　ATAM 的评估过程分为九个步骤,如图 5-28 所示。图中表示了每一个步骤,并将其分为四个阶段,图中循环的箭头体现了软件体系结构设计和分析的迭代过程。

1) 介绍 ATAM 方法

　　ATAM 评估的第一步要求评估小组负责人向参加会议的风险承担者介绍 ATAM 评估方法。其中风险承担者包括开发人员、维护人员、操作人员、终端人员、中间商、测试人员、系统管理员等所有与系统有关的人员。在这一步要向每个人介绍流程,并预留出解答疑问的时间,设置好其他活动的环境和预期结果。这一步的关键是要使每个人都知道要收集哪些信息,如何描述这些信息,将要向谁报告等。

2) 介绍商业动机

　　参加评估的所有人员必须理解待评估的系统。在这一步,项目经理要从商业角度介绍系统的概况,要描述商业环境、历史、市场划分、驱动需求、风险承担者、当前需求以及系统如何满足这些需求,描述商业方面和技术方面的约束、质量属性需求等。

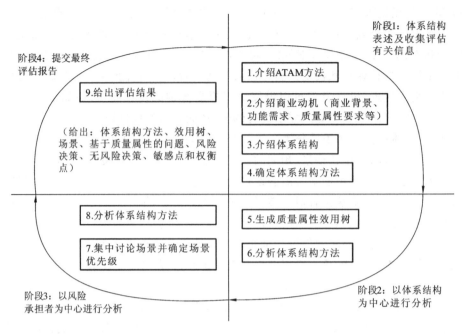

图 5-28　ATAM 评估的步骤

3）介绍体系结构

架构设计师需要对软件体系结构作详略适当的讲解，这种信息讲解的表达透彻程度将直接影响体系结构的分析质量。在讲解过程中，评估小组还要询问更多相关信息，只有选择合适的视图才能更清晰地表达相关信息。ATAM 方法中软件体系结构的描述可以采用 Philippe Kruchter "4＋1" 视图模型，即从五个不同的视角描述系统的体系结构，四个视图模型从特定的方面描述软件的体系结构，忽略与此无关的实体。在四个视图中，逻辑视图、开发视图主要用来描述系统的静态结构；进程视图、物理视图主要用来描述系统的动态结构。在 ATAM 实际运用中并非每个系统都必须将五个视图都画出来，而是各有侧重。

4）确定体系结构方法

ATAM 评估方法主要通过理解体系结构设计方法来分析体系结构，在这一步，由设计师确定体系结构设计方法。ATAM 评估方法之所以强调要确定体系结构方法和体系结构风格，是因为这些内容代表了实现最高优先级的质量属性的体系结构手段。也就是说，它们是保证关键需求按计划得以实现的手段。这些体系结构方法定义了系统的重要结构，描述了系统得以扩展的途径、对变更的响应、对攻击的防范以及与其他系统的集成等。

5）生成质量属性效用树

在这一步，评估小组、管理人员和客户代表一起确定系统最重要的质量属性目标，并对这些质量目标设置优先级和细化。一般通过构建效用树的方式来确定质量属性目标。这一步非常关键，对以后的分析工作起着指导作用。

6）分析体系结构方法

一旦得到了效用树的结果，评估小组可以对实现重要质量属性的体系结构方法进行考察。通过编档这些体系结构决策，确定它们的风险、敏感点和权衡点等。在这一步，评估小组要对每一种体系结构方法都进行充分的考察，初步分析与该方法有关的质量属性。这一步的主要成果是形成体系结构方法或风格的列表、与之相关的一些问题以及设计师对这些问题的解答，通常产生风险列表、敏感点和权衡点列表。

事实上，效用树告诉评估人员考察体系结构的哪些方面，并希望设计师所作出的响应中解答这些需求。评估小组可以用效用树来更深入地考察相关的体系结构方法。这些体系结构的问题能帮助评估小组理解体系结构方法，找出该方法的缺陷、敏感点、权衡点。

上述各个方面都可能为风险描述提供基本素材，且被记录在不断扩展的风险决策列表中。在这一步结束的时候，评估小组应该对整个体系结构的关键设计决策、风险列表、敏感点、权衡点等有清晰的认识。

7）集中讨论场景并确定场景优先级

场景在驱动 ATAM 测试阶段起主导作用，实践证明，当有很多风险承担者参与 ATAM 评估时，生成一组场景可为讨论提供极大的方便。场景是体系结构刺激示例，可用于描述风险承担者感兴趣的问题，理解质量属性需求。风险承担者需要进行两项相关的活动，包括集体讨论用例场景和改变场景。用例场景是场景的一种，在用例场景中，风险承担者是一个终端用户，使用系统执行一些功能。改变场景代表系统的变更，可分为成长场景和探索场景两类。

成长场景描述的是体系结构在中短期的改变，包括期望的修改、性能或可用性的变更、移植性、与其他软件系统的集成等。探索场景描述的是系统成长的一个极端情形，即体系结构由下列情况所引起的改变，包括性能或可用性需求、系统基础结构或任务的重大变更等。成长场景能够使评估人员了解在其他因素影响系统时，系统结构所表现出来的优缺点；而探索场景则试图找出敏感点和权衡点，这些特征点的确定有助于评估者评估系统质量属性的约束。

一旦收集了若干个场景后，必须设置优先级。评估人员通过投票表决的方式来确定场景优先级，每个风险承担者分配相当于总场景数的 30% 的选票，且此数值只入不舍。一旦投票结果确定，所有场景就可设置优先级。设置优先级和投票的过程既可公开也可保密。

8）分析体系结构方法

在收集并分析了场景后，设计师就可把最高级别的场景映射到所描述的体系结构中，并对相关的体系结构方法如何帮助实现该场景的方式做出解释。在这一步中，评估小组要重复第 6 步中的工作，把新得到的最高优先级场景与尚未得到的体系结构工作制品对应起来。在第 7 步中，如果未产生任何在以前的分析步骤中都没有发现的高优先级场景，则第 8 步就是测试步骤。

9）给出评估结果

最后，要把 ATAM 分析中所得到的各种信息进行归纳，并反馈给风险承担者。这种描述一般要辅以幻灯片的形式，但也可以在 ATAM 评估结束之后，提交更完整的书面报告。在描述过程中，评估负责人要介绍 ATAM 评估的各个步骤，以及各步骤中得到的各种信息，包括商业环境、驱动需求、约束条件和体系结构等，最重要的是要介绍 ATAM 评估的结果。

5.7　思考与练习题

1. 软件体系结构的生命周期模型是什么？它与一般软件开发生命周期模型有什么区别和联系？

2. 属性驱动设计方法 ADD 有哪些主要步骤？其输入、输出分别是什么？

3. 针对第 2 章中设计时质量属性、运行时质量、系统质量属性、用户质量属性等常见质量属性分别给出设计策略？

5. 基于模式的设计方法有哪些主要步骤？基于模式的设计方法与属性驱动设计方法有何联系？

6. 属性驱动设计方法 ADD、基于模式的设计方法中哪些步骤会涉及模块化设计方法？

7. 模块化设计中类设计、包聚合设计、包耦合设计的含义是什么？它们之间有什么区别和联系？

8. 消除循环依赖通常有哪些方式？

9. 回顾您曾经参与的一个软件项目，谈谈软件设计尤其是体系结构设计方面存在什么问题？针对软件的一部分或全部,选择属性驱动设计方法、基于模式的设计方法、模块化设计方法中的一种或多种的结合进行软件体系结构设计练习？

10. 如果你组织评估一个软件系统的体系结构,你会邀请谁参加？涉众的角色包括哪些？你能代表哪些角色？

11. 在进行软件体系结构设计与评估中,当出现质量属性相互冲突时如何处理？并请举例说明。

12. 选取性能、可维护性、可用性、安全性生成质量属性效用树。

第6章 软件体系结构编档

6.1 概　　述

正如我们在前面一些章节所看到的那样,软件架构作为一种系统的高层抽象,从一个较高的层次来考虑组成系统的构件、构件之间的连接,以及由构件与构件交互形成的拓扑结构。对于系统开发项目,架构起到了蓝图的作用,所反映的是系统开发中具有重要影响的设计决策,反映不同的关注点,便于涉众之间的交流。软件架构文档是记录和整理上述描述内容的一个或系列文档。由于不同涉众关注点常通过多视图加以反映,软件架构文档通常按照多视图方式加以组织,其核心是一系列满足不同涉众要求的视图。

作为涉众之间交流和获取架构需求的一种强大工具,软件架构文档包括了有关软件架构的所有信息,其中既有代表架构模型的图形,也有文字描述。我们常说架构文档既是指示性文档,也是说明性文档。因为,对某些读者来说,它能指示什么应该是正确的,并对决策的制定施加限制。对另外一些读者来说,它能说明什么应该是正确的,并详述已经就系统设计做出的决策。因此,软件架构文档必须能够服务于各种用途,它应该抽象到足以使新员工迅速理解它,同时应该详细到足以作为构造的蓝图。同时它应该包含足够的信息,以便用作分析的基础。

架构编档是创建架构过程中最有价值的一步。即使架构设计非常完美,但如果没有人理解它,或主要涉众误解了它,它也就没有什么用处了,至少其作用会大打折扣。如果你创建了一个非常强大的架构,那么,就必须用足够的细节明确地描述它,并以一种其他人可以快速找到所需信息的方式对其进行组织。

6.1.1 软件架构文档的作用

了解软件体系结构文档的用途是一件极为重要的事情,因为这些用途确定了文档的形式。软件体系结构文档基本上具有三种用途:

(1)作为涉众间的通信工具。架构文档作为通信工具的具体内容取决于哪些涉众间需要通信。架构文档的涉众有很多,包括架构师、项目经理、开发人员、维护人员、客户、以及最终用户等,具体内容参见6.2.1软件架构文档的涉众。通过架构文档,可以使不同的涉众对系统有一个相对一致的认识,保障系统设计开发到使用的一致性。

(2)作为教育工具。教育用途包括向员工介绍系统,员工可以是新的团队成员、外部分析员,甚至新来的架构师。员工通过对架构文档的学习,可以快速的了解系统整体的设计思想,以及使用的相关技术和软件库,能够更快的融入到系统设计和开发工作中。

(3)作为系统分析基础的架构。为了支持分析工作,架构文档必须包含执行特定分析的必要信息。

6.1.2　软件架构编档的内容

根据第一章和第四章中对视图和多视图建模的介绍,我们还可以把系统软件架构定义为"系统的一个或多个结构,它由构件、这些构件的外部构件属性以及它们之间的关系组成。"这些从不同视角所描述的系统结构,即多视图。我们曾经提到,视图就是架构构件的内聚集合表示,由系统涉众编写和阅读。视图的概念为我们提供了进行软件架构编档的基本原则:架构编档就是将相关视图编成文档,然后向其中添加多个视图的文件。

多视图架构的优势在于:每个视图强调系统的某个方面,同时不予强调或忽略系统的其他方面,以便于处理当前问题。但是,单一的视图无法完整地表达架构。要达到这一目的,就必须具备完整的视图集和这些视图之外的信息。

软件架构视图文档包含的信息。
- 描述主要构件和视图关系的主要表示,通常是图形表示。
- 说明和定义视图所展示的构件并列出其属性的构件目录。
- 构件的接口和行为规范。
- 对所有针对架构进行剪裁的现有内部机制进行说明的可变性指南。
- 基本原理和设计信息。

软件架构视图之外的信息包括:
- 对整个文档包的介绍,包括帮助涉众迅速查找所需信息的读者指南。
- 描述视图之间和视图与整个系统之间如何相互联系的信息。
- 针对整体架构的限制和基本原理。
- 有效维护整个文档包所需要的管理信息。

6.1.3　合理编档的规则

规则 1:从读者的角度编写文档

在编写文档时多考虑读者的需求,而不是编写者的方便,这样便能吸引读者阅读该文档。尽量避免使用不必要的专业术语,并对专业术语加以解释。要知道文档的读者非常广泛,不一定都是所涉及领域的专家。

规则 2:避免不必要的重复

应该将每种信息记录在一个确切的地方。但是,如果相关信息保持分离不会对读者造成过多的麻烦,就不要或者尽量不要重复信息。信息引用的位置非常重要,不必要的翻页会使读者感到厌烦。如果保持信息分离确实会对读者造成过多的麻烦,就可以重复信息。

规则 3:避免歧义

架构可能会按照一些详尽的细节或实现方案得以实现,只要这些实现方案与架构相符,它们就是完全正确的。文档应该具有充实的内容,以避免多重解释。语义精确、定义明确的表示法能有效地消除文档中各种语言歧义。应该尽量便于读者确定表示法的含义。如果打算采用其他地方定义的标准可视化语言,就应该引导读者参考该语言的语义源。

规则 4:使用标准结构

应该制定一个有计划的标准结构方案,使文档遵守这一方案,并确保读者了解它。标准结构能帮助读者在文档中导航和快速查找特定的信息。此外,它还有助于文档编写者计划和组织内容,并标示出还有待完成的工作,如使用"待完成"这样的标签来标记一些待完成的节。

规则 5:记录基本原理

在为决策结果编档时,应该对放弃的方案进行记录并说明放弃的原因。随后,当这些决策需要接受详细检查或被迫更改时,你就会发现自己不得不重新访问相同的论据,并对自己为什么没有采用另一种方法感到疑惑。从长远来看,对基本原理进行记录能为自己节约大量的时间。

规则 6:保持文档更新,但更新频度不宜过高

一方面,不完整或过时的文档无法反应实际情况,也不会遵守自身的格式规则和内部一致性规则。通过引用合适的文档我们能最为容易和有效地回答有关软件的问题。

另一方面,应该在开发计划中指定更新文档的特定要点或更新文档的过程。不应在指定设计决策之时记录每一个设计决策,而是应该使文档服从版本控制,并制定一项发布策略。

规则 7:针对于目标适宜性对文档进行评审

只有预期的一些文档用户才能告诉你文档是否包含以正确的方式展示的正确信息,所以应该寻求他们的帮助。在发布文档之前,应该让文档所面向的团体或若干团体的代表对它进行评审。

6.2　选 择 视 图

视图是一个架构文档的核心,至于创建哪些视图,需要根据设计过程中的编档决策来决定。当我们准备发布一个架构文档的时候,我们可能有一个相当固定的体系结构视图的集合。在某种情况下,需要对哪些视图建模,包含多少细节,并且哪些将被包含在给定的版本中。同时,还需要决定哪些视图可以有效地与其他视图相结合,从而减少文档中的视图总数,并揭示视图之间的重要关系。

如果知道以下内容,可以帮助我们决定哪些视图是必要的,什么时候创建它们,有多少细节需要包括进来。

- 可任用哪些人:他们具有什么技能。
- 必须遵守哪些标准。
- 有多少预算。
- 时间表是怎样的。
- 重要的涉众需要什么信息。
- 质量属性需求的驱动是什么样。
- 系统大小是怎样的。

6.2.1　涉众及文档需求

为了选择合适的视图集,首先我们需要弄清楚都有哪些软件架构文档涉众,还要理解每类涉众的信息需求,如信息种类、详细程度和使用方式。我们不能指望编制一个让所有涉众都按照同样方式使用的架构文档。相反,应该编制一个能够帮助不同涉众都能快速找到其感兴趣的信息,并且不相关信息最少的文档,这意味着要为不同的涉众编制不同的文档。如果有可能,这意味着要编制一组能够面向不同涉众的、支持多样化导航路线图的文档。

了解谁是涉众以及他们使用文档的方式可以帮助我们对文档进行组织,使得文档对涉众而言是可理解和易使用的。架构的主要用途是充当涉众之间进行交流的工具,文档则促进了这种

交流。表 6-1 给出了常见的架构涉众以及他们希望在文档中获取的信息。需要特别指出的是，涉众往往又因组织和项目不同而不同。作为一个架构师，其主要职责是理解项目有哪些涉众。

表 6-1　涉众和架构所满足的沟通需要

涉众	作用
项目经理	根据所确定的工作任务组建开发小组，规划和分配项目资源，并跟踪每个小组的进展
客户	保证所需的功能和质量将被交付，衡量进展，估计成本和设置预期交付什么，什么时候交付，要付多少钱。
架构师	在相互冲突的需求之间进行协商和权衡。
设计人员	解决资源争用，并确定性能和其他种类的运行时资源消耗预算。
实现人员	提供关于下游开发活动的不能违反的限制（以及可利用的自由）。
集成人员	生产集成计划和规程，以及定位整合失败的来源。
测试人员	基于软件元素的行为和交互创建测试。
维护人员	解释潜在的变化将会影响的方面。
分析人员	评价系统设计满足系统质量目标的必要信息。
评估人员	评估架构交付所需的行为和质量属性的能力。

总之，对视图的选择取决于我们希望用什么视图。对于具有一定规模的软件系统而言，一般至少应该选择本书介绍的 4＋1 视图中的三个视图，如逻辑视图、开发视图、部署视图。此外，还应该选择涉众预期的其他特定视图，有关内容可参考第 4 章。以上介绍的指导方针都是一些供参考的经验法则。值得注意的是，选择的每一种视图既会为我们带来好处，同时也需要付出成本。实际编档过程中，我们往往还可以将某些视图组合起来，或用某一视图代替另一视图。这样就不必同时采用两种视图。如一些情况下，逻辑视图和模块视图可以互相替换，运行视图中可组合开发视图、进程视图、部署视图中的信息。

表 6-2 中我们针对逻辑视图、开发视图、进程视图、部署视图和用例视图，对这些指导方针进行了概括：

表 6-2　编档需求一览表

视图＼涉众	逻辑视图	开发视图	运行视图	部署视图	用例视图
项目经理	s	d		d	s
客户	o		s	d	d
最终用户	d		o	s	
架构师	d	d	d	d	d
开发人员	o	d	d	o	d
测试人员	s	d	o	s	s
集成人员	s	d	o	s	o
维护人员	s	d	d	s	s
分析人员	d	d	d	d	s
支持人员	s	s		d	o

图例：d＝详细信息，s＝某些细节，o＝概括性信息

6.2.2 选择编档的视图

1. 创建涉众-视图对照表

首先应该为项目建立一个类似于表 6-2 的涉众/视图表。在表中各行列举项目软件架构文档中的涉众。涉众列表可能会与表 6-2 中的类别有所不同,但应该尽量全面地列出涉众。在表中各列列举出适用于系统的视图。

定义了表中的行和列之后,再在每个单元格中说明涉众需要从视图获取的信息量:不需要信息、概括性的信息、适度详细的信息或高度详细的信息。

这一候选视图列表由涉众感兴趣的所有视图组成,并不局限于 4＋1 视图,还可以针对其他任何需要的视图进行分析。

2. 组合视图

通过步骤 1 生成的候选视图列表可能会产生大量并不实用的视图。对于每个视图而言,我们都必须付出两方面代价,一是创建视图文档的代价,二是为使该视图和其他视图保持一致而带来的维护代价。因此太多的视图往往是行不通的。通过组合视图这一步骤,我们将对列表进行筛选,使其保持在一个合理的规模。

组合视图主要有两步:

(1) 在表中找出只需要概括性信息或服务于极少数涉众的视图,同时了解其他具有更多涉众的视图能否同样很好地服务于这些涉众。

(2) 找出适合成为组合视图的视图。在小型和中型项目中,逻辑视图与开发视图可能非常相似,所以不需要分开描述。如果只有一个处理器,则可以省略物理视图;而如果仅有一个进程或程序,则可以省略过程视图。某些进程视图能展示分配给硬件元素的组件,部署视图通常能很好地与这种进程视图组合使用。

在选择是否使用组合视图时,需要注意以下几点。

● 应该确保构成组合视图的独立视图之间存在简单明确的映射。否则,对这些视图进行组合可能并不适合,因为组合的结果很可能会是一个复杂、混乱的视图。这种情况下,建议使用映射编档,在视图外文档通过一个表进行管理。

● 大型系统倾向于需要更多视图。要保持各关注点之间的独立性,因为混杂各关注点所造成的错误的影响远远大于小型系统中错误的影响。

● 过多不同的概念会扰乱组合视图,导致主表示中展示的图例和关系变得过于繁杂而难以理解。

● 当组合视图不太复杂时,就应该考虑用组合视图代替独立视图。

(3) 确定视图优先级

完成步骤 2 后,我们就能拥有服务于涉众团体所必须的最小视图集。接下来,我们需要决定首先应该采取什么行动,如何决定取决于项目具体情况,同时还应考虑以下事项。

● 并不需要满足所有涉众的所有信息需求。很多时候,只覆盖一部分需求信息也可满足涉众的要求。对涉众进行分析,评估只覆盖一个信息子集是否够用。

● 不必等到完成某一个视图后再开始编档另一个视图。人们利用概括性信息便能取得进展,因此最好采用广度优先方法。

● 某些涉众的利益将取代另外一些涉众的利益。本公司或其他公司的项目经理通常需要尽早关注和频繁获取相关信息。

● 如果尚未对架构的适宜性进行验证或评估,那么,就应该为支持这一活动的文档确定为高优先级。

● 尽量不要将基本原理文档归入"以后有时间再处理"类别,最好尽早捕捉基本原理。

6.3　视图编档

在软件架构文档中,每个视点往往对应一个视图。而每一个视图往往又包含一个或多个视图包。对于包含一个视图包的情况,这个视图包其实就是视图本身。一个视图包可看作是架构文档的最小块,它往往面向某个涉众。最常见的情况是一个大的系统被划分成若干子系统,某个视图文档往往包含代表整个系统的顶层视图包以及各个子系统的视图包。此时,某个涉众(如开发人员)被分配给了与某个子系统相关的任务,则其最为关心往往是该子系统的视图包。

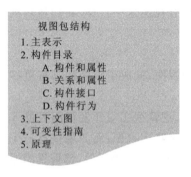

图 6-1　视图包模板

6.3.1　一个视图包的标准结构

视图是由一组视图包构成,这些视图包通过兄弟关系和父子关系相互联系。这样,视图编档就成为编档一系列视图包的过程。虽然目前尚没有大家广泛认可的视图编档工业标准模板,但是在实践中,无论对于什么视图,几乎都能将视图包文档归结到以下 5 部分组成的标准结构中,如图 6-1 所示。其实这也是由软件体系结构的基本原理所决定的。

每个视图包均由主表示和支持文档构成,其中主表示通常会采用图形表示法,而支持文档则会对图进行说明和详细描述。

上述 2～5 项均属于"支持文档",用来详细说明主表示中的信息,即使针对给定视图包的某些条目没有任何内容,最好也不要省略这些部分,可以标记为"无",否则读者会迷惑不解。为了强调主表示及其支持文档的互补性质,有时也将视图包的图形部分称为架构草图,但架构草图并不是最终完整的描述。

6.3.2　主表示

主表示能展示构件以及构件之间的关系,这些构件和关系将填充该视图包展示的视图部分。主表示应该包含我们希望在该视图中首先传达的系统信息。毫无疑问,它应该包含一些主要构件和关系,但在某些情况下,它不可能包含所有这些构件和关系。例如,大家可能需要展示在正常操作中发挥作用的构件和关系,但又希望将错误处理或异常处理归入支持文档。在主表示中纳入什么信息也可能取决于我们采用的表示法,以及这种表示法传达各种信息的方便程度。表示法越丰富,就越是能产生更为丰富的主表示。

主表示通常采用图形表示法。倘若这样,就必须为图形附加图例,图例能说明用于该表示中所用的表示法,或指向这种说明。

主表示也能采用文本表示法。如果主表示采用文本表示法而不是图形表示法,它仍然会承担对视图包中最为重要的信息进行简要概括的义务。如果按照某些风格规则展示这一文本,就应该在引用中陈述或并入这些规则,其作用类似于图形表示法中的图例。

主表示也可能不止有一个草图。例如,假定系统有两个独立的子系统,每一个都是使用管道和过滤器风格构建。在这个系统的主表示中,管道和过滤器视图有两个图。每个图将显示其中一个子系统的管道和过滤器的元素。当然,这种情况下我们还有另外一种选择,就是把视图划分成子系统视图包。

6.3.3　构件目录

构件目录至少应该详细说明那些在主表示中描述的构件,可能还有其他一些构件;例如,如果一幅图展示了构件 A,B 和 C,就必须在文档中详细地说明视图词汇中描述的 A,B 和 C 是什么构件以及它们的用途或扮演的角色。此外,如果在主表示中省略了与该视图包相关的构件或关系,就应该在该目录中包括这些构件或关系,并对它们进行说明。构件目录的特定部分包括:

(1) 构件及其特性。这部分将命名视图包中的每一个构件,并列出它们的特性。一般来讲,不同视图具有不同的构件特性。例如,逻辑视图中的构件具有"功能"特性,开发视图中的构件具有"责任"特性,即对系统中每个模块角色的说明,而运行视图中的构件则拥有定时参数等特性。总之,无论这些特性是给定视图类型的通用特性,还是架构师引入的新特性,都应该在这一部分对它们进行编档和赋值。

(2) 关系及其特性。每个视图都具有特定的关系类型,这些视图将对这些构件间关系类型进行描述。在大多数情况下,这些关系会在主表示中得到展示。但是,如果主表示不能展示所有关系,或出现不符合主表示所描述对象的例外情况,则在这一部分记录该信息。

(3) 构件接口。接口就是构件间交互或通信的边界。这一部分将为构件接口编档。一个构件可出现在多个视图包甚至于多个视图中。在何处编档构件接口是一个包装问题,这可以根据实际需要来确定,也可以根据涉众需要来定。接口的不同方面可在不同的视图中捕获和编档。大家也可能希望在单个文档中编档若干接口,在这种情况下,这一部分将包含一个引用。

(4) 构件行为。有些构件会与环境进行复杂的交互。为了理解或分析这一情况,架构师通常有责任规定构件行为。

6.3.4　上下文图

上下文图用来展示视图中所描述的系统或系统的一部分与其环境的关系。上下文图与一般架构文档的不同在于,一般架构文档的作用域被限制在相关构件及其内部架构的范围内,而上下文图则是该构件及其所处环境的视图,它包含有关这两者的信息。上下文图的目的是描述后续文档的作用域和限制构件负责解决的问题。

上下文图能展示。

● 对实体的描述,如构件或系统,这些实体的架构正在接受编档,并得到明确的描述,使其区别于那些外部实体。

● 数据源和数据目的地,或由实体处理和产生的触发或命令,它们均出现在当前被描述实体符号的外部,并以上下文图所述视图的词汇表达。

- 对用于上下文图中的表达法和符号进行解释的图例,与其他视图符号表达的情况相同。
- 必须和当前编档实体进行交互的其他实体。

单纯的上下文图并不能揭示任何有关某个实体的架构细节,事实上,尽管大多数上下文图都能展示被置于上下文中的实体的某些内部结构,但其不能展示任何时间信息,如交互顺序或数据流,也不能展示传送数据、触发刺激和发送消息等的条件。

上下文图的表示法可以分为非正式表示法和 UML 表示法。非正式的上下文图是一幅由圆角矩形和线条构成的视图,被定义的实体位于图的中心,它被描绘成一个圆角矩形,与该实体进行交互的外部实体被描绘成各种形状和线条,其中线条能适当描绘连接实体的交互。而 UML 表示法没有针对上下文图的明确机制。可以使用包图、用例图、类图来展示系统上下文图。图 6-2 展示了一个假设的病人监测系统的非正式表示法上下文图,外部实体是病人、护士和病人日志。病人和护士为系统提供输入内容,而系统则会产生病人日志。

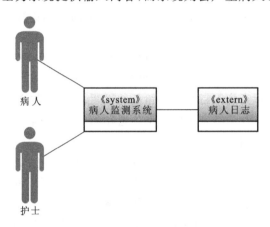

图 6-2　病人监控系统上下文图

UML 展示系统上下文的一种手段是"用例图"。用例图中,参与者表示外部系统和代理,如用户,而用例图标表示系统功能。一个参与者可与若干用例相互关联。尽管该图很好地概括了系统功能以及和系统进行交互的外部实体,但如果将"所有"潜在的功能都放入该图,它可能就很容易失去控制。

其他上下文图可能会采用 UML 的类图来表达。类图包含较少的信息,因为它不包含对系统功能的描述。但是,在更为复杂的环境中,这种为系统上下文编档的方法能提供更好的概括。假如采用这种风格的上下文图,我们仍然应该获取有关系统预期功能更为详细的规格说明。因此,用例图更适合作为整体系统行为描述的一部分出现。图 6-3 再次展示了病人监测系统。

6.3.5　可变性指南

可变性是以预先计划的方式快速实现变化的能力,架构师往往通过在架构中设计可变点,来实现这种可变性。可变点是架构中的某个位置,在这一位置中,某个特定的决策已被限制为若干可选方案,但某个特定系统最终采用的那个方案尚未确定。架构中之所以出现可变性,是因为。

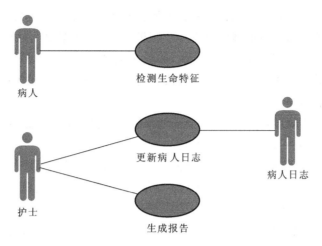

图 6-3　一个假设的病人监测系统 UML 用例图

● 在单个系统的设计过程中尚未确定某些决策集,但已对可选方案进行了探讨。

● 单个系统的体系结构被准备去适应未来的变化。

● 架构除提供基本功能外,还易扩展。

● 架构针对的是一个系统家族,可选方案的采用取决于这一待构造系统家族中特定成员的具体情况。

● 架构是一个系统集的框架,它包含该框架可能会出现扩展的明确位置。

可以在可变点出现的地方,如主表示、构件目录、行为描述、接口描述等,对可变点进行编档。但每个可变点的效果和影响,以及如何行使每个可变点所提供的选择,最好在可变性指南进行完整的描述。类似于构件目录作为一个视图中构件的完整列表,可变性指南将列出并解释一个视图中所有的可变点。

6.3.6　原理

开发一个复杂软件架构的过程,涉及数百个大大小小的决策。这些决策的结果被反映在编档体系结构的视图中,如构件、关系和属性的结构,以及这些构件的接口和行为,但大多数时候决策自身却被忽视了。架构编档中我们不应忽视基本原理,特别是最重要的决策背后的原理。

在一个复杂的环境中制定的大多数决策,几乎总是涉及到权衡,对于某些人来说,可能完全看不见这些环境和权衡。一般而言,受到成本和进度约束的情况下,这些决策是合理的。然而,回顾过去,等所有尘埃落定以后,由于原来的系统设计师的离开,在关键决策周围没有了上下文,没有历史记录,没有架构师的指导和带领,我们所能做的只是摇头(有时是难以置信的),并询问"他到底在想什么?"原理能够准确的告诉我们:"架构师在想什么?"

因此,对架构原理编档,将说明架构师为什么会做出视图包中反映的设计决策,并将没被采用的设计方案列一个清单,同时还用说明为何不采用这些方案,并解释其原因,为什么在本视图中使用该模式或风格是合理的,这些信息能防止未来继任的架构师在面对必要的变更时误入歧途。

一个架构中成百上千的设计决策全部应该编档吗? 答案是否定的。因为这太耗费时间,而且许多决策也不需要花费时间编档。那么如何去选择足够重要的决策而为其编档呢？

方法就是该决策在编档方面能够获得一个积极的"投资回报率"。换言之，如果现在捕捉架构决策所花费的代价小于将来捕捉的代价，你就应该对它们进行编档。

下面是一些指导方针来帮助你识别架构决策是否值得捕获。如果体系结构决策满足以下情况，就可以进行编档：

● 它对系统有重要的影响。例如，它会强烈地影响系统的业务目标，或者一个或多个系统质量属性（性能、可用性、可修改性、安全性等）。

● 在制定决策之前，设计团队花了大量的时间和精力去评估选项。

● 这个决策是复杂的或混乱。例如，这一决策开始似乎是没有意义的，但当考虑更多的背景后，将变得越来越清晰。

● 不寻常或意料之外的决定应该被记录下来。因为有人从未考虑过这样的决议，他们会由于差错而破坏这些决策。

6.3.7　视图编档中其他问题

使用视图或视图包模板，可能自然就会导致信息在多个地方被重复，违反在 6.1.3 合理编档规则中的规则 2，以避免不必要的重复。包括以下几种情况：

（1）一个构件出现在多个视图中。例如，同一个构件可能出现在逻辑视图、开发视图或进程视图中。不要在它出现的每个视图的构件目录中，都对它的定义、属性、接口和行为进行编档。可以按照以下做法来处理：

● 选择看起来最合适捕获这些信息的视图，在其他视图元素目录只是简单引用它。

● 单独打包潜在的冗余信息，所有视图引用或自动合并。

● 在线文档中，每个视图的元素目录链接到该信息。

（2）子视图包的上下文图与它的父视图包的主表示是类似。假设一个视图包显示的元素没有内部结构，但你创建了另一个视图包去显示元素的分解细化，来揭示其内部结构。然后第二个视图包的上下文关系图将看起来很像第一个视图包的主表示。在这种情况下，使上下文图简单地指向第一个视图包的主表示就可以了。

（3）适用于许多元素的全局策略重复。架构师会经常做出一些适用于视图中所有构件的决定，如"在每个事务的开始和结束后，所有构件必须编写一个人易读的消息日志。"对于这样的编档信息，可按照以下做法来处理：

● 将注释添加到视图，来显示受影响的构件。

● 在构件目录的开头添加一个条目。

● 将一个条目添加到行为文档。

● 在视图以外文档的架构背景部分解释全局策略（见 6.4.2 节）。

如果使用视图包，我们可以在以下两个地方编档全局策略：

● 在视图中列举视图包的地方，写上横跨所有视图包的公有信息，作为一种"提取"共性的方式，把它放在一个地方，以避免重复。

● 范围最大和深度最小的视图包。然后所有其他视图包都可以"继承"该视图包中的公有信息。

6.4　制作文档包

现在,我们已经具备开始制作完整文档包所有必须的内容。我们拥有了一个完整的视图集和对如何编档结构、行为和接口的深入认识。本节将介绍如何合并这些内容。

6.4.1　软件体系结构文档模板

本章 6.1.3 合理编档的规则中,规则 4 提到要采用标准的文档结构,这样既有利于读者在文档中导航和快速查找特定的信息,又能保证文档的完整性。

现有的软件体系结构文档标准有很多,比较有代表性的是 ISO 的 ISO/IEC/IEEE 42010：2011 标准,以及 SEI 的"View and Beyond"架构文档。两种文档标准模板的一级目录结构如图 6-4、6-5 所示。

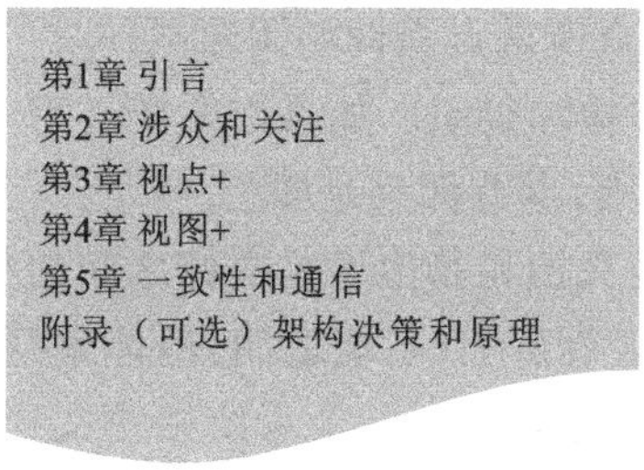

第1章 引言
第2章 涉众和关注
第3章 视点+
第4章 视图+
第5章 一致性和通信
附录（可选）架构决策和原理

第1章 文档指南
第2章 架构背景
第3章 视图
第4章 视图之间关系
第5章 参考资料
第6章 字典
第7章 图表
附录

图 6-4　ISO/IEC/IEEE 42010：2011 架构描述模板 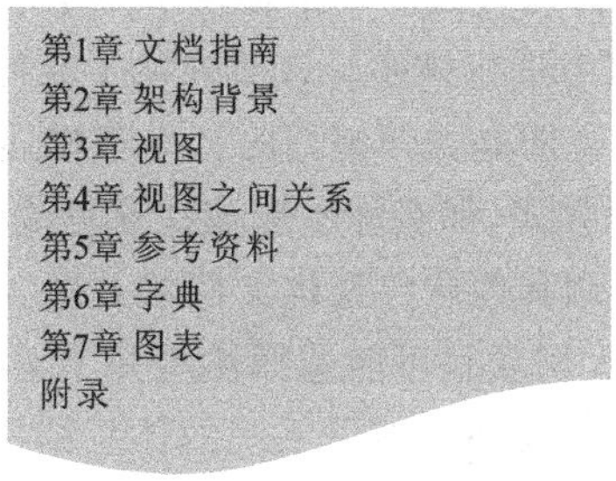　　图 6-5　SEI"View and Beyond"架构文档模板

（1）ISO/IEC/IEEE 42010：2011 架构描述模板。

（2）SEI "View and Beyond"架构文档模板。

通过以上两种软件体系结构文档标准的对比,可以发现它们都遵循了架构编档的基本原则：

（1）涉众及其关注形成不同的关注点,关注点是选择视图的依据。关注点编档是架构编档的重要组成部分。但在实践当中,由于一些常见视图(如逻辑视图、开发视图)对应的关注点显而易见,这部分内容往往又会省略。

（2）架构编档是编档相关视图和视图之间的关系,两种编档标准都有相关章节体现了编档视图信息。

（3）添加了适用于多视图编档的视图外信息,包括架构文档的组织,系统概要,术语和缩略语表,以及架构决策和基本原理等。

参照以上两种编档标准,我们将介绍适用于本书的软件体系结构文档内容,并通过实际的编档案例来验证编档标准的实用性和可用性。

6.4.2　支持信息编档

前面我们主要讨论了如何对系统架构视图编档,这些视图将构成文档的主要部分。接下来,我们将讨论视图之外支持内容的编档问题,只有结合这些信息的文档才能算是完整的架构文档。

1. 文档指南

文档指南相当于一些文档中的引言部分,它通过向读者说明文档结构,进而引导读者方便查阅架构师已决定纳入文档集的信息。文档指南主要包括:

(1)文档管理和配置控制信息。本节确定了与当前版本的文档相关的信息,如版本信息、发布日期,其它相关的管理和配置控制信息。本节内容的可选项包括:变更历史,在版本之间重要变化的概况。

(2)软件架构文档的目的和范围。本节解释了软件架构文档的总体目的和范围,是进行判断的关键,决定了哪些设计决策是架构层级(因此在架构文档中编档),以及哪些设计决策不是架构级别的(因此在其他地方编档)。

(3)软件架构文档是如何组织的。本节提供了软件架构文档主要部分的叙述性描述,以及每一部分的整体内容。读者阅读这部分内容,能够帮助他们更快地找到特定信息。

(4)涉众代表。本节提供了一个软件架构开发过程中涉及的涉众列表,该列表会在软件架构文档中进行描述。该节列举了软件架构文档中,涉众所重点强调的关注点。

(5)视图是如何编档的。本节描述了视图文档的结构和组织。如果你改变了第3节中的信息组织方式,那么你也应该在这里改变它的描述。否则,本节都只是样板。

(6)和其他软件架构文档的关系。本节描述本架构文档和其他架构文档之间的关系。例如,一个大型项目可能选择使用一个架构文档,去定义复杂系统(系统之间)的体系结构,其他架构文档定义系统或子系统的体系结构。嵌入式系统很可能拥有一个系统架构文档,在这种情况下,本节将解释这里的信息如何追溯到那里。如果没有,则写"不适用"。

2. 视点定义

本节提供了视点的一个简短文本定义,以及在软件架构文档中如何使用这一概念的。本节描述了可能在软件架构文档中使用的视点。具体视点将由组织进行定制。

每一个视点将会有一个子章节去定义,子章节如下。

● 摘要:视点的简要概述。

● 涉众和它们强调的关注点:本节描述涉众和视点打算强调的关注点。列举出符合这一视点的参考视图所能回答的问题。可选的是,本节可以包括不能被参考视图解释的重要问题。

● 元素、关系、属性和约束:本节定义了元素的类型,它们之间的关系,它们表现出的重要属性,并它们遵守的约束。

● 建模/表达符合视图的语言:本节列出了一种或者多种语言,用于建模或表达符合这一视点的视图,并引用定义文档。

● 适用的评估/分析技术和一致性/完整性标准:本节描述了适用于这一视点的一致性和完整性规则,以及适用于视图的评估技术分析,可以用来预测架构指定系统的品质。

● 视点来源:本节提供了这个视点定义来源的一个引用。

3. 架构背景

1)系统背景

这部分主要说明对系统软件架构具有重要影响的一些约束条件,通常包括:

（1）系统概览。本节描述了使用本架构文档所描述的架构的系统或者子系统的基本功能和目的。

这一部分简要描述系统的功能，其用户是谁以及任何重要的背景或限制条件。目的是使读者在头脑中对系统及其目的有一个一致的模型。有时，整个项目有一个系统概述，在这种情况下，架构文档的这一部分将指向该系统概述。

（2）目标和背景。本节描述了软件体系结构的目标和主要的语境因素。本节包括软件架构在生命周期中所起的作用的描述，系统工程的结果和工件的关系，和其他相关因素。

（3）重要的需求驱动。本节描述了行为和质量属性需求（原始或派生），这些需求是软件架构的组成部分。驱动行为和质量属性的目标的表达，包括在任何场景中，比如质量属性专题研讨会（QAW）期间［Barbacci 2003］或软件架构评估中使用体系结构权衡分析方法（ATAMSM ）［Bass2003］。

2）解决方案背景

（1）架构方法。本节提供了主要由软件架构体现设计决策的原理。它描述了应用到软件体系结构的所有设计方法，包括使用体系结构风格或设计模式，而这些方法的范围超越了任何单一的架构视图。该部分还提供了选择这些方法的原理。它还描述了所有被认真考虑过的重要的替代方案，以及为什么它们最终被拒绝了。本节描述所有有关的 COTS 问题，包括所有相关的贸易研究。

（2）分析结果。本节描述所有定量或定性分析的结果已经被执行，这些证据证明软件体系结构是适用的。如果已经执行了体系结构权衡分析方法评估，评估结果将被包含在最终报告的分析部分。本节引用所有其他有关权衡研究的结果，定量建模或其他分析结果。

（3）需求覆盖率。本节描述软件架构所强调的需求（原始或派生），架构中每个被强调的需求的一个简短的声明。

4. 视图之间关系

因为架构的所有视图描述的都是同一个系统，因此，我们自然可以推断出任意两个视图都有很多相同的内容。一般说来，一个视图中元素的部分可以映射到另一个视图中元素的部分。帮助读者理解视图间的关系能够使他洞察架构是如何作为一个统一的概念整体来发挥作用的。可以通过提供视图间的映射来弄清视图间的关系，使读者加深对架构的理解、减少混淆。

1）视图之间的通用关系

本节内容：本节描述了用于表达架构的视图之间的通用关系。

在这一节中，将讨论这些视图之间的一致性，并识别所有已知的不一致。

2）View-to-View 关系

本节内容：为每个组相关意见，本节将展示一个视图的元素是如何与在另一个视图中元素相关联的。

没必要在每对视图之间提供映射。选择提供重要且关键的信息的视图。

5. 字典

主要包括元素列表、术语表和缩略语表。

元素列表是出现在任何视图中的所有元素的索引，连同一个指向定义每个元素的位置的指针。这有助于涉众快速找到自己感兴趣的项。

术语表和缩略语表将定义用于架构文档、具有特殊含义的术语。如果这些列表作为整体系统或项目文档的一部分存在,它们就能以指针的形式出现在架构包中。

6.4.3　打包和管理文档

实际创建文档时,可以参考本章所介绍的模板,以多种方式去创建结构化的架构文档。内容的取舍和文档打包管理方式取决于系统的规模、涉众要求,以及所在组织的标准和实践。

6.5　一个软件体系结构编档案例

以下是一个来自于本书作者团队实际研究项目"UbiEyes RTLS 实时定位系统"(以下简称实时定位系统)的软件架构文档案例,该案例参考了 SEI "Views and Beyond" 架构文档模板和 ISO/IEC/IEEE 42010:2011 架构描述模板,并根据项目实际需要对文档结构进行了适当裁剪和调整。限于篇幅,本书中省略了案例的部分内容。

1. 引言

1.1　目的及范围

该架构文档对实时定位系统软件体系结构进行描述,主要涉及整个系统顶层架构以及定位管理子系统、移动定位子系统两个主要子系统架构。描述主要集中于系统逻辑结构、开发结构、运行结构、部署结构等架构意义上的设计决策。那些不属于架构层面的设计决策则不包含在本文档中。该文档可供系统涉众(如架构师、项目经理、项目新成员、系统性能工程师、客户、用户、开发人员等)进行查阅,了解系统结构、设计决策等,可用于系统开发、评估和维护等。

1.2　文档结构

文档的组织结构如下:

第一部分　引言

本部分主要概述文档内容组织结构,使读者能够对文档内容进行整体了解,并快速找到自己感兴趣的内容。同时,也向读者提供架构交流所采用的视图信息。

第二部分　架构背景

本部分主要介绍了软件架构的背景,向读者提供系统概览,建立开发的相关上下文和目标。分析架构所考虑的约束和影响,并介绍架构中所使用的主要设计方法,包括架构评估和验证等。

第三、四部分　视图及其之间的关系

视图描述了架构元素及其之间的关系,表达了视图的关注点、一种或多种结构。

第五部分　需求与架构之间的映射

描述系统功能和质量属性需求与架构之间的映射关系。

第六部分　附录

提供了架构元素的索引,同时包括了术语表、缩略语表。

1.3　视图编档说明

所有架构视图都按照标准视图模板中的同一种结构进行编档。

2. 架构背景

2.1 系统概述

实时定位系统主要面向导航与位置服务领域,特别是室内定位、导航与基于位置服务,整个系统是一个分布式系统,由实时定位服务器(包括定位引擎、LBS 服务器、管理服务器、消息中间件)、定位管理客户端、移动客户端及相关数据库组成。系统主要向用户提供室内/外实时定位、导航、追踪、可视化等功能,可应用于商场导购、医疗监护、室内/外行人导航、室内场馆管理等应用领域。鉴于依托卫星定位和移动通信网络定位的室外定位、导航技术已经比较成熟,本系统研发主要关注于室内定位及导航等位置服务技术,室外定位导航则依托高德、百度等现有的第三方地图服务完成。

2.2 架构需求

2.2.1 技术环境需求

开发语言:Java 语言;

服务接口:LBS 服务器需采用 SOA 架构,以 Web 服务形式向客户端提供服务;同时也提供一套基于消息中间件的通信接口,用于内部子系统间的通信;其他子系统之间内部通信消息传送采用 JSON 格式;

访问方式:定位管理客户端需支持主流 Web 浏览器访问(如 IE8 以上、Google Chrome、Firefox);移动定位客户端需支持 Android 平台;

定位技术:支持 GNSS 、移动通信网络定位技术以及 WiFi 、ZigBee 、NanoLoc 、PDR (Pedestrian Dead Reckoning,行人航位推算) 等室内定位技术;

数据库:能够支持二三维空间数据和用户、设备等非空间上下文数据存储管理的数据库,如 MySQL、MongoDB ;

Web 服务器软件:支持发布 Web 服务的服务器软件,如 Tomcat。

2.2.2 功能需求

定位 系统能够对室内/外场景中的移动目标进行实时定位,位置可以是符号坐标或几何坐标。一般定位可以分为两种:立即定位,即用户发送定位请求之后,服务器立即返回定位结果给用户;触发定位,即用户的定位请求设置了一定的定位条件,当此条件发生时,服务器向用户返回位置信息及服务,此过程一般是异步完成的。

导航 系统可根据用户的偏好,提供实时路线规划、导航等功能。

查询 系统能够进行室内/外空间分析计算,为用户提供 POI 查询、最近邻查询、范围查询等分析服务。

可视化 系统能够在移动终端和定位管理软件上实时显示室内/外场景、POI、移动目标位置、路线、轨迹等。

追踪 系统可对监控范围内的目标进行实时监控。

管理 可对室内/外场景二三维地图数据以及用户、设备等上下文数据进行有效管理和维护。

2.2.3 质量属性需求

1) 可用性

● 实时定位服务器可用性需达到 99.9%,每年平均宕机时间小于 10 小时。

● 实时定位服务器相关软件包可以动态部署更新(即热部署),而无需重启服务器。

● 实时定位服务器使用网络负载均衡来分散负载并阻止将发送到出现故障服务器的请求。

2) 互操作性

● 提供 RESTful 风格的 Web 服务接口来暴露服务以支持和其他系统的互操作。

● 使用标准数据格式 JSON 来交换数据。

● 接口设计参照了业内标准,如高德地图的 API,OMA 的 MLP 等。

3) 可管理性

● 应用 Zookeeper 技术实现集中配置管理。解决服务程序统一配置的问题;

● 解决服务配置更改的热加载问题。热加载,即程序更改配置,不需重启就能快速响应。

4) 性能

● 定位引擎的定位频率能够达到每秒 1~10 次,LBS 服务器的服务响应时间应小于 1 秒。

5) 可伸缩性

● 整个系统能够支持不少于 500 个目标的实时定位追踪,并能支持 10000 个以上用户对位置服务的并发访问。

● 若扩容可考虑服务器的水平扩展和垂直扩展。当系统的用户访问量到达一定的临界值时,可以通过增加 CPU、内存以及硬盘容量来满足需求。另一方面,还可通过增加服务器数量,减轻单机的访问压力,来实现合理的负载均衡。

6) 安全性

● 定位管理软件、移动定位软件的使用需要有合理的身份验证机制。此外,还需要有合理的访问控制,不同用户对于数据有着不同的访问权限。

● 在数据传输过程中,对敏感信息进行加密处理,如用户名、密码等。

● 服务端需要有一定的机制来识别并处理诸如 DDos 等恶意攻击。

7) 可支持性

● 提供系统调试信息,系统状态信息,以及其他的监控信息。

● 使用公共组件在代码中提供跟踪支持,通过面向切面编程技术或者依赖注入来实现。

8) 易用性

● 使用被大家所接受的 UI 设计模式进行控件和内容布局。如使用百度地图,高德地图等较为常用地图类 APP 的 UI 设计风格。

● 应用程序在遇到错误或异常后应予以提示,杜绝卡死现象。

9) 可移植性

● 良好的跨平台性。服务后台端使用 Java 语言,其开发的应用程序依赖虚拟机技术,而 Java 虚拟机具有良好的跨平台性,可运行于 Windows 或 Linux 服务器。

10) 多语种适应性

● 多语言适配。得益于 Android 中独特的资源管理方式。代码可以不直接和资源发生关系。Android 中,通过 R 文件提供的索引来间接引用某一个资源。同时应对多语种需求,以使用户能在不同的国家里同时使用多种语言,即一个系统同时支持几种不同的语言。

11) 服务质量

● 定位精度优于 3 米。

● 楼层识别正确率高于 95%。

2.3　主要设计决策及原理

（1）SOA 架构。SOA 是一项流行且成熟的技术和架构风格，实时定位系统使用 SOA 架构主要基于以下考虑：

● 通过使用 SOA 架构，将系统的关键功能（如 LBS 服务器）以服务的形式（即 Web 服务）提供，使得运行于不同平台的应用程序（定位管理客户端、移动客户端）都能够访问该系统的服务，而无需关心具体的编程语言或者程序运行平台。

● SOA 服务化的核心思想，使得实时定位系统的各个功能能够彼此分开，以便这些功能可以单独用作单个的应用程序功能或"组件"。从而能够在这些服务的基础上构建业务逻辑更加复杂的系统。这一方面促进了代码的重用，另一方面也使得不同的服务能够松耦合地进行开发。

（2）基于消息中间件 MOM 的通信机制。实时定位系统是一个复杂的分布式系统，且涉及众多不同子系统，一个最基础的定位功能往往都是由各个构件和/或子系统通过信息传递协同实现的。因此构件和/或子系统之间的通信机制和通信效率直接影响了系统的整体可用性和性能。如果使用直接的通信方式，必然需要对每个构件和/或子系统进行通信模块的设计，同时还需考虑不同构件和/或子系统之间是如何完成交互的。如此以来，一方面增加了通信开销，另一方面增加了构件和/或子系统之间的耦合度。

通过引入基于消息中间件 MOM 的通信机制（Message Oriented Middleware），使得系统能够利用高效可靠的消息传递机制进行平台无关的数据交流，引入 MOM 能够带来以下几个方面的好处：

● 实现了实时定位系统各个构件和/或子系统之间的解耦，通过 MOM 这一中间件层，一个构件和/或子系统并不会直接依赖于另一个构件和/或子系统，而是依赖于存放于 MOM 消息队列中的具体消息。

● 实现了消息的异步传递，增加构件和/或子系统间消息的传递效率。如果使用直接的通信方式，一项功能的完成经常需要传递多条不同的消息。例如，获取一个区域内所有监控目标的坐标，如果采用直接通信方式，需要等到接收到所有的消息才能进行下一步处理；而通过异步通信，只要接收到了一个坐标消息，即可对其进行处理，而无需等待所有坐标消息完成。

● MOM 使用了 Java NIO 的非阻塞通信模式，无需为每个客户端连接开启一个线程进行处理，减少了频繁的线程切换而造成的上下文开销。

● MOM 的引入，极大的降低了构件和/或子系统通信模块的复杂度。由于实时定位系统各个构件和/或子系统都需要和其他构件和/或子系统进行复杂的交互，这可能是一对一的消息传递，也可能是一对多的消息传递。而 MOM 能够很好的支持点对点模式的消息传递和发布/订阅模式的消息传递，所有消息的传输都必须首先发送至 MOM，再由 MOM 统一进行转发。使构件和/或子系统无需关心消息的接收方。

（3）API 网关。当选择将应用程序构建为一组微服务时，需要确定应用程序客户端如何与微服务交互。在单体应用程序中，只有一组（通常是重复的、负载均衡的）端点。然而，在微服务架构中，每个微服务都会暴露一组通常是细粒度的端点。

客户端直接调用微服务的一个问题是，客户端需求和每个微服务暴露的细粒度 API 不匹配。在更复杂的应用程序中，可能要发送更多的请求。这种方法还使得客户端代码非常复杂。客户端直接调用微服务的另一个问题是，部分服务使用的协议不是 Web 友好协议。一个服务可能使用 Thrift 二进制 RPC,而另一个服务可能使用 AMQP 消息传递协议。不管哪种协议都不是浏览器友好或防火墙友好的,最好是内部使用。在防火墙之外,应用程序应该使用诸如HTTP 和 WebSocket 之类的协议。

一个更好的方法是使用所谓的 API 网关(API Gateway)。API 网关是一个服务器,是系统的唯一入口。从面向对象设计的角度看,它与外观模式类似。API 网关封装了系统内部架构,为每个客户端提供一个定制的 API。它可能还具有其它职责,如身份验证、监控、负载均衡、缓存、"请求整形(request shaping)"与管理、静态响应处理。

3. 视图

3.1　逻辑视图

3.1.1　顶层逻辑视图

3.1.1.1　主表示

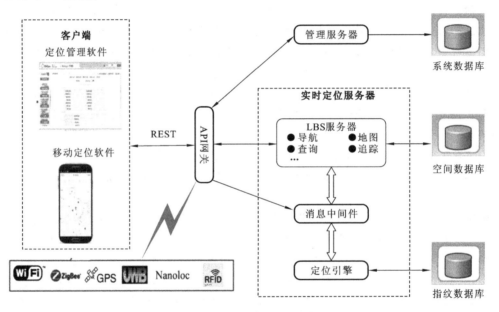

图 1　实时定位系统顶层逻辑视图

3.1.1.2　构件目录

A. 构件及其特性

构件	描述
定位管理客户端	用于系统配置管理、定位服务管理及移动对象监控的 Web 客户端
移动定位客户端	用于采集定位信号,发送定位请求给 API 网关,接收并显示定位服务结果,支持导航、追踪、查询、地图可视化等功能的移动应用
LBS 服务器	提供多种基于位置服务的基础功能,如导航、查询、追踪等
消息中间件	通过订阅-发布的方式将定位引擎计算得到的定位结果发送到指定的订阅者(API 网关、LBS 服务器等)
API Gateway	提供诸如授权、监控、负载均衡、缓存、请求分片和管理、静态响应处理等功能

续表

构件	描述
定位引擎	通过移动定位终端提供的定位信息源（WiFi RSSI,PDR,iBeacon）进行计算,得出用户的位置信息,并反馈给客户端;此外,可同时支持如 Nanoloc,UWB 等定位系统的接入
管理服务器	提供登录、系统配置管理、定位服务管理等服务
指纹数据库	存储用于定位的指纹数据
空间数据库	存储室内二维矢量地图、栅格地图、三维模型、导航拓扑网络、POI、定位数据、运动轨迹等数据
系统数据库	存储用户信息、用户偏好、系统配置、用户权限、环境上下文、历史记录、日志等数据

B. 关系及其特性

（1）依赖关系。整体上看定位管理软件、移动定位软件与实时定位服务器和相关数据库构成三层 C/S 架构风格,其中定位管理软件、移动定位软件请求 LBS 服务器服务,LBS 服务器处理请求并将结果返回。

（2）使用关系。定位管理软件和移动定位软件使用实时定位服务器的相关服务和通信接口,来完成客户端软件的功能。

C. 元素接口

略。

D. 元素行为

略。

3.1.1.3　上下文图

略。

3.1.1.4　可变性

略。

3.1.1.5　原理

系统主体采用 REST 服务架构设计风格。其实现和操作简洁,完全通过 HTTP 协议实现,利用缓存 Cache 来提高响应速度,性能、效率和易用性上都优于基于 SOAP 的 Web 服务。开发人员可将后台服务 API 作为外部服务请求集成到地图应用程序中。使用这些 Web 服务时,需要通过 HTTP 请求特定的 URL,并将参数通过 URL 传递给服务端。一般来说,这些服务将以 JSON 或 XML 格式返回请求的结果数据,这些数据将被调用服务的应用程序进行解析。

3.1.1.6　相关视图

子视图包:

定位管理软件逻辑视图见 3.1.2

移动定位软件逻辑视图见 3.1.3

兄弟视图包:

实时定位系统顶层开发视图见 3.2.1

实时定位系统顶层运行视图见 3.3.1

实时定位系统顶层部署视图见 3.4.1

实时定位系统顶层用例视图见 3.5.1

3.1.2 定位管理软件逻辑视图

3.1.2.1 主表示

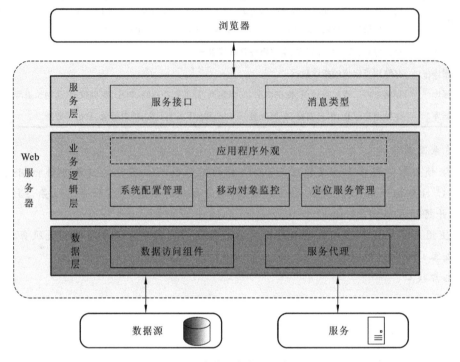

图 2　定位管理软件逻辑视图

3.1.2.2 构件目录

A. 构件及其特性

构件	描述
服务接口	将系统配置管理、移动对象监控、定位服务管理等服务接口暴露给浏览器
消息类型	用于定义在消息中使用的数据类型,将跨层交换的数据包装为支持各种操作的消息结构
系统配置管理	包括用户权限、服务器配置,地图配置等信息管理
移动对象监控	设置被监控对象,提供被监控对象的动态位置信息
定位服务管理	包括区域定位质量、定位基础设施部署等信息管理
数据访问组件	集中管理数据访问功能
服务代理	用于管理与特定服务通信的语义

B. 关系及其特性
略。

C. 元素接口
略。

D. 元素行为

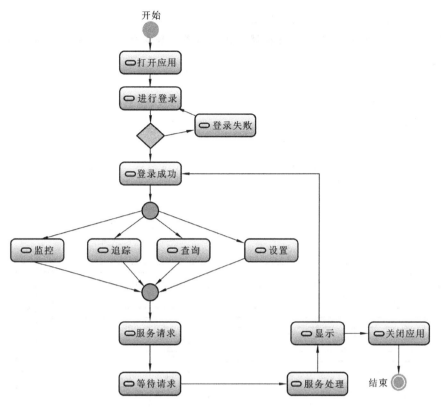

图 3 定位管理软件活动图

3.1.2.3 上下文图

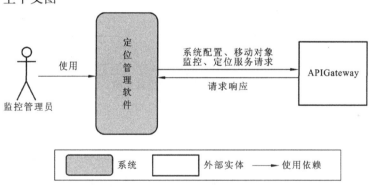

图 4 定位管理软件上下文图

3.1.2.4 可变性

略。

3.1.2.5 原理

定位管理软件采用开源 J2EE 全栈(full-stack)应用程序框架 Spring Framework。该部分架构设计采用 J2EE 中的 Model2 模式。其表示层用于在浏览器中显示软件的用户界面,包括二三维地图显示和用户交互,采用 OpenLayers 和 X3DOM 来构建二三维一体化客户端,完全基于 HTML/CSS/JavaScript 进行开发,采用 Ajax 异步调用服务,能够在大部分浏览器中运行。业务逻辑层则负责对表示层发送的请求进行处理和转发,主要负责查询监控对象信息,查询指定区域内监控对象信息等。数据存储层通过服务代理访问后台服务以完成相应的功能。

3.1.2.6　相关视图

父视图:

实时定位系统顶层逻辑视图见 3.1.1

兄弟视图:

移动定位软件逻辑视图见 3.1.3

3.1.3　移动定位软件逻辑视图

3.1.3.1　主表示

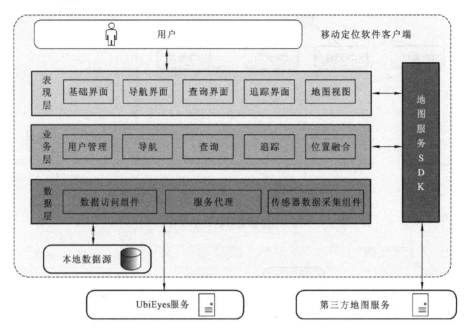

图 5　移动定位软件逻辑视图

3.1.3.2　构件目录

A. 构件及其特性

构件	描述
用户界面	一般的界面,包括设置界面、启动界面、登录注册界面等
导航界面	导航功能设置界面,如设置目标地址,设置完成后,导航路径实时显示在地图视图
追踪界面	追踪功能设置界面,如设置被追踪对象,设置完成后,追踪结果显示在地图视图
查询界面	查询功能设置界面,如设置查询 POI 关键字,查询结果可以列表方式和/或在地图上标识方式显示
地图视图	构建在基本用户界面之上,在画布上绘制底图、用户位置、导航路径、比例尺等地图元素
位置融合	融合 PDR 与从服务器获取的其它定位方法的位置估计结果,计算出用户实时位置,实现混合定位
导航	导航服务是增强版本的路线服务,通过持续定位用户位置,根据用户当前位置不断修正路径规划,将用户指引至目的地

续表

构件	描述
查询	查询服务向用户提供附近或指定的位置、商品或服务查询。用户通过输入名称、类别、关键字或其他"用户友好"定义等参数,来发起查询请求
追踪	追踪服务向用户提供目标动态位置信息的服务。该服务通常包括一个动态位置信息的中央存储库,更新存储库内容和查询目标位置信息的方法
用户管理	提供用户管理和公用服务功能,如登录、注册、验证等
服务代理	用于管理和网关通信的语义
传感器数据采集组件	采集惯性传感器、无线传感器数据,并通过数据访问组件存储到本地数据源
数据访问组件	集中管理数据访问功能
本地数据源	用于存放传感器数据和缓存的地图、用户信息、配置信息等
地图服务 SDK	用于提供室外定位服务功能的第三方软件开发组件

B. 关系及其特性

略。

C. 元素接口

略。

D. 元素行为

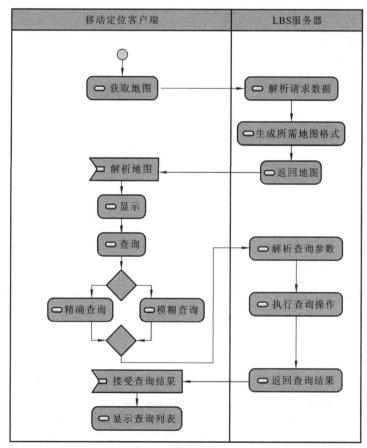

图 6　移动定位软件位置服务活动图(以查询为例)

3.1.3.3 上下文图

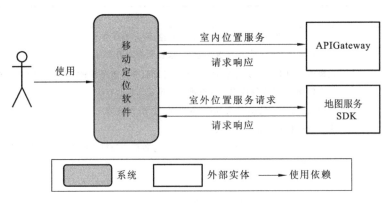

图 7 移动定位软件上下文图

3.1.3.4 可变性

略。

3.1.3.5 原理

该部分设计采用逻辑分层体系结构,可以将可视化、逻辑处理以及数据访问三个部分有效地分离,使得各层职责明确,且减少相互之间的依赖性。采取严格分层规则,每一层只与直接下层进行交互,实现了关注点的严格分离。

3.1.3.6 相关视图

父视图:

实时定位系统顶层逻辑视图见 3.1.1

兄弟视图:

定位管理软件逻辑视图见 3.1.2

3.2 开发视图

3.2.1 顶层开发视图

3.2.1.1 主表示

3.2.1.2 构件目录

A. 构件及其特性

构件	描述
MobileApp	移动定位软件,基于 Android 平台开发,通过 Web 服务技术与 API 网关通信,获取相应服务
LBSServer	LBS 服务器,采用了 Java Web 技术,提供多种位置服务接口,如导航(iNavService)、查询(iQueryService)、追踪(iTrackService)、地图(iMapService)等服务
LocManager	提供登录(iLoginService)、系统配置管理(SysConfigMgr)、定位服务管理(LocServiceMgr)服务
MOM	消息中间件,通过订阅-发布的方式,将定位引擎计算得到的定位结果发送到指定的订阅者
LocEngine	定位引擎,提供定位处理接口,通过移动定位软件提供的定位信息进行计算,得出用户的位置信息,并通过 MOM 反馈给 LBS 服务器和 API Gateway,能够支持多种定位技术
API Gateway	提供诸如授权、监控、负载均衡、缓存、请求分片和管理、静态响应处理等功能

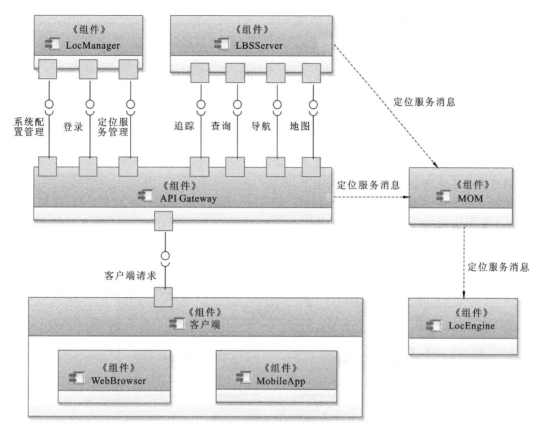

图 8 实时定位系统顶层开发视图

B. 关系及其特性

略。

C. 元素接口

LocManager 服务接口见 3.2.2

LBSServer 服务接口见 3.2.4

LocEngine 服务接口见 3.2.5

API Gateway 服务接口见 3.2.6

D. 元素行为

略。

3.2.1.3 上下文图

略。

3.2.1.4 可变性

略。

3.2.1.5 原理

略。

3.2.1.6 相关视图

子视图包:

LocManager 开发视图见 3.2.2

MobileApp 开发视图见 3.2.3

LBSServer 开发视图见 3.2.4

LocEngine 开发视图见 3.2.5

API Gateway 开发视图见 3.2.6

兄弟视图包：

实时定位系统顶层逻辑视图见 3.1.1

实时定位系统顶层运行视图见 3.3.1

实时定位系统顶层部署视图见 3.4.1

实时定位系统顶层用例视图见 3.5.1

3.2.2　LocManager 开发视图

3.2.2.1　主表示

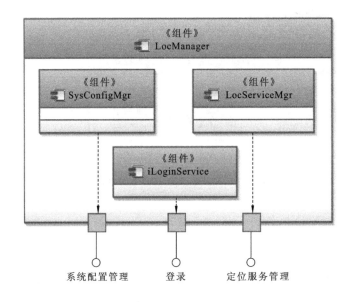

图 9　管理服务器开发视图

3.2.2.2　构件目录

A. 构件及其特性

构件	描述
SycConfigMgr	提供系统配置管理，包括用户权限、服务器配置、地图配置等信息管理
LocServiceMgr	提供定位服务管理，包括区域定位质量、定位基础设施部署等信息管理
iLoginService	提供注册、登录、退出、忘记密码、重设密码等服务

B. 关系及其特性

略。

C. 构件接口

(1) 系统配置管理接口(iSycConfigMgr)

系统配置管理提供对系统配置文件的管理功能,如配置信息的增加、删除、修改、查询等。

1) 接口身份

updateSysconfig 是一个 REST Web 服务接口,它是系统配置管理接口(iSycConfigMgr)的实例之一。这个 Web 服务的主要目的是让用户进行配置信息更新,比如 LBS 服务器、定位引擎、消息中间件的部署信息等。

2) 现有资源

//更新系统配置信息。此操作将返回 Boolean 值,以告知用户是否操作成功。

```
    Boolean updateSysconfig(String userId,SysConfig config);
```

前置条件

用户需先完成登录操作。

UserId 参数不能为空。

Config 参数不能为空。

后置条件

更新操作布尔返回值。

使用限制

仅限管理员权限用户,普通用户不能访问。

错误处理

InvalidParameterException:如果 UserId、Config 或 ConfigPath 参数(如下)是空的,服务都会抛出这个异常。

ProcessingException:如果更新在处理过程遇到失败(没有 InvalidParameterException),则会抛出 ProcessingException。这表明该服务的请求本身是有效的,但在更新系统配置信息时出现了错误。

以下是可提供的其他资源:

```
    //新建系统配置信息。此操作将返回 Boolean 值,以告知用户是否操作成功
    Boolean createSysConfig(String userId,SysConfig config);
    //删除系统配置信息。此操作将返回 Boolean 值,以告知用户是否操作成功
    Boolean deleteSysConfig(String userId,SysConfig config);
    //获取系统配置信息。此操作将返回用户权限下的所有系统配置信息 List<SysConfig>
    getSysconfig(String userId);
    //获取系统配置信息。此操作将返回用户权限下指定路径的系统配置信息
    SysConfig getSysconfig(String userId,Path configPath);
```

3) 本地定义数据类型

SysConfig 类型。系统配置信息。

```
    LocEngineInfo        engineInfo;
    LBSServerInfo        lbsInfo;
    LocManagerInfo       managerInfo;
    MOMInfo              momInfo;
```

4）可变性

N/A

5）质量属性特征

略。

6）基本原理和设计问题

略。

7）使用指南

```
Context ic=new InitialContext();
Service SycConfigMgrSrv=(Service) ic.lookup("java:comp/env/service/SycConfigMgrSrv");
SycConfigMgr sycConfigMgr=(SycConfigMgr) SycConfigMgrSrv.getInstance(SycConfigMgr.
class);
Boolean result=sycConfigMgr.updateSysconfig(userId,sysConfig);D
```

（2）定位服务管理接口（iLocServiceMgr）

1）接口身份

getCapabilities 操作的目的是为了获得关于定位服务接口描述信息的元数据。

2）现有资源

//获取定位服务接口元数据

```
ServiceMetaData getCapabilities(Version version,Request request,String format);
```

前置条件

Version 参数可为空

Request 参数不可为空

Format 参数可为空

后置条件

获取服务元数据

使用限制

无

错误处理

同上

3）本地定义数据类型

Version 类型。定位服务接口支持版本。

```
String availableversion;
String currentversion;
```

PositioningArea 类型。定位服务区域的描述。

```
StringareaId;
String areaName;
StringareaAddress;
String areaDescription;
Point[] areaBoundBox;
```

PositioningTech 类型。定位技术类型。

CoordinateReference 类型。坐标参照系。

```
    String name;
    String description;
    double x;
    double y;
    double z;
```

AreaQualityInfo 类型。定位区域质量信息。

```
    float horizAccuracy;
    float horizAccuracy;
    String floorAccuracy;
```

4）可变性

N/A

5）质量属性特征

略。

6）基本原理和设计问题

略。

7）使用指南

```
    Context ic=new InitialContext();
    Service LocSrvMgrSrv=(Service)ic.lookup("java:comp/env/service/LocServiceMgrSrv");
    LocServiceMgr locSrvMgr = (LocServiceMgr) LocSrvMgrSrv. getInstance (LocServiceMgr.
    class);
    ServiceMetaData metaData=locSrvMgr.getCapabilities(version,request,format);
```

获取上述 getCapabilities 服务后,再获取如下的 initLocationClient 服务。

1）接口身份

initLocationClient 接口实现定位服务的初始化功能,启动定位服务的相关准备工作。

2）现有资源

//初始化定位客户端

```
    LocationOption initLocationClient (Version version, Request request, String
    format,Option option);
```

前置条件

version 参数可为空

request 参数不可为空

format 参数可为空

option 参数可为空

如果请求中没有 version 参数时,服务器默认为服务接口的最高版本。如果请求中没有指定 format 参数,默认值是"JSON"。

后置条件

如果 InitLocationClient 操作的请求有效,服务器应根据请求的参数返回一个响应。响应数据包含定位服务客户端信息和当前定位服务属性信息。

使用限制

无

错误处理

同上

3）本地定义数据类型

Option 类型。

```
StringareaId;
int scanInterval;
```

LocationOption 类型。

```
PositioningArea positionArea;
StringpositionTech;
CoordinateReference coordinateReference;
AreaQualityInfo qualityInfo;
int updateInterval;
```

4）可变性

N/A

5）质量属性特征

略。

6）基本原理和设计问题

略。

7）使用指南

```
Context ic=new InitialContext();
Service LocSrvMgrSrv=(Service)ic.lookup("java:comp/env/service/LocServiceMgrSrv");
LocServiceMgr locSrvMgr = (LocServiceMgr) LocSrvMgrSrv. getInstance (LocServiceMgr.
class);
LocationOption locOption = locSrvMgr. initLocationClient (version, request, format,
option);
```

（3）登录服务接口

1）接口身份

login 是一个 REST Web 服务接口，提供用户进行登录操作，获取用户 ID 服务，以便进行后续的相关操作。

2）现有资源

```
String login(String username,String password);
```

前置条件

无

后置条件

返回用户的 ID

使用限制

无

错误处理

同上

3）本地定义数据类型

略。

4）可变性

N/A

5）质量属性特征

略。

6）基本原理和设计问题

略。

7）使用指南

```
Context ic=new InitialContext();
Service LoginSrv=(Service) ic.lookup("java:comp/env/service/LoginSrv");
String userId=LoginSrv.login (version,request,format,option);
```

D. 元素行为

略。

3.2.2.3　上下文图

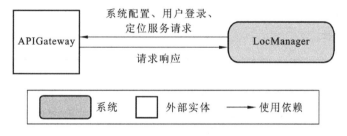

图 10　LocManager 上下文图

3.2.2.4　可变性
略。

3.2.2.5　原理
略。

3.2.2.6　相关视图
父视图包：

实时定位系统顶层开发视图见 3.2.1

兄弟视图包：

MobileApp 开发视图见 3.2.3

LBSServer 开发视图见 3.2.4

LocEngine 开发视图见 3.2.5

API Gateway 开发视图见 3.2.6

3.2.3　MobileApp 开发视图

3.2.3.1　主表示

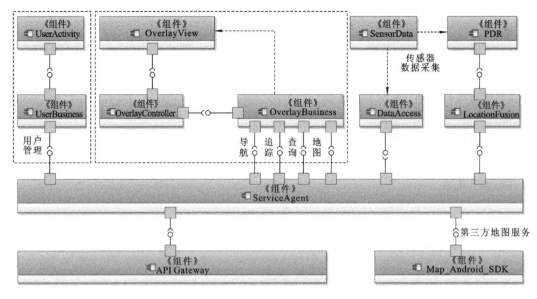

图 11　移动定位软件开发视图

3.2.3.2　构件目录

A. 构件及其特性

构件	描述
OverlayView	地图视图,以 Activity 为基础,绘制地图,用户坐标,以及导航路径等图层
OverlayController	控制器,作为 OverlayView 向 OverlayBusiness 请求数据的桥梁,包括地图,坐标,导航路径,查询结果、追踪等数据
OverlayBusiness	业务处理逻辑,包括向服务代理请求、接收导航、追踪、查询、地图等服务。处理缓存数据
UserView	基于 Android 图形用户接口的 Activity 的用户视图,如登录界面,注册界面等视图
UserBusiness	用户业务处理逻辑,包括向服务代理发送请求、接收用户数据和缓存用户数据
ServiceAgent	用于管理与网关通信间的通信,发送服务请求,接收返回的数据
SensorData	传感器数据采集组件,对传感器数据进行初步处理
DataAccess	数据访问组件,集中管理本地数据与服务代理之间的数据访问功能
PDR	根据移动终端惯性传感器数据通过航位推算进行位置估计
LocationFusion	通过将定位引擎获得的定位结果与 PDR 位置估计进行融合,得到增强的定位结果
API Gateway	详见 3.2.6 节" API Gateway" 描述
Map_Android_SDK	地图服务 SDK,第三方工具包,提供室外定位服务

B. 关系及其特性

略。

C. 元素接口

略。

D. 元素行为

略。

3.2.3.3　上下文图

略。

3.2.3.4　可变性

业务逻辑包含 WiFi 信号采集以及 PDR 定位模块，其中 WiFi 信号采样频率是可以配置的，根据需要选择合适的扫描间隔，时间越长定位越精确，反之定位频率越高；

PDR 也可以调节数据采样频率，主要是改变传感器的采样频率，如加速度计采样频率可以选择三种中的一种(16 Hz,50 Hz,90 Hz)，频率越高定位越精确，但处理速度越慢。

3.2.3.5　原理

该部分设计采用经典的设计模式——MVC 模式，其核心思想就是功能分离，有效降低彼此之间的耦合度，使程序结构更加清晰，该模式包括三个部分：模型、视图和控制器。模型封装了数据、行为以及对数据控制及修改的规则；视图是用来表示数据的图形界面；控制器是模型和视图之间的协调者。对于开发人员，由于 MVC 分离了模式中的数据的控制和数据表现，分清了开发者的责任。后台开发人员可以专注业务的处理，前台开发人员专注于用户交互的界面，进而加快产品开发以及推向市场的时间。

3.2.3.6　相关视图

父视图包：

实时定位系统顶层开发视图见 3.2.1

兄弟视图包：

LocManager 开发视图见 3.2.2

LBSServer 开发视图见 3.2.4

LocEngine 开发视图见 3.2.5

API Gateway 开发视图见 3.2.6

3.2.4　LBSServer 开发视图

3.2.4.1　主表示

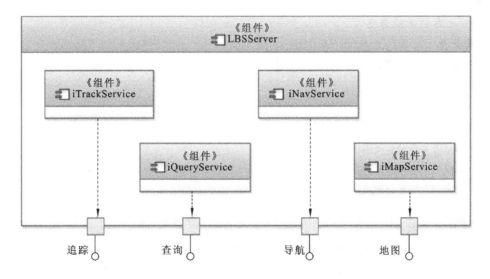

图 12　LBS 服务器开发视图

3.2.4.2　构件目录

A. 构件及其特性

构件	描述
iMapService	提供地图服务核心服务,包括二/三维地图图像、地图要素、网络地图元数据等地图服务。
iQueryService	提供查询服务核心服务,包括 POI 最近邻查询,POI 范围查询,POI 关键字查询
iTrackService	提供追踪服务核心服务,包括标记追踪对象,记录追踪原因和可视化追踪轨迹
iNavService	提供导航服务核心服务,包括定位、路径规划以及路径引导

B. 关系及其特性

略。

C. 元素接口

1. 地图服务(iMapService)

在本系统中,地图服务主要分为二维地图服务和三维地图服务。二维地图服务通过 WMS、WFS 等 OGC 的服务标准进行发布,三维地图服务则使用 W3DS 三维地图服务标准进行发布。下面以 WMS 为例,详细介绍二维地图服务接口编档的内容:

二维地图服务接口(WMS)

1) 接口身份

WMS 是一个 REST Web 服务接口,它是地图服务(iMapService)的实例接口之一,提供传输地图图像数据的服务。

2) 现有资源

```
WebMap getMap(GetMap request)
```

请求服务器生成一幅具有确定地理位置坐标范围的地图图像。此操作将返回一个 WebMap 类型对象,包含了地图图像格式,地图宽度和高度,参考坐标系以及渲染样式。

前置条件

request 参数不能为空

后置条件

成功调用此接口将返回 WebMap 对象

使用限制

无

以下是可提供的其他资源:

```
//从服务器检索网络地图服务元数据
ServiceMetadata getCapabilities(GetCapabilities request)
//从服务器查询特定空间实体的信息
FeatureInfo getFeatureInfo(GetFeatureInfo request)
```

3) 本地定义数据类型

GetMap 类型。该类型作为参数被 getMap 操作使用。下面列出 GetMap 对象的属性。

```
CharacterString version;
CharacterString request,默认为"GetMap";
CharacterString layers;
```

```
CharacterString styles;
CharacterString crs;
BoundingBox bBox;
Double width;
Double height;
Int floor;
CharacterString format;
```

WebMap 类型。该类型作为 getMap 操作返回数据使用。下面列出 WebMap 对象的属性。

```
CharacterString format;
Double width;
Double height;
Int floor;
CharacterString crs;
CharacterString styles;
```

4）可变性

N/A

5）质量属性特征

略。

6）基本原理和设计问题

略。

7）使用指南

```
Context ic=new InitialContext();
Service mapSrv=(Service) ic.lookup("java:comp/env/service/MapSrv");
WMS wms=(WMS) mapSrv.getInstance(WMS.class);
WebMap response=wms.getScene(request);
```

2. 查询服务接口（iQueryService）

POI 查询接口（POIQueryService）

1）接口身份

POIQueryService 是一个 REST Web 服务接口，它是查询接口（iQueryService）的实例接口之一。提供用户进行室内 POI 信息查询服务，比如对兴趣点进行最邻近查询、范围查询、关键字查询等。

2）现有资源

```
POI findNearestPOI(Coordinate coord,String type)
```

找出距离查询点（coord 位置）指定类型（type 类型）最近的 POI 点。此操作将返回一个 POI 类型对象，包含了该 POI 的 id、名称、描述、地址、坐标等信息，POI 类型包括室内场景中所有兴趣点的类型，如餐馆、服装店和办公室等。此操作将会简单地检查 coord 参数和 type 参数是否有效。如果它们是有效的，将通过数据库查询，得出一个距离 coord 查询点最近的 type 类型的 POI 值。如果这个操作返回给调用者后，在对 POI 对象的处理中出现一些不可预见的错误，错误会在其他地方被处理，不是这个接口的责任。

前置条件

coord 参数不能为空。

type 参数不能为空。

后置条件

成功调用此接口将返回一个唯一的 POI 对象值或 NULL 值(没有符合条件的结果)。

使用限制

无

错误处理

异常码	异常内容
InvalidParameterValue	操作的请求包含了不可用的参数值

以下是可提供的其他资源:

```
//找出指定类型的距离查询点一定距离内的 POI 点
List<POI>findPOIWithinDistance(Coordinate coord,double distance,String type);
//找出指定类型的一定范围内的 POI 点
List<POI>findPOIWithinExtent(Extent extent,String type);
//找出指定类型的某一空间单元内的 POI 点
List<POI>findPOIWithinCell(String cell,String type)
//根据关键字查找 POI 点
List<POI>findPOIByKeyword(String keyword);
//根据首字母查找 POI 点
List<POI>findPOIByInitials(String initials);
```

3) 本地定义数据类型

Coordinate 类型。这种类型作为参数传入 findNearestPOI 和 findPOIWithinDistance 操作中,作为 POI 查询过程中的查询点。它是由 x 和 y 两个坐标值构成的,代表查询点的坐标位置。下面列出 Coordinate 对象的属性。

```
double x;
double x;
```

POI 类型。这种类型是 findNearestPOI 操作的返回值。它是由所有兴趣点所包含的信息组成。下面列出 POI 对象的属性。

```
int POIID;
String POIName;
String description;
Address address;
Coordinate coord;
String phoneNumber;
List<POIAttribute>POIAttributeList;
```

Extent 类型。这种类型是 findPOIWithinExtent 操作的参数,表明查询的范围。它是由两个 Coordinate 类型值组成,分别代表矩形查询框的左上角和右下角坐标值。下面列出 Extent 对象的属性。

```
Coordinate leftUp;
Coordinate rightDown;
```

4) 可变性

略。

5) 质量属性特征

可修改性：支持异步服务，可使移动定位软件和 LBS 服务器之间松耦合。此外增加 API Version 路径可使 REST 接口进行版本管理，不止一个版本可得到支持。

6) 基本原理和设计问题

略。

7) 使用指南

```
Context ic=new InitialContext();
Service querySrv=(Service)ic.lookup("java:comp/env/service/QuerySrv");
POIQueryService sqSrv=(POIQueryService)querySrv.getInstance(POIQueryService.class);
POI nearestPOI=sqSrv.findNearestPOI(coord,type);
```

(3) 追踪服务接口：iTrackService

1) 接口身份

追踪服务接口是一个 REST Web 服务接口，提供标记追踪对象、记录追踪原因和追踪轨迹以及其它相关信息的服务。

2) 现有资源

```
TrackingLocationSequence trackSingle(Integer msID,Trigger type)
```

前置条件

msID 不为空，

triggerType 为可选

后置条件

返回被追踪单个目标时空序列信息 TrackingLocationSequence 对象，客户端可根据该对象绘制轨迹，并显示相关信息。

使用限制

无

错误处理

略。

以下是可提供的其他资源：

//追踪多个目标

List<TrackingLocationSequence> trackMulti(List<Integer> msIDList,Trigger type)

//可视化追踪轨迹

DrawTrajectory(TrackingLocationSequence trajectory)

3) 本地定义数据类型

Trigger 抽象类型。该类型为追踪触发类别的抽象类，作为参数被 track 操作使用。Trigger 抽象类可派生出 PeriodicTrigger 和 TransitionTrigger 两类。下面分别列出两类对象的属性：

PeriodicTrigger 类型。该类型定义了触发追踪的时间周期。

```
Timestamp minTime;
```

```
    Timestamp maxTime;
```

TransitionTrigger 类型。该类型定义了触发追踪的状态改变变化量。

```
    TransitionType type;

    Double angle;

    Double distance;
```

其中 TransitionType 包含了下列类型：

"enterCell"，进入网络单元；

"leaveCell"，离开网络单元；

"changeContacts"，通信发生变化；

"changeDirection"，运动方向变化量超过规定阈值；

"changePosition"，运动位置变化量超过规定阈值；

"changeAvailability"，移动设备联系中断或者重新连接；

MobileSubscriber 类型。该类型定义了被追踪对象，作为类成员被 TrackingLocatio-Sequence 类使用。下面列出 MobileSubscriber 对象的属性。

```
    CharacterString id;

    TrackingLocation location;
```

其中，TrackingLocation 类型定义了被追踪对象的实时位置，作为类成员被 MobileSubscriber 类使用。下面列出 TrackingLocation 对象的属性。

```
    Coordinate coordinate;

    Timestamp time;

    Double speed;
```

TrackingLocationSequence 类型。该类型作为 track 操作返回数据使用。下面列出 TrackingLocationSequence 对象的属性。

```
    MobileSubscriber ms;

    CharacterString sequenceID
```

4）可变性

N/A

5）质量属性特征

略。

6）基本原理和设计问题

略。

7）使用指南

```
    Context ic=new InitialContext();

    ServicetrackSrv=(Service)ic.lookup("java:comp/env/service/TrackSrv");

    TrackingLocationSequence tls=trackSrv.track(clientId,reason);
```

4. 导航服务接口：iNavService

导航服务接口是一个 REST Web 服务接口，可提供室外以及室内多楼层导航路径请求、执行导航过程的服务。

1）接口身份

WalkRouteQuery 是导航服务接口中的一个实例，可以根据起/终点位置提供室内/外空间步行导航路径，并使用相关 Overlay 绘制步行路线图。

2）现有资源

```
//细粒度步行路径规划。参数 ft:路径的起/终点;mode:请求的路径类型
FinerRouteInfo FinerWalkRouteQuery(FromAndTo ft,int mode);
```

细粒度步行路径规划请求,根据用户的起始点位置和目标点位置(ft),提供精细的室内导航路线。细粒度步行路径规划可以根据用户起始点和目标点的具体位置提供精细到每一个空间单元内的导航路线。mode 代表用户请求的路径类型,如最短距离、最短时间、紧急路线或不走楼梯等。请求细粒度的步行路径规划服务后,返回的导航路径信息中可获得路径的总长度距离、步行的总预计时间、步行线路的坐标点串、步行过程中经过的空间单元集合、导航动作指令等信息。

前置条件

FromAndTo 不可为空

Mode 可为空,默认为最短路径。

后置条件

返回处理细粒度步行规划路径结果。

使用限制

无

错误处理

异常码	异常内容
InvalidParameterValue	操作的请求包含了不可用的参数值

以下是可提供的其他资源：

```
//粗粒度步行路径规划。参数 ft:路径的起/终点;mode:请求的路径类型
CoarseRouteInfo CoarseWalkRouteQuery(FromAndTo ft,int mode);
```

3）本地定义数据类型

FromAndTo 类型。这种类型是 FinerWalkRouteQuery 和 CoarseWalkRouteQuery 操作的参数值。它是由用户的起始点坐标和目标点坐标组成。下面列出 FromAndTo 对象的属性。

```
Coordinate start;
Coordinate target;
```

FinerRouteInfo 类型。这种类型是 FinerWalkRouteQuery 操作的返回值,由路段路径的总长度距离、步行的总预计时间、步行过程中经过的坐标点串、导航动作指令组成。下面给出 FinerRouteInfo 对象的属性。

```
double length;
int seconds;
List<Coordinate>path;
List<String>navInstructions;
```

CoarseRouteInfo 类型。这种类型是 CoarseWalkRouteQuery 操作的返回值。它是由路段路径的总长度距离、步行的总预计时间、步行过程中经过的空间单元集合、导航动作指令组成。下面列出 FinerRouteInfo 对象的属性。

```
double length;
int seconds;
List<String>cells;
List<String>navInstructions;
```

4）可变性

N/A

5）质量属性特征

略。

6）基本原理和设计问题

略。

7）使用指南

```
Context ic=new InitialContext();
Service navService=(Service) ic.lookup("java:comp/env/service/NavService ");
//初始化 routeSearch 对象
RouteSearch routeSearch = (RouteSearch) navService. getInstance (RouteSearch.
class);
//设置数据回调监听器
routeSearch.setRouteSearchListener(this);
//初始化 query 对象,fromAndTo 是包含起/终点信息,walkMode 是请求路径类型
FinerWalkRouteQuery query=new FinerWalkRouteQuery(fromAndTo,walkMode);
//发送异步请求,在回调中处理结果
routeSearch.calculateWalkRouteAsyn(query.);
```

D. 元素行为

略。

3.2.4.3　上下文图

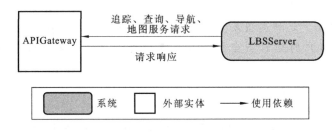

图 13　LBSServer 上下文图

3.2.4.4　可变性

略。

3.2.4.5　原理

略。

3.2.4.6　相关视图

父视图包：

实时定位系统顶层开发视图见 3.2.1

兄弟视图包：

LocManager 开发视图见 3.2.2

MobileApp 开发视图见 3.2.3

LocEngine 开发视图见 3.2.5

API Gateway 开发视图见 3.2.6

3.2.5 LocEngine 开发视图

3.2.5.1 主表示

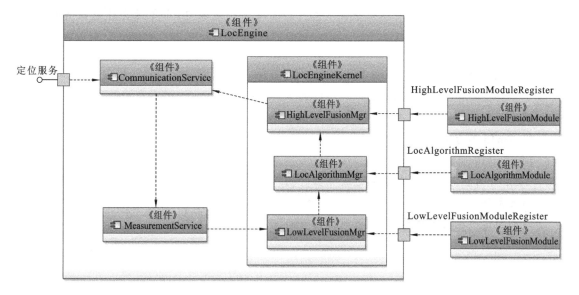

图 14 定位引擎开发视图

3.2.5.2 构件目录

A. 构件及其特性

构件	描述
CommunicationService	提供通信服务,与外部消息中间件通信。接受定位请求,返回定位引擎内核解算得到的定位结果
MeasurementService	提供测量值服务,如测量值持久化,测量原始值查询
LocEngineKernel	定位引擎内核,负责多种定位技术调度,测量值层(Low-Level)和定位结果层(High-Level)融合
HighLevelFusionMgr	定位结果层(High-Level)融合管理器,管理外部融合模块、注册、调用等
LowLevelFusionMgr	测量值层(Low-Level)融合管理器,管理外部融合模块、注册、调用等
LocAlgorithmMgr	定位算法管理器,管理外部算法模块、注册、调用等
HighLevelFusionModule	定位结果层(High-Level)融合模块,组合方法 EGC(Equal Gain Combiner)、MRC(Maximum Ratio Combiner),还有扩展卡尔曼滤波、无迹卡尔曼滤波等
LowLevelFusionModule	测量值层(Low-Level)融合模块,如贝叶斯滤波算法
LocAlgorithmModule	定位算法模块,包括 TOA、TDOA、RSSI 传播模型等基于测距的定位算法,也有基于指纹匹配的定位算法

B. 关系及其特性

略。

C. 元素接口

1. 定位服务接口:iLocationService

定位服务接口,包括测量值的新建和获取,实时和历史定位请求。

1) 接口身份

createMeasurement 是定位服务接口之一的测量值新建接口,用于保存传感器实时或离线后集中上传的数据。

2) 现有资源

```
//新建测量值

BooleancreateMeasurement(String sensorId,Measuremnt mearsurement,Time time);
```

前置条件

SensorId 不为空

Measurement 不为空

Time 可为空,若为空,则取到达服务器时间

后置条件

返回新建测量值操作结果

使用限制

无

错误处理

略。

3) 本地定义数据类型

略。

4) 可变性

N/A

5) 质量属性特征

略。

6) 基本原理和设计问题

略。

7) 使用指南

```
Context ic=new InitialContext();

Service locSrv=(Service)ic.lookup("java:comp/env/service/LocationSrv ");

Boolean result=locSrv.createMeasurement (sensorId,mearsurement,Time time);
```

1) 接口身份

iPosition 是定位服务接口之一的定位请求接口,用于发送定位请求。

2) 现有资源

//用户发起的单终端设备定位请求

```
Location iPosition (Version version, Request startPosioning, String clientId,
Context context);
```

前置条件

Version 可为空,为空则为最新版本

StartPosioning 不为空

ClientId 不为空

Context 可为空

后置条件

返回用户定位结果

使用限制

无

错误处理

略。

以下是可提供的其他资源:

```
//用户发起的多终端定位请求
iPosition(Version version,Request startPosioning,List<String>clientIdList,
Context context);
```

3) 本地定义数据类型

略。

4) 可变性

N/A

5) 质量属性特征

略。

6) 基本原理和设计问题

略。

7) 使用指南

```
Context ic=new InitialContext();
Service locSrv=(Service) ic.lookup("java:comp/env/service/LocationSrv ");
Location location=locSrv.iPosition(version,startPosioning,clientId,context);
```

2. 模块注册接口:iModule

1) 接口身份

iModule 是向高、低层次融合,算法模块提供注册服务的接口。

2) 现有资源

```
int ModuleRegister(String moduleType,Module module);//模块注册
```

前置条件

ModuleType 不为空

Module 不为空

后置条件

返回 moduleId

使用限制

无

错误处理

略。

以下是可提供的其他资源：

Boolean ModuleUnregister(int moduleId);//模块卸载

3）本地定义数据类型

略。

4）可变性

N/A

5）质量属性特征

略。

6）基本原理和设计问题

略。

7）使用指南

```
Context ic=new InitialContext();
Service moduleSrv=(Service) ic.lookup("java:comp/env/service/ModuleSrv");
intmoduleId=moduleSrv.ModuleRegister(moduleType,module);
```

D. 元素行为

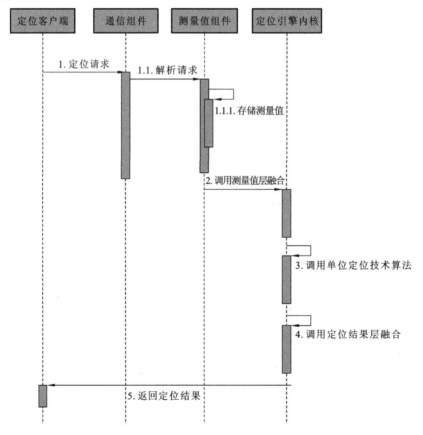

图 15　定位客户端定位请求序列图

3.2.5.3　上下文图

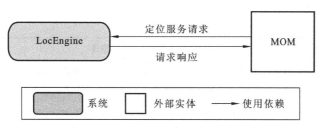

图 16　LocEngine 上下文图

3.2.5.4　可变性

略。

3.2.5.5　原理

该部分设计采用微内核设计架构。定位引擎内核,保留核心的定位算法调度和高、低层融合管理器,通信服务模块接收定位请求,作为适配器以接入外部客户端。当系统需要载入定位算法模块,高、低层融合模块时,模块可向定位引擎内核注册该服务。而后定位引擎可调用该模块以完成定位结果的解算和优化。

3.2.5.6　相关视图

父视图包:

实时定位系统顶层开发视图见 3.2.1

兄弟视图包:

LocManager 开发视图见 3.2.2

MobileApp 开发视图见 3.2.3

LBSServer 开发视图见 3.2.4

API Gateway 开发视图见 3.2.6

3.2.6　API Gateway 开发视图

3.2.6.1　主表示

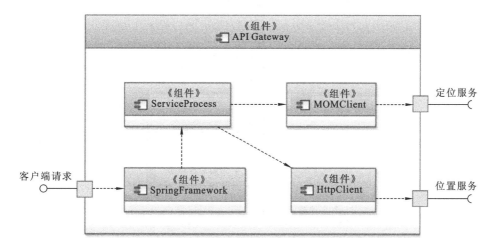

图 17　API Gateway 开发视图

3.2.6.2　构件目录

A. 构件及其特性

构件	描述
Service Process	对客户端请求进行分析处理,路由请求或组合细粒度请求,发送至 LBS 服务器、管理服务器,定位引擎等,返回响应至客户端
Spring Framework	J2EE 应用程序框架,轻量级的 IoC 和 AOP 的容器框架,主要是针对 JavaBean 的生命周期进行管理的轻量级容器。主要用到 SpringMVC 提供 RESTful API
MOM Client	消息中间件客户端组件,发起定位服务请求,接收定位结果
HTTP Client	HTTP 客户端组件,发起位置服务请求,接收服务响应

B. 关系及其特性

略。

C. 元素接口

LocManager 服务接口见 3.2.2

LBSServer 服务接口见 3.2.4

LocEngine 服务接口见 3.2.5

D. 元素行为

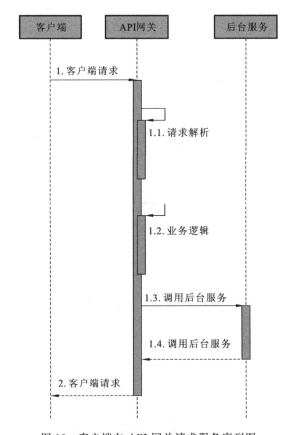

图 18　客户端向 API 网关请求服务序列图

3.2.6.3 上下文图

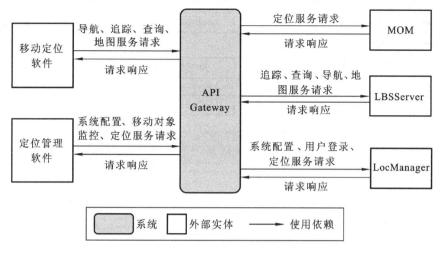

图 19 API Gateway 上下文图

3.2.6.4 可变性

略。

3.2.6.5 原理

该部分设计采用经典的设计模式——外观模式(Facade)。为子系统中的一组接口提供一致的高层接口,这个接口使得这一子系统更加容易使用。其实现了子系统与客户端之间的松耦合关系;客户端屏蔽了子系统组件,减少了客户端所需处理的对象数目,并使得子系统使用起来更加容易。

3.2.6.6 相关视图

父视图包:

实时定位系统顶层开发视图见 3.2.1

兄弟视图包:

LocManager 开发视图见 3.2.2

MobileApp 开发视图见 3.2.3

LBSServer 开发视图见 3.2.4

LocEngine 开发视图见 3.2.5

3.3 运行视图

3.3.1 顶层运行视图

3.3.1.1 主表示

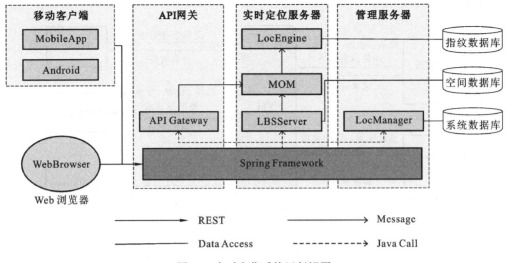

图 20　实时定位系统运行视图

3.3.1.2　构件目录

A. 构件及其特性

构件	描述
WebBrowser	通过 HTTP 协议向 API 网关发送用户请求,获取服务并展示返回结果
MobileApp	通过 HTTP 协议与 LBS 服务器和定位引擎交互,发送相关定位信息,请求位置服务和定位数据,来实现定位、导航等功能
Android	一种手机终端操作系统,移动定位软件是基于 Android 开发的客户端软件,需要在支持 Android 的手机终端上运行
LBSServer	详见 3.2.1 节"LBSServer" 描述
MOM	详见 3.2.1 节"MOM" 描述
LocEngine	详见 3.2.1 节"LocEngine" 描述
LocManager	详见 3.2.1 节"LocManager" 描述

B. 关系及其特性

(1) 连接关系。通过各构件之间通过不同的通信协议互相连接。

C. 构件接口

略。

D. 构件行为

略。

3.3.1.3　上下文图

略。

3.3.1.4　可变性

略。

3.3.1.5 原理

略。

3.3.1.6 相关视图

子视图包：

移动定位软件运行视图 3.3.2

定位管理软件运行视图见 3.3.3

兄弟视图包：

实时定位系统顶层逻辑视图见 3.1.1

实时定位系统顶层开发视图见 3.2.1

实时定位系统顶层部署视图见 3.4.1

实时定位系统顶层用例视图见 3.5.1

3.3.2 定位管理软件运行视图

3.3.2.1 主表示

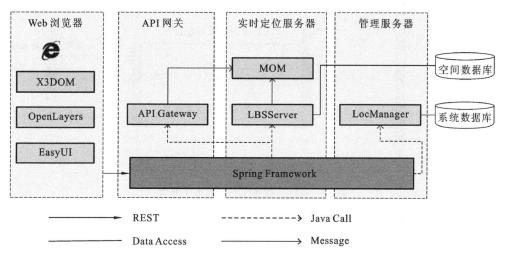

图 21 定位管理软件运行视图

3.3.2.2 构件目录

A. 构件及其特性

构件	描述
Web 浏览器	通过 HTTP 协议向定位管理软件所在 Web 服务器请求网站数据,其中 OpenLayers 和 X3DOM 组件用来构建二三维一体化客户端,EasyUI 组件可提供功能丰富且美观的 UI
API Gateway	详见 3.2.1 节"API Gateway"描述
LocManager	详见 3.2.1 节"LocManager"描述
LBSServer	详见 3.2.1 节"LBSServer"描述

B. 关系及其特性

略。

C. 构件接口

略。

D. 构件行为

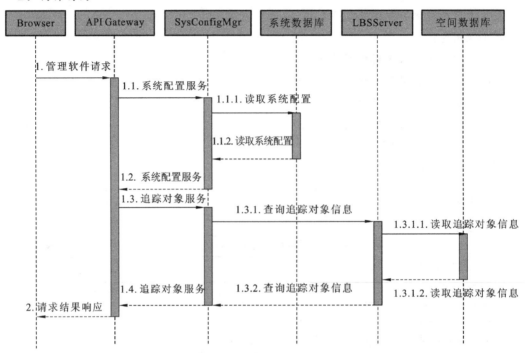

图 22 定位管理软件服务请求序列图

3.3.2.3 上下文图

略。

3.3.2.4 可变性

略。

3.3.2.5 原理

略。

3.3.2.6 **相关视图**

父视图包：

实时定位系统顶层运行视图 3.3.1

兄弟视图包：

移动定位软件运行视图见 3.3.3

3.3.3 移动定位软件运行视图

3.3.3.1 主表示

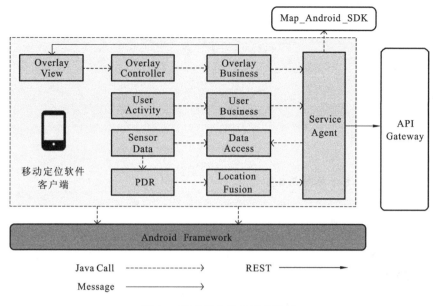

图 23　移动定位软件运行视图

3.3.3.2　构件目录

A. 构件及其特性

详见构件目录 3.2.3.2。

B. 关系及其特性

略。

C. 元素接口

略。

D. 元素行为

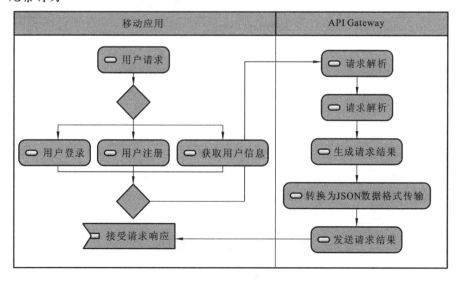

图 24　移动定位软件活动图（用户管理）

3.3.3.3 上下文图
略。

3.3.3.4 可变性
略。

3.3.3.5 原理
略。

3.3.3.6 相关视图
父视图包：

实时定位系统顶层运行视图 3.3.1

兄弟视图包：

定位管理软件运行视图见 3.3.2

3.4 部署视图

3.4.1 主表示

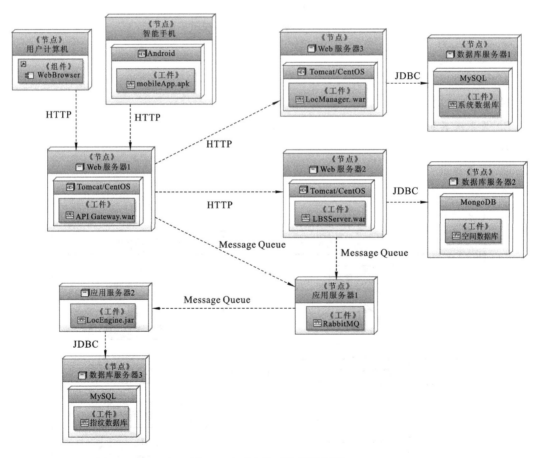

图 25 实时定位系统部署视图

3.4.1.2 构件目录

A. 构件及其特性

构件	描述
用户计算机	用户通过该设备节点来使用定位监控软件,该节点部署浏览器软件,用来运行定位监控软件
Android	该设备节点是终端设备,运行 Android 操作系统,部署了移动定位软件包 mobileApp. apk
Web 服务器 1	该节点部署了 Tomcat Web 服务器及基于 Java Web 技术的 APIGateway. war
Web 服务器 2	该节点部署了 Tomcat Web 服务器及基于 Java Web 技术的 LBSServer. war
Web 服务器 3	该节点部署了 Tomcat Web 服务器及基于 Java Web 技术的 LocManager. war
应用服务器 1	该设备节点部署了消息中间件 RabbitMQ,需有 Java 运行环境
应用服务器 2	该设备节点部署了 LocEngine,需有 Java 运行环境
数据库服务器 1	该设备节点部署了 MySQL 数据库管理系统,存储系统数据库
数据库服务器 2	该设备节点部署了 MongoBD 数据库管理系统,存储空间数据库
数据库服务器 3	该设备节点部署了 MySQL 数据库管理系统,存储指纹数据库

B. 关系及其特性

略。

C. 构件接口

略。

D. 构件行为

略。

3.4.1.3　上下文图

略。

3.4.1.4　可变性

实际部署时,实时定位服务器的核心构件 LBS 服务器、定位引擎、消息中间件 RabbitMQ、API Gateway 既可分别部署在不同的物理服务器上,也可部署在同一台物理服务器上。

3.4.1.5　原理

略。

3.4.1.6　相关视图

兄弟视图包:

实时定位系统顶层逻辑视图见 3.1.1

实时定位系统顶层开发视图见 3.2.1

实时定位系统顶层运行视图见 3.3.1

实时定位系统顶层用例视图见 3.5.1

3.5　用例视图

3.5.1　顶层用例视图

3.5.1.1　主表示

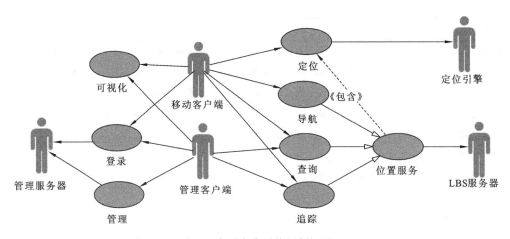

图 26　实时定位系统用例视图

3.5.1.2　构件目录

A. 构件及其特性

构件	类型	描述
定位	用例	详见 6.4.1 节用例规约"定位"
导航	用例	详见 6.4.2 节用例规约"导航"
查询	用例	详见 6.4.3 节用例规约"查询"
追踪	用例	详见 6.4.4 节用例规约"追踪"
...	...	...

B. 关系及其特性

用例视图中存在关联、实现和包含关系。位置服务当中就包含了定位用例来对位置服务提供支持,同时还被查询、导航、跟踪等用例实现。

C. 构件接口

略。

D. 构件行为

略。

3.5.1.3　上下文图

略。

3.5.1.4　可变性指南

略。

3.5.1.5　原理

略。

3.5.1.6　相关视图

兄弟视图包:

实时定位系统顶层逻辑视图见 3.1.1

实时定位系统顶层开发视图见 3.2.1

实时定位系统顶层运行视图见 3.3.1

实时定位系统顶层部署视图见 3.4.1

4. 视图之间关系

4.1 视图之间关系说明

逻辑-开发-运行-部署

4.2 视图-视图关系

（1）定位管理软件逻辑视图与开发视图关系

逻辑视图	开发视图
二维显示	OpenLayers
三维显示	X3DOM
用户界面	EasyUI
用户交互	
服务请求分析	User Requests Analyzer
消息类型	
登录	

（2）移动定位软件开发视图与运行视图关系

逻辑视图	开发视图
基本用户界面	UserActivity
用户服务	UserBusiness
导航界面	OverlayView
查询界面	
追踪界面	
地图视图	
导航	OverlayBusiness
查询	
追踪	
位置融合	LocationFusion
数据访问组件	DataAccess
服务代理	ServiceAgent
传感器数据采集组件	SensorData
UbiEyes 服务	API Gateway
地图服务 SDK	Map_Android_SDK

5. 需求与架构之间的映射

略。

6. 附录

6.1 架构元素索引

略。

6.2 术语表

略。

6.3 缩略语

略。

6.4 用例规约

6.4.1 定位

用例编号	UC_1	用例名称	定位
用例描述	该用例描述用户如何使用定位功能		
主参与者	普通用户		
前置条件	登录成功		
后置条件	获取当前所在位置		
级别	无		

基本事件流程：

1. 获取用户所在位置坐标

2. 获取用户所在位置的地图资源

3. 显示该地图资源并标注出用户位置

候选事件流程：

A1. 退出，返回主界面

A2. 请求失败，要求用户重试

特殊需求	无
扩展点	无
备注	无

6.4.2 导航

用例编号	UC_2	用例名称	导航
用例描述	该用例描述用户如何使用导航功能		
主参与者	普通用户		

续表

前置条件	获取当前所在位置及请求路径类型
后置条件	获取导航路线
级别	无

基本事件流程：

1. 用户设置导航偏好（请求路径类型）

2. 用户指定目标地点

3. 移动客户端获取用户的当前位置

4. 移动客户端向位置服务器发送导航请求

5. 位置服务器根据用户当前位置及目标点规划导航路线

6. 移动客户端从位置服务器中获取导航路线并显示。

7. 移动客户端对用户进行路径引导

候选事件流程：

A1.退出，返回主界面

A2.输入目标地点有误，要求用户重新输入

特殊需求	无
扩展点	无
备注	无

6.4.3　查询

用例编号	UC_3	用例名称	查询
用例描述	该用例描述用户如何使用查询功能		
主参与者	普通用户、管理人员		
前置条件	获取当前所在位置		
后置条件	获取查询结果		
级别	无		

基本事件流程：

1. 获取用户所在位置坐标

2. 用户指定查询内容

3. 系统从后台服务器中查询数据，并显示。

候选事件流程：

A1.退出，返回主界面

A2.输入查询内容有误，要求用户重新输入

特殊需求	无
扩展点	无
备注	无

6.4.4 追踪

用例编号	UC_4	用例名称	追踪
用例描述	该用例描述用户如何使用追踪功能		
主参与者	普通用户、管理人员		
前置条件	无		
后置条件	获取追踪结果		
级别	无		

基本事件流程:

1. 用户选择被追踪对象和追踪类别

2. 系统查询用户权限,若拥有权限则从位置服务器中获取追踪结果并显示。

候选事件流程:

A1. 退出,返回主界面

特殊需求	无
扩展点	无
备注	无

第7章 软件体系结构实现与测试

7.1 概　　述

实现是软件开发过程中一个必不可少的阶段。无论获取的需求多么完整、架构设计和审查多么细致,软件系统最终都要通过代码进行体现。架构被用来捕获系统重要的设计决策,通过应用合理的工程原理和知识,使目标系统的质量最大程度上满足涉众的要求。为了让目标系统最终具备这些质量属性,必须在设计的架构的基础上实现系统。

架构对实现同时起到了规范和限制作用。其规范性体现在为程序员的开发工作指明了方向,包括代码模块如何组织,模块之间如何连通,以及这些模块应该具有哪些行为。其限制性体现在它的指导方针(特别是在架构风格中明确提出的方针)会告诉开发人员哪些功能是它们没有的。例如,哪些通信方式是禁止的,哪些系统行为或状态是不允许发生的。

将架构与实现进行关联是一个映射问题。架构层面定义的概念应该直接关联到实现层面的工件。但这种对应不是必须一对一的。例如,一个软件构件或者连接件的实现可能产生大量的代码和资源工件。同样的道理,一个单独的软件库也许会被多个组件的实现分享(只要它的使用方式没有违反风格规则)。如果不维持这种映射关系,架构退化现象就会发生,具体来说,就是系统的实现与架构之间渐进出现偏差。这通常会使得软件难以理解与维护,同时也使得架构质量属性的实现或维护变得非常困难。

为了正确实现一个系统,并使架构在实现中得到体现,需要深入理解架构概念是如何映射到实现技术上的,这些实现技术包括编程语言、开发环境、复用库和组件、中间件,以及组件模型等。中间件和组件库等实现技术有时候可以起到积极的作用,但它们有时也可能带来一些负面影响:因为它们几乎都有一些假设条件,所以会影响或者妨碍架构决策的制定。即使这些我们认为理所当然的概念,如面向对象编程,也会对架构产生影响。本章将讨论创建和维护架构与实现之间映射的技术。

下面将重点介绍架构实现框架这一概念,它是连接架构和实现技术的桥梁。我们将讨论如何识别、评价和构建新框架。我们也会讨论其他与框架相关且相似的技术,如中间件和组件框架。

7.1.1 架构到实现的映射问题

实现一个架构是映射问题,也就是将设计决策映射到实现这些设计决策的实现结构上。从软件质量属性角度来看,这种映射是一种可追溯性的形式。术语可追溯性一般指的是任何可以连接不同软件工件的机制或方法,在本书中可追溯性特指从架构到实现的连接。在基于架构的开发中选择如何创建和维护这种映射关系是非常关键的。

组件和连接件。一个系统的组件包括系统中的模块和对象。而组件之间的相互关系就是组件之间的连接。组件和连接件的设计决策将应用功能划分为分离的计算元素和通信元素。编程环境通常提供了类似包、库或者类的机制，以划分实现其功能。如何维护架构层次的组件、连接件与实现层次的包、库和类之间的映射关系是一项非常有挑战性的工作。如果实现不是按照架构中指定的组件和连接件的分界线进行划分的，那么组件界限也可能面临破裂的风险，从而导致架构的漂移和腐化。

接口。在架构层次，可以按照不同的方式定义接口。如果接口被定义为方法或函数签名（类似于目标编程语言中的方法或函数），那么映射就是一个简单地将方法签名翻译成代码的过程。然而，当架构层次的接口定义变得更加复杂时，例如，将接口定义为一个协议或者状态转换的集合，那么创建一个适当的实现则需要付出更多的努力。

配置。在架构层面，配置通常指的是组件和连接件的连接图。这些图对于组件与连接件如何通过接口进行交互作出了明确的规定，这些交互和拓扑也必须反映在实现中。很多编程语言都具有一些显著的特性，如允许一个模块通过接口与其他的模块关联，而不是通过它的实现进行连接（如 Java 中明确定义的接口，或者在 C 语言中定义的函数指针列表）。另外，一些编程语言和中间件系统允许使用反射或者动态发现技术，以连接和断开运行中的组件。当这些构想变得可行时，组件与连接件实现层面的联系就可以独立于组件与连接件本身，甚至可以从架构描述信息中产生组件与连接件。

设计原则。设计原则是一种没有明确映射到实现的构想，因此它不会直接影响应用程序的功能。通常，在实现中保持设计原则最好的方式，就是在源代码注释或外部文档中将它记录下来。

动态属性（行为）。取决于如何建模行为，架构级行为规范可以使实现更加简单。一些行为规范可以被直接翻译成实现框架，甚至是完整的实现。然而，事实并非总是如此。正式的行为规范通常缺乏与编程语言级别构件的绑定，因此很难确定行为规范是否被正确实现。相比实现而言，一些行为规范在产生分析或者测试计划时可以扮演更重要的角色。

非功能属性。实现非功能性属性可能是软件工程中最困难的命题之一。做到这一点的最佳实践是结合一系列技术，如编档原理、检查、测试、用户研究等。这也是为什么说将非功能性属性提炼到功能设计决策中（如果可能）是非常重要的。

7.1.2　架构实现框架

当开发一个系统时，一种最佳实践是先定义架构，然后选择最需要的实现技术（编程语言、软件库、操作系统等）。要达到这个目标比较困难，因为几乎所有的编程语言都不明确支持架构级结构。而且，实现技术的选择通常被外在的或者偶然的因素影响，如成本、时间、平台支持、组织文化，甚至包括外部强加的错误的需求规范或标准。要想连接概念架构和系统实现技术，一个重要的策略就是使用架构实现框架。

架构实现框架是一个软件，在特定的架构风格和一系列实现技术之间起到桥梁的作用。它以代码形式提供架构风格的关键元素，并以一种协助开发人员实现系统的方式遵循架构风格的规定和约束。

目前还在使用的架构框架中,最典型的例子就是 UNIX 和类似操作系统中的标准 I/O 库(加利福尼亚大学,1986)。该 I/O 库的确是管道-过滤器风格(它是面向字符流和并发的)和面向过程的非并发编程语言(如 C 语言)之间的一座桥梁,即使很少开发者认同这个观点。它提供了一些架构概念,如以符合目标环境(如过程调用)的方式,通过可读写字符流访问接口。在后续章节会深入讨论标准 I/O 库是如何作为一个体系结构框架存在的。

架构框架是一种非常有效的技术,因为它可以协助开发人员遵循特定的架构风格。然而,大多数框架不会限制开发者在风格约束之外开发软件。例如,一个 UNIX 程序导入了标准 I/O 库,但是这并不意味着该程序将必须使用管道-过滤器风格;它也许会从已命名的磁盘文件中读写所有数据,而完全忽略标准输入和输出流。

即便不使用架构框架,也可能开发出任何架构风格的应用程序。然而,这往往意味着要在实现中完整地构建架构概念,并使得其开发和维护变得异常困难。当在某个特定编程语言/操作系统的组合平台中不存在相应的框架时,开发人员无论如何都会实现一组等同于一个架构框架的软件库和工具。

自然要问的问题是:在架构模型中框架是如何被表达的呢? 从架构的角度来看,框架通常被认为是所有组件和连接器的一个基础。因此,我们很难看到一个框架被建模为体系结构自身的一个组件或连接器。然而,框架通常包括通用组件和连接件的实现(如按照风格定义的管道连接器或事件总线),而这些实现会作为架构中特定组件和连接器的实现。

对于每种架构风格,都可以找到多个不同的框架与其对应。其原因在于:不同的编程语言和实现平台通常会采用不同的框架。例如,Java 应用程序使用 java.io 包中的类来实现数据流的输入和输出功能,而这些类又与 C 语言的标准 I/O 库具有相似的功能,C++程序员则可以使用面向对象 I/O 库或者标准 I/O 库完成同样的操作。即同一种架构风格(管道-过滤器)可以对应多种不同的实现技术(Java、C++和 C),因为它们使用了不同的架构框架。

有时对于同一种框架风格,即便使用的编程语言和操作系统完全相同,也需要开发多个框架,因为这些框架往往需要具备不同的性能和质量。Java 提供的新 I/O 包(java.nio)就是一个典型的例子。与旧的 java.io 包类似,jave.nio 也允许程序从不同的数据源读写数据。但是新的 I/O 包提供了一些增强的功能,如支持本地缓存,更好地支持同步功能,以及使用了数据快速传输技术(如内存映射)。因此,用户可以根据应用程序对质量属性的需求来选择合适的框架。

7.1.3　中间件与软件框架

目前存在一系列这样的技术,它们可以集成软件组件提供更强大的服务,这些服务超过了给定的编程语言/操作系统组合所提供的服务。这些技术通常被称为中间件、组件模型(或者组件框架)以及应用框架。常见的例子包括 CORBA、JavaBean(Java Soft 1996)、COM/DCOM/COM+、.NET、Java Message Service 以及各种 Web 服务。

架构框架和中间件之间有许多相似之处:都可以为开发者提供已实现的服务,但是底层的开发语言和操作系统则无法提供这些服务。例如,CORBA 中间件提供远程过程调用服务(RPC),以及动态发现对象接口的功能。Java Bean 组件模型在 Java 中引入了一种新的概念 bean,一个遵循特定接口指南的对象,该指南可以使我们更容易组成 beans。

架构实现框架是一种中间件。传统的中间件和架构框架的区别主要集中在体系结构风格上。架构实现框架的实现意图是支持一个或多个体系结构风格的开发。在这里,架构风格是驱动实现技术的主要工件。

1. 中间件和组件框架如何产生一个风格

中间件通常以一种与架构框架类似的方式约束应用程序。中间件影响着应用程序的多个方面:如何将应用程序的功能划分为多个小的组件、这些组件之间如何进行交互(通过中间件提供的服务与连接件进行交互)以及应用程序的拓扑结构等。从这个意义上说,中间件可以产生一个应用程序的架构风格。

CORBA(以及和 CORBA 类似的技术,如 COM 和 RMI)作为一个中间件影响了应用程序的架构。CORBA 将应用程序分成不同的对象,而这些对象也许会被部署到不同的主机上。应用程序中的对象通过接口来提供服务,这些接口的方法签名则以接口定义语义的形式进行描述(IDL)。对象通过命名服务、交易服务等查阅其他对象,然后用请求-响应模式进行相互调用,调用过程中仅仅需要传输序列化的参数。上述约束一起构成了一个架构风格——分布式对象风格。

如果涉众为其应用选择了分布式对象风格,那么 CORBA 以及类似的中间件或许是一种理想的架构框架。但是,我们面临的问题远没有这么简单。当设计应用程序时,架构设计师不得不制定成千上万的设计决策,其中,选择应用的架构风格是他们将要作出的最重要的决策之一。许多中间件都提供了非常出色的服务,并且一些特殊的中间件系统的性能往往会影响架构师的决策制定过程,因此架构师在选择中间件时必须足够小心,否则该中间件会严重影响他们的设计决策。

2. 解决架构风格与中间件不匹配问题

架构风格与中间件之间可能会产生两个主要冲突。

(1)为应用程序选择的架构风格与中间件产生的架构风格不匹配。

(2)应用程序设计者最开始是因为中间件提供的服务而选择了某个中间件,之后发现该中间件严重地影响了应用程序的架构风格。

当选择实现技术时,我们应该了解该技术带来质量收益的同时,也会对架构产生哪些影响,因为这可能进一步影响后续的架构设计。例如,CORBA 提供了分布式和反射功能,但是这也带来了一些架构方面的问题,如增加延时和同步。让中间件的选择影响架构属于本末倒置,类似于"尾巴摇动小狗",正常情况是架构应该影响中间件的选择。

当中间件与架构风格之间存在架构不匹配情况时,可以选择以下几个方案进行处理。

改变风格:可以改变架构风格以更好地适应中间件,只有当使用中间件带来的好处大于其与目标风格协同工作时付出的代价时才建议这么做。

改变中间件:可以改变中间件以更好地适应架构风格。应用该策略可能非常困难,因为中间件包一般比较庞大和复杂。

开发粘合代码:可以在中间件的基础上构建架构框架,平衡与中间件匹配的部分,并修改不匹配的部分,这样一来,架构风格和中间件都不需要进行调整。

忽略不必要的中间件服务:一些中间件包或者组件框架可能提供了大量的服务,且这些服务跨越了应用程序开发的多个部分,那么选择服务的子集并忽略与目标架构风格不一致的服务也是一种可行的方案。

隐藏中间件：开发者之所以使用中间件，是因为中间件提供了一些特定的服务。如果这些服务不是必须贯穿这个系统，且可以被应用在架构的某些特定点上，那么将中间件隐藏在单个组件或连接件内部也是可行的。例如，如果 CORBA 仅仅被用于简化不同主机上运行的异构组件间的通信，那么所有和 CORBA 相关的代码都可以迁移到需要跨主机通信的单个组件内部。对于其他的 CORBA 服务，如查阅和动态接口发现服务，则可以进行忽略。

3. 用中间件实现连接件

许多中间件包提供了面向通信的高效服务，它们提供了不同的机制，以满足异构组件通信的需求。如果改进通信功能是架构设计的目标之一，那么选择中间件而不是整个应用程序作为实现连接件的基础，就可以避免中间件假设渗透并腐蚀架构设计决策。

在这个场景中，架构设计师首先应该定义并识别出连接件的功能性需求，而不用考虑连接件如何实现。然后选出能够满足所有（或大部分）的功能性需求和项目其他目标的中间件。如果中间件不能直接提供这些功能，那么应该将这些功能作为连接件的一部分进行实现。最终的结果应该是一个满足架构需求的连接件，而不是一个屈服于中间件假设的连接件。

例如，我们可能需要一个提供消息传递功能的连接件，支持 Linux 上的 C＋＋组件和 Windows 上的 Java 组件之间的通信。此时有两个可用的面向消息的中间件包：①一个商业中间件，同时支持两个平台上的 C＋＋和 Java 组件，但是比较昂贵；②一个开源的解决方案，同时支持两个平台，但只适用于 C＋＋组件。如果预算不足，则选择开源的解决方案，并开发一个 Java 本地接口（JNI）适配器，以允许 Java 组件和中间件进行通信。

7.1.4　框架选择和开发

在确定系统软件体系结构后，首先要根据该结构选择合适的框架，学习和理解该框架，一方面它是基于框架开发的基础性工作；另一方面，也可以对框架的适用性作出判断。除非没有可用的框架，否则不应轻易地去尝试开发一个新的架构框架，因为这些框架会影响构建在它们之上的应用程序的方方面面，对于这些应用程序成功与否起到决定性作用。有时一些环境因素会迫使我们开发一个新的架构实现框架。

(1) 使用的体系结构风格比较新颖。

(2) 体系结构风格并不新颖，但因为现有平台并不存在该框架，因而需要实现。

(3) 体系结构风格并不新颖，而且目标平台上也存在相应框架，但该框架并不完整。

开发一个体系结构框架，在很多方面就像其他应用程序开发一样，需要经历需求分析、设计、涉众的输入、质量评估等过程。但是，对于框架的开发，我们还需要遵循一些其他的指导方针。

(1) 对风格有一个很好地理解。在没有完全理解目标体系结构风格的情况下，尝试开发一个体系结构框架将是一场灾难，因为此时并没有一个检测框架准确性和完整性的标准。在框架设计之前，应该先为架构风格制定一套清晰、简洁的规则和约束。

(2) 将框架限定在框架风格需要解决的问题上。一个架构实现框架应该最大限度地独立于任何特定目标应用程序。因为如果在框架中包含特定于应用程序的功能（不是风格的一部分），那么这会限制框架的可重用性，并模糊了应用程序和框架之间的界线。

（3）选择框架的范围。高质量的体系结构框架对于开发它们的组织而言，是有价值的可重用资产。实现一个新的框架时，开发人员必须确定以后应该如何重用该框架，从而限定框架的功能范围。例如，一些特殊的架构模式可能适合于动态体系结构，即这些架构会随时改变它们的结构。然而，在这一风格基础上构建的初始目标应用程序并没有利用动态变化特性，是否需要在框架中实现动态性，取决于将来的项目（或者当前项目未来的某个版本）需要动态性的可能性有多大。据此，我们给出了以下一些相关的建议。

避免过度设计。当构建一个新的框架时，我们不经意间会加入各种自认为巧妙的或有用的功能，而不管目标应用程序是否真的会使用这些功能，主要是因为框架的开发一般（而且应该）独立于特定的应用程序。这些增加的功能可能包含额外的抽象层次和级别，对框架有着显著的影响，特别是它的可用性和性能。

限制应用程序开发人员的开销。每个框架都会给应用程序实现者增加一些额外的负担，如在组件中包含样板代码，实现一个框架可以调用的标准行为集等。应用程序开发人员负担增加，框架也会变得更加烦琐。限制它们额外的功能（借助框架设计或者工具支持）可以缓解这个问题。

为遗留和现有的资源制定一项策略。几乎所有的应用程序必然包括一些这样的元素（组件、连接件、中间件等），即开发这些元素时并没有考虑过是否需要应用框架。如果没有一种编档或工具支持的策略去集成这些外部资源，那么开发者不得不根据需要自行设计一些相应的处理机制。这可能会引起一些问题，如开发人员会白费力气做重复工作。框架开发人员应该尽可能考虑那些可以被合并到应用程序中的外部资源，进而制定策略整合资源，并将它们分布到框架中。

7.1.5　架构到实现的一致性技术

即使使用了体系结构框架，也很难确定实现是否与其规定的架构相一致。为了确认这一情况，需要综合应用多种技术，包括人工检查和审查。以下几种策略可以使得这项任务变得更加容易完成。

（1）创建和维护可追溯性链接。从架构元素到实现元素的链接或者显式的映射，可以帮助开发人员确定每一个架构元素是否都对应一个实现，反之亦然。借助这些链接，我们可以更容易确定是否不经意间忽略了一些内容。如果这些链接是具体的架构模型和/或具体的实现工件的部分，那么自动链接检查则可以用来判断是否有链接因为模型或实现的变化而断开。这种策略适用于具体的构件，但是当映射跨越不同的抽象级别或元素，且这些元素没有一个直接的架构到实现的链接时，映射可能变得非常棘手。

（2）包含架构模型。一个架构模型可能包含一些可以在系统实现中直接使用的信息。例如，模型中系统架构的描述（指明组件是如何被实例化并相互连接的）可以作为一个实现工件。可以运用一些工具直接从体系结构描述中提取组件、连接件和它们的拓扑结构信息，并以这种方式自动连接系统，这项工作可以在构建阶段或者系统启动阶段完成。无论哪种情况，我们都可以保证架构—实现的一致性，因为实现的应用程序结构是直接从架构模型推导出来的。

（3）从体系结构生成实现。使用自动化工具直接从模型生成部分实现是有可能的，这取决于架构模型的形式和内容。如果系统的组件集以及应用程序的架构风格已经明确，那么生成一个相对于架构实现框架的组件骨架则是有可能的。如果可以得到模型中的行为信息,那么基于模型生成这些组件的部分或全部的实现也是有可能的。

7.1.6　架构腐化

目前主要有三类解决架构腐化问题的方法:最小化、预防以及修复。根据高层次策略的不同,每一类技术又可以划分为一个或多个子类,这些策略主要用于实现相应方法的目标。一些子类可以被进一步分解以给出一些具体的策略。图 7-1 显示了这一分类框架。

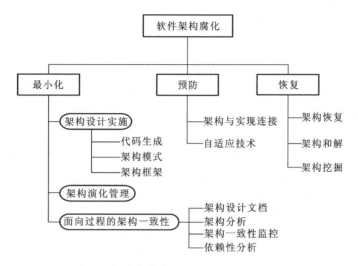

图 7-1　解决架构腐化问题的方法分类框架

在顶层,最小化策略的目标是降低架构腐化发生的概率和影响,但是并不能有效地消除腐化现象。而预防方法对应的策略目标则是完全根除腐化。第三类策略试图修复架构腐化造成的破坏和损失,并使架构与实现保持一致。分类框架的第二层在顶层策略的下面列出了一些具体的策略。

1) 最小化

面向过程的架构一致性:包括软件工程过程,确保系统开发以及维护期间的架构一致性。

架构演化管理:同时管理架构规格的演化以及实现制品。

架构设计实施:合并可用的工件和方法,将架构模型转变为实现。

2) 预防

架构与实现连接:连接架构和源代码,并监控架构运行时的一致性。

自适应技术:当系统的实现或者运行状态发生改变时,可以使系统重新配置以与其架构保持一致。

3) 修复

架构恢复:从源代码和其他制品提取实现的架构。

架构挖掘:在架构文档缺失的情况下,可以从应急系统资产和其他资产导出目标架构。

架构和解:缩小软件实现和目标架构之间的缝隙。

7.2 软件框架构造技术

7.2.1 概述

在20世纪60年代,软件开发者构造的都是一些小的而且相对简单的应用系统。软件开发者除了使用他们自身的创造性外不使用其他方法,因此软件开发被认为是创造性的活动。那时候使用的语言也很简单,如汇编语言、Fortran等。

随着软件的迅速发展,人们逐渐认识到软件开发方法对软件质量和效率的重要作用,到20世纪70年代出现了正式的软件开发方法——结构化分析和设计方法,其中成为当时主流方法的有面向功能和面向数据的方法,同时出现了结构化编程语言。

软件危机的日益严重使得软件复用技术受到人们的重视,20世纪80年代出现了支持软件复用的面向对象技术。由于面向对象开发方法使用相对稳定的对象作为软件系统的基本构造单元,所以面向对象软件技术提供了软件的可复用性和可维护性。目前面向对象技术仍然被广泛使用。

随着软件的规模越来越大,而且软件分布性的要求越来越高,基于构件的软件开发方法进一步促进了软件复用的发展,提供了大粒度的复用单元。

在1968年NATO软件工程会议上正式提出了软件复用的概念,软件复用是提高软件生产力和质量的一种技术,将已有软件的各种有关知识用于构造新的软件,以减少软件开发和维护的花费。复用可以从领域知识、开发经验、体系结构、需求、设计、代码等不同级别进行复用。

在个别的软件复用中,应用开发者的责任是识别复用的机会,得到满足需要的构件,并利用它们组装成新的应用系统。在这种复用中,复用是在个人,而不是在项目级别进行的,也没有定义复用的过程。

在系统化的软件复用中,不但存在一组可复用构件,而且定义了复用过程和指南。由于一般性地识别、表示和组织可复用信息是非常困难的,所以系统化的复用一般集中于特定的领域,而且重视软件生命周期中抽象级别较高的产品的复用,如设计复用。

这时软件框架作为一种支持大规模的系统化复用的软件构造技术就应运而生了。软件框架技术是实现系统化软件复用的重要途径,可以有效降低系统复用的风险。Smalltalk-80开发环境中的框架Model-View-Controller(MVC),被认为是第一个得到广泛应用的框架;在UI框架中,还有Apple Inc;提供的支持开发Macintosh应用的框架,以及ET++框架等;此外,之后出现了一系列框架产品:Interview、ET++、Fire alarm system、(Taligent)Common Point、(IBM)San Francisco等。许多学者,包括Jacobson、Pree、Booch等,对框架尤其是面向对象框架进行了大量研究,包括框架设计、框架实现、框架描述、框架复用、框架演化等。

目前,国内外许多学者针对软件框架技术进行了大量研究,但是一直缺乏一个一致的定义,这里列出一些研究者对软件框架的描述性定义,它们从构造和使用两个角度反映了软件框架的特性。

定义1:一个框架由一组协作类组成,阐明了整体设计、类间依赖及成员类的责任分布。

定义2:一个框架是有意义的相互协作的类的集合,它能够同时表达针对一个特定领域实现公共的需求和设计所需要的小尺度模式和主要机制。

定义3:框架是一种微体系结构,为特定领域内的软件系统提供未完全实现的模板。

定义4:框架是指一个部分完成的软件(子)系统,它将要被进一步实例化。框架定义了一个软件系统族的体系结构,并且提供了基本构造单元。框架同时定义了针对特定的功能,需要在哪里进行调整和修改。

定义 5:一个框架是一个类的集合,它体现了针对解决相关问题家族的抽象设计。

定义 6:一个应用框架,也称为类属应用(generic applications),是为特定应用领域提供可复用结构的协作类集合。

从构造的角度讲,框架是由一组相互协作的类或构件组成的,体现了一组相似应用的体系结构;在框架的使用和目的角度上,基于框架的开发是通过扩展过程实现的。

框架按照应用范围可分为三类。

(1) 基础设施框架:操作系统、图形用户界面和语言处理框架等,是应用系统的建设基础。

(2) 中间件集成框架:为分布式环境提供无缝集成的能力。

(3) 企业应用框架:面向应用领域的,可以看作企业业务活动的基础。

框架按照复用方式可分为白盒框架和黑盒框架两类。

(1) 白盒框架复用方式主要是通过继承框架中的抽象类来完成定制特定行为的目的。

(2) 黑盒框架通过集成机制得到对象或者构件的不同组装,来定义特定行为。

一个基于框架开发的应用主要包括两部分,即框架部分和增量部分,其中框架部分实现了领域共性;而增量部分,或称为用户扩展部分,体现了领域中应用的变化性。

软件框架的一个重要特征就是它提供了反向控制机制,在传统的软件开发中,开发者通过主程序调用函数库或者构件,要决定何时调用,并负责维护整个系统的结构;对于框架而言,是由框架调用开发者编写的内容,应用开发者需要决定在框架中插入哪些构件并开发一些新的构件。框架的这个特性可以形象地用"好莱坞法则(Hollywood principle)"来描述:"不要呼叫我们,我们将呼叫你们",如图 7-2 所示。

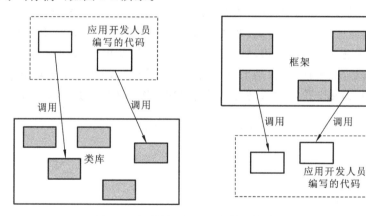

图 7-2　好莱坞原则:程序模块等待调用

Pree 认为,一个框架包括固定点(frozen spots)和扩展点(hot spots);固定点定义了一个软件系统族的微体系结构,包括框架的基本组成成分及成分之间的关系,它们在框架的所有扩展实例中保持不变;扩展点体现了领域变化性,当利用框架创建一个应用时,其扩展点需要根据具体需求进行特化,如图 7-3 所示。

7.2.2　框架开发过程模型

软件开发模型是软件开发全部过程、活动和任务的结构框架,常见的过程模型包括瀑布模

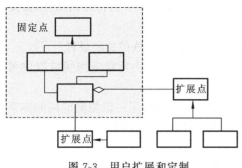

图 7-3 用户扩展和定制

型、演化模型、喷泉模型等。作为一类特殊的软件制品,框架开发过程模型可以认为是普通软件过程模型的特化,目前一些学者对之进行了大量研究,并提出了相关模型,如基于 UML 的面向对象框架开发过程、扩展点驱动的框架开发过程,以及 Mattsson 等的工作等。框架相关开发活动分为框架开发过程和基于框架的应用开发过程,前者属于面向复用的开发,而后者属于基于复用的开发。

在框架开发过程中,包括需求分析、设计、实现、确认、文档、维护等活动;而框架使用过程中的活动主要有框架学习和理解、使用、修改等。框架是领域实现的产物,其开发过程类似于普通领域构件的开发过程;考虑框架反映应用体系结构以及粒度大的特点,其开发难度更大,并且开发过程和普通构件开发存在一定差异。一个成功的框架最根本的标志是稳定,易于理解和复用,为此需要在开发过程中多次迭代,使框架的正确性和可复用性不断提高。同时由于框架特定于领域,对领域的认识存在一个逐步深入和精确的过程,因而框架开发过程宜采用基于迭代的演化模型。

基于该过程模型,在框架开发时,首先在领域中选择一组应用,针对这些应用进行领域分析,得到描述领域共性和变化性的领域模型;在领域模型基础上进行领域设计,建立可以指导框架设计的框架需求说明书,框架设计包括框架体系结构、扩展点和框架构件的设计,特别是处理领域变化性以及框架的可复用性的扩展点设计;在实现阶段,根据框架设计结果及构件平台,通过框架构件实现领域共性,并根据不同的组装需求实现扩展模式,而将应用特定的功能变化性留待框架扩展时加以固定;框架的测试过程主要针对框架扩展进行,框架测试者通过基于框架构造一个具体应用来进行测试,即从领域分析所针对的应用集合中选择一个具体应用作为目标,然后基于框架开发该应用,从而验证框架正确性及可复用性,后者在测试过程中容易被忽略,并且难以定量描述(往往是来自于测试者的感受),却是一个成功框架的重要因素。上述过程是迭代的,即每个阶段的活动可以进行多次。图 7-4 所示是框架开发的过程模型。

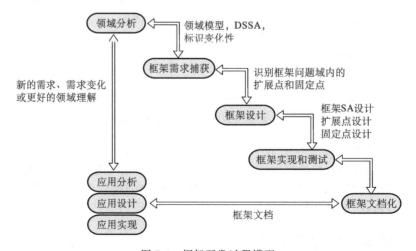

图 7-4 框架开发过程模型

7.2.3　框架设计

开发框架的目的是实现领域共性,并支持领域变化性。因此,需要在框架中设置扩展点,目的是提高框架的灵活性和可复用性。

框架是一个可复用的、"半成品"的应用程序,比软件体系结构更容易被开发者关注和理解,开发人员可通过对软件框架的扩展和实例化实现应用系统,并使软件框架(以下简称"框架")的灵活性得以体现。

人们最常开发和使用的框架有两种:面向对象框架(object-oriented framework,OOF)和基于构件的框架(component based framework,CBF),OOF 和 CBF 的主要区别在于实现技术和提供扩展点的机制不同。

OOF 的复用是通过对框架中的抽象类进行特殊化的方式来定义框架行为的,每一个抽象类派生一个子类,并在子类中给定所有纯虚方法的具体实现,然后就可以复用这些具体的子类来开发特定应用系统。因此,OOF 是基于继承的框架,也称为白盒框架。随着 OO 框架的开发和使用,许多学者也意识到了面向对象框架的不足,主要集中于以下 3 点:首先是框架的"过度增值问题",实际的调查表明,在许多基于 OOF 实例化实现的软件系统中,是将变化性"硬编码"到框架中,这就造成了框架的大量"增殖",使框架维护变得困难;其次是"脆弱的基类"问题,面向对象框架的开发者并不清楚在框架被分发后,用户将进行何种扩展,当框架开发者修改框架基类时,就有可能损害用户所做的扩展;最后是"隐式的体系结构"问题。当用户使用一个框架时,首先需要了解其体系结构,然而由于框架的实现表现为具体的、在代码层次提供复用的类,所以框架的体系结构被"隐没"在类的实现细节中而难以被识别。

随着 20 世纪 90 年代构件技术的兴起,出现了基于构件的框架,即将基于继承的面向对象框架通过用构件接口中方法的调用来替代对象类中方法的重载,转换成为基于构件的框架。基于构件的框架由互相协作的构件组成,并通过对构件接口的扩展来实现应用系统。相对于基于继承的框架,CBF 又被称为基于组装的框架。

如图 7-5 所示,框架内部的构件称为框架构件,它实现了领域共性。而在框架外部的、由用户定制的、待组装的构件称为应用构件,它表现了具体应用系统的特性,即领域变化性;框架复用时需要根据应用的具体特点,组装不同的应用构件。

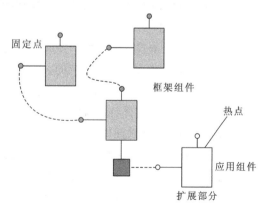

对于基于构件的框架而言,扩展点是框架中预先定义的一些"点",在框架复用中应用构件的组装需要基于扩展点进行。构造性和演化性是软件的两个本质特征,作为一类重要的可复用软件制品,CBF 的构造性表现为框架构件及其协作关系;而基于扩展点可以组装不同的应用构件以

图 7-5　基于构件的框架结构

适应领域的变化性,则体现了框架对于软件演化特征的支持。

基于构件的框架可以定义为以下五元组:

CBF＝{框架组件,连接,约束,设计模式,热点}

　　从结构上看,框架构件及其连接形成了框架的体系结构,框架体系结构在被实例化时决定了具体应用的总体结构。此外,CBF 还包含了一系列约束,包括框架内部的控制流程、构件之间的协作关系以及框架对于扩展的限定等,这些约束往往与领域有关。设计模式描述了针对特定问题,为了处理某种变化性而采取的构件局部协作方案,它既包括通用模式,也包括特定于领域的模式,反映了框架面向特定领域的特点;而扩展点则反映了框架部分实现和需要针对具体应用进行扩展的特性。综上所述,在此给出 CBF 元模型,如图 7-6 所示。

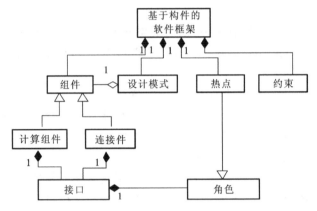

图 7-6　基于构件的框架元模型

　　在采用基于构件的框架概念之后,需要解决的一个重要问题是设计并实现框架扩展点,以处理框架复用过程中的应用变化性。扩展形态是针对不同领域变化性类型和层次设计的构件(包括应用构件和框架构件)协作关系,它决定了扩展点的形式、扩展点和其他框架构件的协作关系、组装机制等方面的内容。

　　基于构件组装的框架扩展点的设计主要通过接口调用和构件组装两种途径进行,如图 7-7所示。

　　利用接口调用处理基于构件的系统功能的变化性时,构件接口定义和实现分离的特性本身就可以支持构件功能的特定行为、算法和实现的变化,还可以利用插件的形式来支持。

　　插座-插件扩展模式支持用户完成的特定算法的加载和执行,如图 7-7(a)所示。考虑在 CBF框架中,由计算构件完成一个复杂的、包括局部变化性的处理流程,其中变化部分需要在框架扩展中由用户提供。一种实现途径是:将流程处理中不变的部分设计为 Socket 构件,而将用户完成的部分实现为 Plug 构件(或简称插件),并且 Socket 构件能够动态加载并直接调用插件提供的功能。目前许多软件通过插件方式支持扩展,如 Web 浏览器通过插件来处理网页中特定的内容,而一些图像处理软件支持将实现特定图像处理效果的功能作为插件动态加载并执行。

　　通过抽象构件作为应用构件的占位符,定义应用构件和框架的协作关系,如图 7-7(b)所示。CBF 在通过调用应用构件功能接口实现应用功能变化性的同时,也定义了应用构件的接口约束,抽象构件显式描述了应用构件在协作中扮演的角色,并通过角色/构件组装建立框架和应用构件的联系,实现框架扩展。

　　将领域共性部分在模板构件内部实现,而通过模板的参数化方式处理变化性,如图 7-7(c)所示。在领域应用中,如果存在着基本一致的处理算法,那么可以将其实现于一个模板构件中,同时在模板构件中尽可能多地涵盖各种变化性处理,并通过参数设置选择一种或多种变化性以实现扩展,具体的参数化方式包括数值参数设置和类型参数设置两种方式。

将框架提供的体现领域共性的功能暴露到框架外部,并被应用构件调用,实现被调用扩展。框架内部实现了领域的共性,一般来说,这些共性功能由框架计算构件承担,如果直接由应用构件访问计算构件,则会在一定程度上破坏框架的封装性,因此需要为计算构件访问提供一致的接口形式,达到该目标的途径是采用一个外观接口构件,封装内部接口并向外提供,如图 7-7(d)所示。

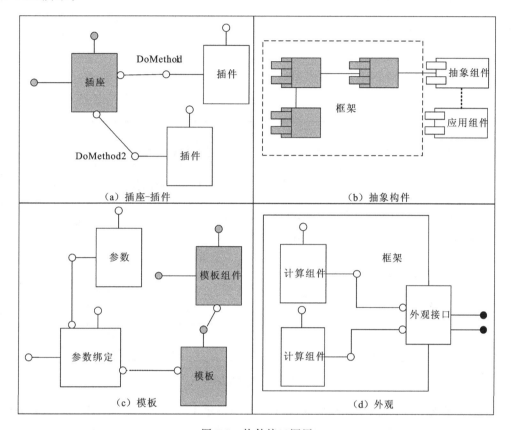

图 7-7　构件接口调用

构件组装可以处理构件系统结构的变化性。以下列举出了几种不同的组装机制以及相应的实现方法,如图 7-8 所示。

（1）参数化组装:运行参数、配置文件、脚本程序。

（2）消息机制:消息中间件。

（3）代理:桩方式、适配器、容器、Web Service 机制。

脚本模式实现一个包括多个构件协作流程的定制,并且能够组装应用构件,在 CBF 中,脚本可以用于定义构件的配置及连接关系,这需要定义脚本语言的语法,并提供脚本的定义和解释执行工具,如图 7-8(a)所示。

以相似的方式连接数目不定的框架构件和应用构件,并能够处理多选多的变化性。大部分 CBF 扩展模式主要提供了多选一变化性的支持,即一次只能连接一个应用构件以处理特定的变化性。当需要处理更为复杂的变化性时,可以采用消息服务连接多个应用构件,如图 7-8(b)所示。

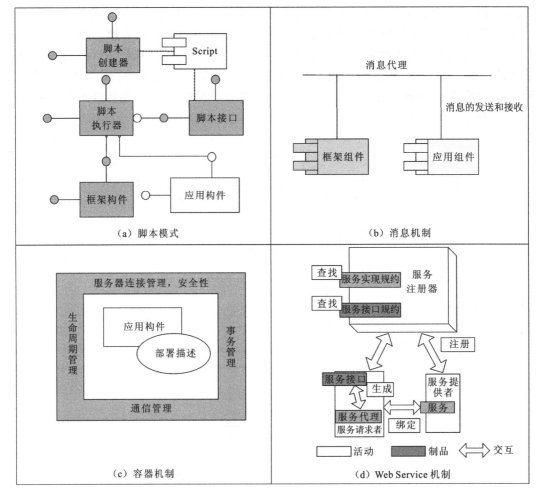

图 7-8 构件组装

在 CBF 扩展中,框架除了调用应用构件提供的特定于应用的功能外,还往往需要为应用构件提供相应的运行环境,并通过该环境为被组装构件的运行提供了特定的属性,如事务、安全等。在提供连接的同时,容器的一个优势在于它封装了具体的构件,使得外界只能透过容器边界来访问构件,而容器边界截获了客户(框架构件)对服务(应用构件)之间的消息,从而使得外部访问构件的接口变得一致。图 7-8(c)所示是容器机制扩展模式。另一种常见的构件组装模式是 Web Service 机制,如图 7-8(d)所示。

7.2.4 框架实现与测试

框架的实现即对框架构件进行编码,一般采用自顶至下的开发方法。在整个实现过程中,还必须定义一个完整的实现标准,如编码的统一性。这样做可以使得开发出来的框架更易于被应用程序开发人员所理解和利用。

框架测试的主要目的是验证开发完成的框架是否满足领域分析阶段的需求。就具体测试活动而言,基于构件的软件框架测试活动与普通的软件测试差别并不大,它可以分为单元测试和集成测试。单元测试主要针对框架构件,特别是计算构件进行,执行单元测试的方法有结构测试和规约测试,前者需要了解构件内部的结构,后者则主要关心构件对于特定输入的响应。框架集成测试建立单元测试的基础上,它验证各个构件能否很好地在一起协作,集成测试需要验证的内容包括:框架是否覆盖了所针对的领域,构件之间的协作是否正确,框架扩展点实现是否正确。除了框架本身的测试,框架文档也是其中重要测试内容,需要验证框架文档是否正确地描述了框架扩展点。

由于框架是针对复用开发的软件制品,它并不是完整的应用系统,因此在进行测试时,需要采取以下策略。

(1) 通过开发驱动模块调用框架接口,测试框架对外提供的功能。

(2) 在进行集成测试时,最有效的措施就是在领域中选择一个有代表性的应用系统进行构造,测试基于框架能否完成目标系统,即框架的可复用性。从这个角度来看,框架的复用过程也是框架的测试过程,一个被复用多次的框架,其正确性将有显著提高。

7.3　常见架构级软件框架

7.3.1　概述

软件框架通常可以按照其适用的领域进行如下划分:AJAX 框架、Web 应用框架、面向 GUI 应用框架、企业级架构框架以及移动应用框架等。本节概述了几类主流的架构级框架,并给出了相应的典型实例,最后对管道-过滤器框架以和 C2 框架进行了详细的分析。

7.3.2　AJAX 框架

传统 Web 应用采用同步交互过程,这种情况下用户首先向 HTTP 服务器触发一个行为或请求的呼救。反过来服务器执行某些任务然后向请求的用户返回一个 HTML 页面;这是一种不连贯的用户体验,服务器在处理请求的时候,用户多数时间处于等待状态,屏幕内容也是一片空白。

AJAX 框架的目的是通过应用 AJAX 以及其他技术构建客户端动态 Web 页面。与传统的 Web 应用不同,AJAX 采用异步交互过程,在用户与服务器之间引入一个中间媒介,从而消除了网络交互过程中的处理-等待-处理-等待缺点。用户的浏览器在执行任务时即载入了 AJAX 引擎。从服务器端获取数据或者向服务器端发送数据都是通过 JavaScript 请求完成的。表 7-1 列出了一些典型的 AJAX 框架。

表 7-1　AJAX 框架典型实例

典型的 AJAX 框架	框架概述
ASP. NET AJAX	ASP. NET AJAX 是微软.NET 平台上的解决方案,提供包括服务器端与用户端所需的 AJAX 技术与 JavaScript 整合机制。通过与 Visual Studio 整合,便可利用预设的控制项,开发出一些视觉特效与非同步传输的应用。不过和其他 MAX 框架相比,许多 AJAX 效果和功能都还在测试阶段,可以应用的功能有限
Dojo	一种轻巧的 AJAX 框架,用意在于解决 JavaScript 遇到的易用性或特效问题。Dojo 可以提高网页或其应用程序前端的开发速度。支持动态效果,也支持非同步处理的 AJAX 功能。AJAX 由于以动态的方式操作 DOM,导致用户习惯使用的"后退"、"前进"的功能无法使用,也无法利用"收藏夹",但这些问题 Dojo 都已解决

典型的 AJAX 框架	框架概述
Prototype	Prototype 不像其他框架,有很多动态效果,而更专注在改良 JavaScript 本身的功能,让 JavaScript 更容易使用。Prototype 在简化 JavaScript 方法上,提供了许多方便的语法。在非同步处理上,也提供了 Ajax. Request、Ajax. Updater 等类别,让开发者在处理非同步运作时可以利用它提供的方法,让沟通行为更为容易、正确
jQuery	jQuery 是目前最受瞩目的 AJAX 框架,以 Prototype 为本,简化并提升 JavaScript 语法的功能,它可以让设计者改变原有撰写 JavaScript 的方法,具有强大的存取页面元素功能,无论是文件的节点、CSS 的选取或 Xpath 表达式,都能利用"$()"函数快速存取,并赋予它更多的功能。另外,jQuery 也提供一些动态效果,而且和其他框架相比,这部分要显得生动很多
YUI	Yahoo 提供的 AJAX 框架,提供便捷的开发方式和许多 JavaScript 函数库,使用者可以利用它来开发互动式的界面与 AJAX 效果。YUI 分为三大部分,包含工具、CSS 和控制元件等函数库,工具是核心部分,负责一些底层的处理功能,CSS 提供版面规划、字体工具,而控制元件则有日历、树状结构等工具
DWR	DWR 是为 Java 语言设计的 AJAX 框架,使得开发人员可以利用 JavaScript 程序调用 Java 语法。DWR 的运作可分为两部分,一部分用在浏览器上,处理连接服务器端的 Java 程序,另一部分则是用来展示回传资料。通过 DWR 调用 Java 的方法,它会处理连接处理的细节,而当资料被处理完成后,DWR 就会返回调用结果,以进行结果展示

7.3.3　Web 应用框架

Web 应用框架(WAF)设计的意图是支持开发动态网页、Web 应用、Web Service 以及 Web 资源。为开发人员提供一套 Web 应用程序的开发框架和一套表现业务逻辑的组件,简化 Web 应用开发人员的开发过程,提高开发效率。表 7-2 列出了一些典型的 Web 应用框架。

表 7-2　Web 应用框架典型实例

典型的 Web 应用框架	框架概述
ASP. NET MVC	ASP. NET MVC 是微软推出的以 MVC 为基础的 Web 应用程序开发框架,实现了 MVCM 模式。该框架具有高可测试性的优点,通过分离应用程序关注点,降低了开发难度,同时提高了软件并行开发度,缩短了软件开发周期
Tapestry	Tapestry 是一个用 java 编写的基于组件的 Web 应用开发框架。它不仅仅是一个模板系统,更是一个建立在 Java Servlet API 基础上的动态交互式网站的开发平台。Tapestry 的"理念"就是"对象,方法,属性"。也就是说,Tapestry 使开发者只需将注意力放在对象(包括 Tapestry 的页面和组件,也包括应用程序的领域对象)、方法和属性上。在 Tapestry 应用程序里,所有用户动作(单击链接和提交表单)的结果都是对象的属性被更新和用户方法被触发
Wt(web toolkit)	Wt 是一个开源的面向 widget 的 C++Web 应用框架,具有一个和 C++桌面应用库 QT 类似的 API,也使用了一个 widget 树和事件驱动的信号/插槽(signal/slot)编程模型。Wt 的目标是将用于桌面应用 API 中的状态组件模型移植到 Web 开发中,而不是采取传统的 MVC 模型。MVC 模型的使用从页面级别转移到单个组件级别

续表

典型的 Web 应用框架	框架概述
Struts	Struts 是一个免费开源的 Web 层应用框架。Struts 有一个不断增长的特性列表,一个前端控制组件,一系列动作类、动作映射,服务器端 JavaBean 的自动填充,支持验证的 Web 表单、国际化支持等。其优点在于对大型应用支持较好,轻量级 Struts 只有相当少的几个类需要开发者掌握,Struts 提供了功能齐全的标签库,几乎可以满足 JSP 的所有需要
BFC(Base One Foundation Component Library)	一个可以在 Windows 以及 ASP.NET 平台上快速构建安全性高、容错性强的数据库应用开发工具包。通过和微软的 Visual Studio 开发环境结合使用,BFC 可以提供一种通用的跨 Windows 或 UNIX/Linux 系统平台的面向数据库应用的 Web 应用框架,支持的数据库包括 Oracle、Sybase、MySQL 等产品。BFC 也包含用于分布式计算、批处理、查询以及数据库命令脚本等功能的基础设施
Catalyst	Catalyst 是一个用 Perl 语言写的、开源的、按照 MVC 结构开发的 Web 应用框架,Catalyst 框架用 Moose(一个面向 Perl 语言的对象系统)进行编写。Web 应用开发者可以利用 Catalyst 处理所有 Web 应用的通用代码:提供 Web 服务接口,接收页面请求,并为数据模型,认证,Session 管理以及为其他常见的 Web 应用元素提供一个标准的接口

7.3.4　面向 GUI 应用的框架

在计算机编程中,一个应用框架可以被开发人员用来实现一个应用的标准结构。随着 GUI 应用的普及,应用程序框架也变得更加流行。开发人员发现当使用一个标准的框架时,自动创建 GUI 将变得异常简单,因为框架已提前定义了应用程序的基本代码结构。开发人员通常使用面向对象编程技术实现框架,如此一来,一个应用程序独特的部分可以通过简单的继承框架中已存在的类来实现。表 7-3 列出了一些典型的 GUI 应用框架。

表 7-3　GUI 应用框架典型实例

典型的 GUI 应用框架	框架概述
Cocoa	Cocoa 是苹果公司为 Mac OS X 所创建的原生面向对象的编程接口。Cocoa 包含了许多框架,其中最核心的有两个:Foundation 和 Application Kit 框架。这两个框架在 Cocoa 开发中是必需的,其他框架则是辅助和可选的。作为通用的面向对象的函数库,Foundation 提供了字符串、数值的管理、容器及其枚举、分布式计算、事件循环,以及一些其他与图形用户界面没有直接关系的功能。Application Kit 包含了程序与图形用户界面交互所需的代码
MFC	微软基础类库,以 C++ 类的形式封装了 Windows API,并且包含一个应用程序框架,以减少应用程序开发人员的工作量。MFC 包含了大量 Windows 句柄封装类和很多 Windows 的内建控件和组件的封装类。MFC 的主要优点是可以用面向对象方法来调用 Windows API。MFC 将很多应用程序开发中常用的功能自动化,并且提供了文档框架视图结构和活动文档这样的便于自定义的应用程序框架。MFC 的消息映射机制也避免了使用性能较低的庞大虚函数表
Windows Form	Windows Form 是微软的.NET 开发框架的图形用户界面的一部分,该组件通过将现有的 Windows API(Win32 API)封装为托管代码提供了对 Windows 本地(native)组件的访问方式。虽然该组件看起来是先前较复杂的基于 C++ 的 MFC 的替代品,但是它并没有提供与 Model View Controller Document/View 架构相应的特色。Document/View 架构已经被 MDI(多文件接口)所取代

典型的 GUI 应用框架	框架概述
Qt	Qt 是一种面向对象的、易扩展且具有优良跨平台特性的 C++图形用户界面应用程序开发框架,其丰富的应用程序界面能为软件的开发提供便利。QT 也可用于开发非 GUI 程序,如控制台工具和服务器。Qt 使用标准的 C++和特殊的代码生成扩展(称为元对象编译器)以及一些宏。通过语言绑定,其他的编程语言也可以使用 Qt

7.3.5 企业级架构框架

企业架构框架定义了如何创建并使用一个企业架构,一个架构框架提供了创建和使用一个系统的架构描述的原理和实践,将架构描述划分成域、层和视图。

企业架构将整个企业作为一个大型的复杂系统或者系统中的系统。为了管理这个系统的复杂性和规模,一个架构框架提供了一些工具和方法以帮助架构师抽象细节层次,实施人员基于上述细节层次可以聚焦企业的设计工作并产出有价值的架构描述文档。架构框架组件可以提供结构相关的指导,这些指导主要包括三方面的内容:架构描述、架构设计方法以及架构师组织结构。表 7-4 列出了一些典型的企业架构框架。

表 7-4　企业架构框架典型实例

典型的企业架构框架	框架概述
Zachman	Zachman 框架理论上是第一个企业总体架构。至今这个架构框架仍被广泛使用。Zachman 认为企业架构是构成组织的所有关键元素和关系的综合描述。Zachman 架构框架是一个由 36(6 行 6 列)个元素组成的矩阵图形,它从信息、流程、网络、人员、时间、基本原理等 6 个视角来分析企业,也提供了与每个视角相对应的 6 个模型,包括语义、概念、逻辑、物理、组件和功能等模型。这个架构矩阵图形以最简单的形式描述了组成内在关系的所有设计元素,以及这些元素的作用和功能
联邦总体架构框架(FEAF)	联邦总体架构框架是一个概念架构,目的是在跨政府部门的业务和技术设计之间定义统一的结构,从而实现联邦机构间的信息共享。联邦总体架构框架是由业务架构、数据架构、应用架构和技术架构组成的。尽管联邦总体架构框架与 Zachman 架构具有不同的背景且由不同的实体构建,但是联邦总体架构框架是可以映射到 Zachman 架构框架上的。联邦总体架构框架给联邦和各机构提供了减少成本的机会,改善了共享信息的能力,支持了联邦和各个机构 IT 的投资计划
TOGAF 架构框架	欧洲共同体 IT 协会提出的一个总体架构框架理论。TOGAF 架构框架是以 TAFIM 为基础开发的,它主要包括参考模型、架构内容框架、架构能力框架和架构开发方法。在 TOGAF 的总体架构中,可以看出它输入的是业务需求、现有系统和技术要求,输出的是标准、组件的选择及 IT 投资。这与 Zachman 及其他的架构框架的定义是一致的
GERAM	一个广义的企业架构框架,主要用于企业集成以及业务处理工程。它可以识别出这些被广泛赞誉的用于企业工程的组件。该架构在 20 世纪 90 年代被 FAC/IFIP 组织开发以进行企业集成。其开发初始即对现有的面向企业集成的框架进行评估,综合其优缺点,因而最终的框架就称为广义的框架

7.3.6　移动应用框架

由于 iPhone 和谷歌 Android 推出的移动应用开发正在迅速增长。有无数移动应用程序在互联网上公布,这些应用程序在发布之前都需要经过大量的工作和很多工程师辛勤的劳动,开发移动应用并不是一件容易的事情,需要付出很多的努力。同时,Android 应用是基于 Java 语言进行开发的,而苹果公司的 iPhone 则是基于 C 语言开发的,它们几乎无法融合,就算是都采用 Java 接口的 Android 和 BlackBerry,它们的 API 也不一样,如果想开发一套原生的应用,必须在每个平台调用各自的原生 API。为了解决上述问题,目前业界已推出了一些非常优秀的跨平台的移动开发框架技术来简化移动应用的开发,缩短程序的发布时间,并更好地支持应用的跨平台性。表 7-5 列出了一些典型的移动应用框架。

表 7-5　移动应用框架典型实例

典型的移动应用框架	框架概述
PhoneGap	PhoneGap 是一个开源的手机应用开发平台,它只用 HTML 和 JavaScript 就可以制作出能跨多个移动平台的应用。PhoneGap 将移动设备本身提供的复杂的 API 进行了抽象和简化,提供了一系列丰富的 API 供开发者调用。PhoneGap 可以将基于标准 HTML、CSS 和 JavaScript 打造的页面视图封装为本地客户端应用。PhoneGap 在页面视图与本地应用之间提供了一个桥梁,允许开发者通过 JavaScript 访问并可以使用移动设备的硬件功能,如摄像头、联系人信息、麦克风等
Titanium	Titanium Mobile 可以让用户使用 JavaScript API 来编写应用程序。不过 Titanium 会把代码编译成 Native 的 iPhone 或 Android 应用程序,这意味着它并不是一个真正的 Web 框架,而是一个兼容层或者编译器。Titanium 允许 Web 开发人员使用 JavaScript 和一些 XML 之类的其他相关技术,实现高性能、皮肤更换很便捷的 Native App,而不需要额外学习 Objective C 或者 Cocoa Touch 等技术
Sencha Touch	目前 Sencha Touch 已经成为构建移动 HTML 5 应用的领先框架,其前身是 Ext。使用 Sencha Touch,开发者可以构建在 iPhone、Android 和 BlackBerry Touch 等设备上运行的移动 Web 应用,其效果看起来如同本地应用,全面兼容 Android 和 Apple iOS,用户界面组件及数据管理全部基于 HTML 5 和 CSS 3
jQuery Mobile	jQuery 是非常流行的面向桌面浏览器的富客户端及 Web 应用程序开发中使用的 JavaScript 类库。jQuery Mobile 在 jQuery 框架的基础上,提供了一定的用户接口和特性,开发人员可以在移动应用上使用。使用该框架可以节省大量的 Java Script 代码开发时间,jQuery Mobile 不仅会给主流移动平台带来 jQuery 核心库,而且拥有完整统一的 jQuery 移动 UI 框架,支持全球主流的移动平台。拥有出色的伸缩性、轻量化以及渐进增强特性与可访问性

7.3.7　管道-过滤器软件框架

Gstreamer 是一种通用的流媒体应用框架,采用基于插件和管道的体系结构,框架中的所有的功能模块都被实现成可以插拔的组件,并且在需要的时候能够很方便地安装到任意一个管道上,由于所有插件都通过管道机制进行统一的数据交换,所以很容易利用已有的各种插件"组装"出一个功能完善的多媒体应用程序。

例如,Gstreamer 最显著的用途是构建播放器。Gstreamer 支持很多格式的文件,包括 MP3、Ogg、MPEG-1/2、AVI、Quicktime、mod 等。Gstreamer 的主要优点在于:它的可插入组件能够很方便地接入到任意的管道当中。这个优点使得利用 Gstreamer 编写一个万能的可编辑音视频应用程序成为可能。当然,Gstreamer 并不受限于音频和视频处理,它能够处理任意类型的数据流。管道设计的方法对于实际应用的滤波器几乎没有负荷,它甚至可以用来设计出对延时有很高要求的高端音频应用程序。

Gstreamer 主要功能模块包括元件、衬垫、箱柜等。

元件(elements):可以通过创建一系列的元件,并把它们连接起来,从而让数据流在这个被连接的各个元件之间传输。每个元件都有一个特殊的函数接口,对于有些元件的函数接口,它们是用于能够读取文件的数据和解码文件数据的。而有些元件的函数接口只是输出相应的数据到具体的设备上(如声卡设备)。可以将若干个元件连接在一起,从而创建一个管道来完成一项特殊的任务。

衬垫(pad):元件与外界的连接通道,每个衬垫都带有特定的功能信息,通过将不同元件的衬垫依次连接起来构成一条媒体处理管道,使数据在流经管道的过程能够被各个元件正常处理,最终可以实现特定的多媒体功能。

箱柜(bins):箱柜是一个可以装载元件的容器。箱柜允许将一组有链接的元件组合成一个大的逻辑元件。而不再需要对单个元件进行操作,而仅仅操作箱柜。当构建一个复杂的管道时,用户会发现箱柜的巨大优势,因为它允许将复杂的管道分解成一些小块。箱柜同样可以对包含在其中的元件进行管理。它会计算数据怎样流入箱柜,并对流入的数据流制定一个最佳的处理方案。这往往是 Gstreamer 里最复杂的一部分。

图 7-9 描述了如何使用 Gstreamer 播放 MP3 文件的流程。文件插件从一台计算机的硬盘驱动读取 MP3 文件,并将其发送到 MP3 解码器。解码器解码该 MP3 数据,并将其转换成 PCM,然后传递到 ALSA 声音驱动。ALSA 的声卡驱动程序发送 PCM 声音样本,最后从计算机的扬声器播放。如图 7-9 所示,元件之间的通信通过衬垫实现,一个元件的源(Source)衬垫被连接到另一个元件的汇(Sink)衬垫。

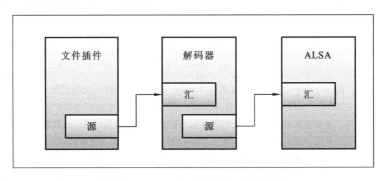

图 7-9　Gstreamer 实现 MP3 播放流程

7.4　常见架构级中间件

7.4.1　消息中间件

RPC 平台、分布式对象计算中间件以及组件中间件技术,都是基于请求/响应的通信模型,客户端向服务器发出请求,服务器将响应发送回客户端。然而,对于某些类型的分布式应用,特别是那些需要对外界刺激和事件做出反应的系统,如控制系统和在线股票交易系统,请求/响应通信模型在某些方面就不大适用了。这些不适用的方面包括:采用客户端和服务器的同步通信方式时,模型不能充分利用网络和终端系统的并行输入能力;采用指定的通信方式,客户端必须知道服务器的标识,这会导致其与特定的接收方紧耦合;如果使用点对点通信方式,则客户端同一时刻只能和一个服务器通信,从而限制了客户端将信息传递到所有需要信息的接收方的能力。

在某些分布式系统中采用了备选的结构化通信方案,即采用面向消息的中间件。面向消息的中间件技术的主要优点在于支持异步通信,发送方在传送数据给接收方后不需被阻塞以等待接收方响应。很多面向消息的中间件平台提供了事务机制,消息能被可靠地排队或存储,直到接收方把它们取出来。

消息中间件一般有两种传递模式:点对点模式(PTP)和发布-订阅模式(pub/sub)。

1. 点对点模式

点对点模式用于消息生产者和消息消费者之间点到点的通信。消息生产者将消息发动到由某个名字标识的特定消费者。这个名字实际上对应于消息服务中的一个队列(queue),在消息传送给消费者之前它被存储在这个队列中。队列可以是持久的,以保证在消息服务出现故障时仍然能够传递消息。

2. 发布-订阅模式

在发布-订阅模式中,不需要通过传送事件数据来明确指定接收方地址,此时发布方和订阅方是耦合关系,双方甚至都不需要知道彼此的存在;该模式还具备组播的功能,可以实现多个订阅方同时接收同一个发布者发布的消息。

发布-订阅模式技术的特点是运行在独立节点的应用,从分布式系统的一个全局的数据空间读/写事件消息。应用需要公开它们希望产生的事件,然后就可以利用这个全局数据空间与其他程序分享信息;而另一些应用则可以通过声明自己感兴趣的主题,或者简单地处理队列中的所有事件,就能够收到所有相关的事件消息。

发布-订阅模式中主要包含以下角色。

发布方是事件源,它们产生要传播到系统的关于特定主题的事件消息。根据实现架构的不同,发布方可能需要描述所生成优先级的事件类型。

订阅方是系统的事件接收方,它们使用自己感兴趣主题的数据。某些实现架构要求订阅方声明它们所希望接收信息的过滤信息。

事件通道是系统中将事件从发布方传播到订阅方的组件。它们可以把事件传播到分布式系统的远程订阅者那里,还可以完成各种服务,如过滤及寻址功能、质量保证增强功能以及错误管理功能。

图 7-10 展示了发布-订阅模式。

多个应用程序可以针对一个主题发布和订阅消息,而应用程序对其他人仍然是匿名的。消息中间件起着代理(broker)的作用,将一个主题已发表的消息路由给该主题的所有订阅者。

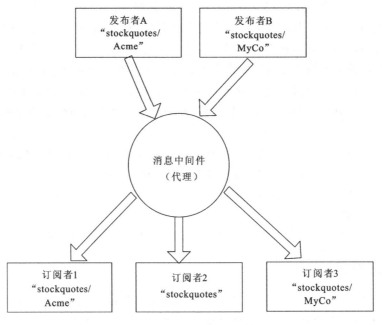

图 7-10　发布-订阅模式

3. JMS 及消息中间件产品

20 世纪 90 年代初,随着不同厂商消息中间件的大量上市,消息中间件技术得到了长足的发展。目前,IBM 和 BEA 的中间件产品在银行、证券、电信等高端行业,以及 IT 等行业中得到广泛应用。IBM 凭借其在 1999 年推出的应用服务器 WebSphere,扎根金融、证券等行业,在超大型以及系统整合型应用方面优势突出;BEA 则是专门从事中间件开发的公司,它的应用服务器 WebLogic 在美国市场占有率超过 60%,在国内电信及证券行业占据主要地位;Sun、Oracle、Sybase 和 Borland 等厂商也都有自己的应用服务器;近年来,以金蝶、东方通等公司为代表的国产中间件产品也发展迅速。

由于没有统一的规范和标准,基于消息中间件的应用不可移植,不同的消息中间件也不能互操作,这大大阻碍了消息中间件的发展。Java 消息服务(Java message service,JMS)是 Sun 及其伙伴公司提出的旨在统一各种消息中间件系统接口的规范。它定义了一套通用的接口和相关语义,提供了诸如持久、验证和事务的消息服务,它最主要的目的是允许 Java 应用程序访问现有的消息中间件。JMS 规范没有指定在消息节点间使用的通信底层协议,来保证应用开发人员不用与其细节打交道,一个特定的 JMS 实现可能提供基于 TCP/IP、HTTP、UDP 或者其他协议。

消息是 JMS 中的一种类型对象,由两部分组成:报头和消息主体。报头由路由信息以及有关该消息的元数据组成。消息主体则携带着应用程序的数据或有效负载。根据有效负载的类型来划分,可以将消息分为几种类型,它们分别携带简单文本(text message)、可序列化的对象(object message)、属性集合(map message)、字节流(bytes message)、原始值流(stream message),还有无有效负载的消息(message)。

消息收发系统是异步的,也就是说,JMS 客户机可以发送消息而不必等待回应。比较可知,这完全不同于基于 RPC 的(基于远程过程的)系统,如 EJB1。在 RPC 中,客户机调用服务器上某个分布式对象的一个方法。在方法调用返回之前,该客户机被阻塞;该客户机在可以执行下一条指令之前,必须等待方法调用结束。在 JMS 中,客户机将消息发送给一个虚拟通道(主题或队列),而其他 JMS 客户机则预订或监听这个虚拟通道。当 JMS 客户机发送消息时,它并不等待回应。而是执行发送操作,然后继续执行下一条指令。消息可能最终转发到一个或许多个客户机,这些客户机都不需要做出回应。

目前许多厂商采用并实现了 JMS API,现在,JMS 产品能够为企业提供一套完整的消息传递功能,下面是一些比较流行的 JMS 商业软件和开源产品。

1) WebLogic

WebLogic 是 BEA 公司实现的基于工业标准的 J2EE 应用服务器,支持大多数企业级 Java API,它完全兼容 JMS 规范,支持点到点和发布-订阅消息模式,它具有以下一些特点。

(1) 通过使用管理控制台设置 JMS 配置信息。

(2) 支持消息的多点广播。

(3) 支持持久消息存储的文件和数据库。

(4) 支持 XML 消息,动态创建持久队列和主题。

2) ActiveMQ

ActiveMQ 是一个基于 Apache3.0 licenced 发布,开放源码的 JMS 产品。其特点如下。

(1) 提供点到点消息模式和发布-订阅消息模式。

(2) 支持 JBoss、Geronimo 等开源应用服务器,支持 Spring 框架的消息驱动。

(3) 新增了一个 P2P 传输层,可以用于创建可靠的 P2P JMS 网络连接。

(4) 拥有消息持久化、事务、集群支持等 JMS 基础设施服务。

3) OpenJMS

OpenJMS 是一个开源的 JMS 规范的实现,它具有以下几个特征。

(1) 它支持点到点模式和发布/订阅模式。

(2) 支持同步与异步消息发送。

(3) 可视化管理界面,支持 Applet。

(4) 能够与 JakartaTomcat 这样的 Servlet 容器结合。

(5) 支持 RMI、TCP、HTTP 与 SSL 协议。

7.4.2　解释器系统的规则引擎

基于规则的系统能够把频繁变化的业务逻辑抽取出来,形成独立的规则库。这些规则可独立于软件系统而存在,可被随时更新。系统运行的时候,读取规则库,并根据模式匹配的原理,依据系统当前运行的状态,从规则库中选择与之匹配的规则,对规则进行解释,根据结果控制系统运行的流程。

基于规则的系统提供了一种将专家解决问题的知识与技巧进行编码的手段。将知识表示为"条件-行为"的规则,当满足条件时,触发相应的行为,而不是将这些规则直接写在程序源代码中。其中规则一般用类似于自然语言的形式属性,无法被系统直接执行,故而需要提供解释规则执行的"解释器"。

有多种常见的解释器系统的规则引擎:目前最好的商用规则管理系统是 ILOGJRules,最普遍使用的开源规则引擎是 Drools,Java 规则引擎的规范是 JSR94。

1) ILOGJRules

随着信息技术在企业的广泛的应用,企业 IT 部门所开发和维护的应用系统也越来越复杂,如何使应用系统能够更快地响应的企业业务的变化已成为 IT 企业发展的重要挑战之一。业务规则管理系统(business rule management system,BRMS)正是解决上述问题的最佳方案,BRMS 将以程序代码的形式固化在应用系统中的业务逻辑分离、抽象出来,被分离的业务逻辑以业务规则形式存储在规则库中,并通过规则引擎执行;同时,BRMS 还提供一系列的规则开发和管理工具供开发人员和业务人员来创建、修改、查询、部署和管理这些业务规则。ILOGJRules 是面向 Java 环境的完整的业务规则管理系统,它提供了所有必要的工具,用于对整个企业的业务规则进行管理,包括规则建模、规则编写、规则测试、规则部署、规则执行和规则维护。

ILOGJRules 涵盖了业务规则的整个生命周期,ILOGJRules 内的规则引擎是 J2EE 应用程序,可以部署到任何 J2EE 项目。另外,ILOG(已被 IBM 收购)能轻松集成到 IDE 环境中,可以利用 Java 控件调用规则引擎。

2) Drools

Drools(JbossRules)具有一个易于访问企业策略、易于调整以及易于管理的开源业务规则引擎,符合业内标准,速度快、效率高。业务分析师或审核人员可以利用它轻松地查看业务规则,从而检验是否已编码的规则执行了所需的业务规则。

Drools 从 5.0 版本后分为四个模块:Drools Guvnor(BRMS/BPMS)、Drools Expert(ruleengine)、Drools Flow(process/workflow)、Drools Fusion(cep/temporalreasoning)。

其中,DroolsExpert 是传统的规则引擎,DroolsGuvnor 是一个完整的业务规则管理系统。Drools 的主要功能及特点如下。

(1) 使用 RETE 算法对所编写的规则求值。

(2) 具有 Web 2.0AJAX 特性的用户友好的 Web 界面。

(3) 通过向导编辑器与文本编辑器,规则的作者更容易修改规则。

(4) 支持规则调试。

(5) 支持规则流。

(6) 自带一种非 XML 格式的规则语言 DRL,并且通过 DSL(域规则语言)支持自然语言的扩展。

(7) 支持 xls 或 csv 文件格式的决策表。

(8) 可版本化,用户可以很容易地使用之前保存的版本替换现在的一套规则。

(9) 与 JCR 兼容的规则仓库。

(10) 提供了一个 Java 规则引擎 API(JSR94)的实现。

3) JSR94

Java 规则引擎 API 由 javax. rules 包定义,是访问规则引擎的标准企业级 API。Java 规则引擎 API 允许客户程序使用统一的方式和不同厂商的规则引擎产品交互,就像使用 JDBC 编写独立于厂商访问不同的数据库产品一样。

7.5　软件体系结构测试

由于软件体系结构是连接软件需求和软件实现的桥梁,软件体系结构的设计必须既要完全正确又要完全精确地满足软件需求规约,还要实现软件需求规约提到的所有功能需求和非功能质量需求,所以需要进行软件体系结构设计是否满足了软件需求的一致性测试(conformance testing);同时,还要考虑如何保证软件实现是否符合软件体系结构的描述(软件体系结构规约)。

软件体系结构测试与传统测试既有区别又有联系。软件体系结构测试的目的是找出体系结构设计的错误和缺陷。产生指导代码测试的测试计划和测试用例,这与传统测试有很大的不同;而软件体系结构的测试计划和测试用例将通过代码层测试来细化和检验。这又使得软件体系结构测试与传统测试关系密切。

7.5.1　软件体系结构与测试的关系

在系统开发中,测试是确保开发的软件系统能否满足其功能性和非功能性需求的一个过程。从这个角度看,测试与需求联系更加紧密,而与架构似乎没有太多联系。因为只要系统能够按照预想的方式运行,谁又会在意系统的架构是怎样的呢? 架构在系统开发阶段是保证系统能够按预期方式运行的重要部分,然而一旦架构完成了这项任务,似乎架构不再有其关键的作用了。

然而,事实上,这种看法并不正确,实际上也不现实。架构在实际的测试中,虽然并不会很好地知道我们如何进行测试,但在测试中扮演了一个很重要的角色。架构能够使得我们以一种更高效的方式来进行测试活动的开展。下面将介绍软件架构在测试的不同层次所扮演的重要角色。

1. 单元测试

单元测试是运行在特定的软件模块上的测试。通常单元测试由开发人员编写(如果测试在开发之前写好,即为熟知的测试驱动的开发)。单元测试与架构元素相对应的是架构中的模块视图。在面向对象的软件中,一个单元可以是一个类。在层次系统中,一个单元可能对应着一层或者一层的某一部分。

架构在单元测试中扮演着重要的角色。首先,它能够定义这些单元:这些单元是模块视图中一个或多个模块视图。其次,它定义了分配给每个单元的职责和需求。

尽管单元测试超出架构的范畴(测试是基于非架构的信息开展的,如单元的内部数据结构、算法以及控制流),但是它们也不能脱离架构来进行。

2. 集成测试

集成测试主要是针对单独的软件单元开始共同工作时所会发生的操作。集成测试重点考虑找出设计中元素之间的接口方面的问题。集成测试通常与系统开发中计划的增量和子集联系十分紧密。

同样,架构也在集成测试中扮演了十分重要的角色。首先,集成测试中的增量必须预先计划好,而这种计划是基于架构开展的。使用视图在此十分有效,因为它表达了一个特定功能块对应的元素是什么。例如,在一个社交网络系统的项目中,集成测试的下一个增量是用户能够管理其他授权的用户在自己的空间发布的照片,这种情况下,架构师可以认为这个新功能是user_permissions 模块中的一部分,它将使用 photo_sharing 模块的一个新的部分,同时还将使用 user_links 数据库中的新的结构。

另外,元素之间的接口本身就是架构的一部分,这些接口决定了即将创建和允许的测试。

集成测试是系统运行时质量属性需求的验证阶段,如性能和可靠性测试能够在此阶段完成。本地数据库到全局数据库的数据同步化需要花费多长时间? 如果系统被注入故障会发生什么? 当一个进程失败时会发生什么? 这些都可以在集成测试中进行测试。

3. 验收测试

验收测试是由用户执行的系统测试,通常是在系统即将运行的配置下进行的。验收测试的两个特例是 α 测试和 β 测试。这两种测试下,用户都能够随意地操作系统。α 测试通常在内部进行,而 β 测试则在一些实际用户中进行。

架构在验收测试中扮演的角色相对较弱,但仍具有十分重要的作用。验收测试包括一些压力测试来测试系统的质量属性,这些压力包括安全攻击、关键时刻剥夺资源等。一个形象的类比是:要想摧毁一座房子,一种方式是拿着锤子对任意一面墙壁进行敲击,但如果能够通过了解房子的架构来找出哪一面墙是支撑着房顶的,将更有效率。

7.5.2　软件体系结构的测试

软件体系结构本身的测试分为体系结构的静态测试(体系结构分析)和体系结构的动态测试(体系结构模拟)两方面。前者是对体系结构的静态行为特征进行分析,如各类一致性分析等;后者是对体系结构的动态行为特征进行模拟。

一般来说,软件体系结构的测试主要包括 3 方面。

1. 结构测试

在软件体系结构层次,结构测试主要是为了检查在 ADL 描述的软件体系结构规约中所描述的结构是否存在缺陷(defect)。具体地讲,需要检查软件体系结构的总体拓扑结构是否存在问题,构件模型的结构是否合理,构件的接口和连接子的角色之间是否匹配,是否满足相应的约束等。

软件体系结构层次的结构测试与代码层次的结构测试类似,单元结构测试的目的是发现软件体系结构基本组成元素中存在的结构问题,如构件(component)接口中存在的问题、连接件(connector)角色中存在的问题等。集成结构测试的目的是对软件体系结构自身的结构及配置进行分析和检查,以便在软件生命周期的早期阶段发现缺陷。

由于一个软件体系结构可能是将来开发多个软件系统的基础,所以对软件体系结构自身的质量要求比传统的对设计文档的要求更高,因为软件体系结构中存在的一个缺陷,将来可能引起多个软件系统发生故障,甚至失败。因此软件体系结构测试的结果可用来对基于同一个软件体系结构的多个系统之间的软件测试费用进行调节,也可以进一步帮助调节投入到某个软件体系结构的精力,使之达到一种满意的平衡。

结构测试的基本做法如下。

（1）选择一种规约描述机制对软件体系结构进行形式描述，通过形式描述产生软件体系结构测试计划。

（2）在形式描述的基础上抽象出软件体系结构基本组成之间关系的一个抽象模型，基于传统的结构覆盖思想产生满足需求的测试用例。

（3）通过软件体系结构模拟器运行测试用例，获得运行结果。

（4）把实际测试结果和测试预言进行比较，如果结果与测试预言一致并且测试覆盖充分，则结束测试，否则需要考虑以下两个问题：

① 如果测试结果与测试预言不一致，则说明软件体系结构存在问题，需要对软件体系结构的元素进行重新配置，然后重复步骤（1）～步骤（4）；

② 如果仅仅是测试覆盖不够充分，则增加测试用例，以便覆盖未被模拟执行的路径。

2．一致性测试

在软件体系结构层次，一致性测试需要检查基于体系结构的软件系统的行为是否与软件体系结构规约中定义的行为一致，并且要检查系统经过修改之后，系统的行为是否仍然与软件体系结构规约中定义的行为一致；另外，在基于架构的软件开发生命周期中，从需求到软件体系结构之间的一致性测试，以及从软件体系结构到基于该架构的不同软件系统之间的一致性测试等也是应该考虑的。

在传统的软件开发过程中，各个开发阶段文档之间的一致性测试普遍存在。同样在基于软件体系结构的软件开发过程中，因为软件体系结构是软件开发过程中设计阶段的一个层次，基于架构的一致性测试也是必不可少的，以确保软件体系结构设计满足特定领域的需求，以及基于软件体系结构的各种应用系统行为与期望的行为一致。所以在某个软件体系结构已经得到验证的情况下，针对基于该软件体系结构的系统实现的一致性测试就显得相当重要了。

由于在实际的基于架构的软件系统开发中，当实现时间紧促的时候，为了完成任务，往往只是改变低层设计和实现以满足需求，而并没有对软件体系结构进行适当的调整以跟踪实现中的变化，这会导致软件体系结构"漂移"以致与实现产生不一致，这种现象称为软件体系结构漂移。显然，如果发生了软件体系结构漂移，则系统将会失去软件体系结构带来的许多优点。早期的分析结果不能扩展也不能复用，并且所有花费在基于架构工作上的努力都将白费。特别糟糕的是，早期时候，一旦软件体系结构或代码发生了变化，就不得不完全从草稿重新开始。所以，有必要研究改进的基于架构的方法，以便尽可能多地存储和重用在早期运行收集的信息，从而减少成本，改善基于架构方法的成本效益特性。由于软件体系结构是联系软件需求制品（现实世界）和软件实现（软件世界）的纽带，所以一致性测试不仅要测试实现系统与软件体系结构规约之间的一致性，而且要测试软件需求和软件体系结构之间的一致性。

（1）从软件需求到软件体系结构的一致性测试。从需求到软件体系结构的映射是一个既复杂又细致的工作，对相同的需求采用不同的映射机制会得到不同风格的软件体系结构，这同时也说明了从软件需求到软件体系结构的一致性测试也是一个复杂且细致的工作，针对不同的映射机制必须有不同的一致性测试方案与之对应。

（2）基于软件体系结构的一致性测试。软件体系结构规约不仅通过识别体系结构级的构件和连接子来捕获系统结构（体系结构拓扑结构），还可以通过定义构件和连接件如何交互的办法来捕获要求的系统行为,以便满足系统需求。结构测试是为了确保软件体系结构的结构不存在缺陷。一致性测试是为了保证实现系统的行为与软件体系结构中定义的期望的行为是一致的。

3. 回归测试

回归测试是指对基于软件体系结构的软件系统进行修改之后所进行的再测试过程。在软件体系结构层次,一般需要考虑两方面的回归测试:①由于软件体系结构实现过程中局部代码的修改而需要进行的回归测试,而软件体系结构的配置没有发生变化;②由于软件体系结构的配置发生变化而需要进行的回归测试。

由于一般系统都处在不断演化的过程中,各种类型的修改时常发生。对基于软件体系结构的系统来说,演化过程主要包含三种形式。

(1) 软件体系结构本身发生演化。这是指软件体系结构的基本元素组成或配置发生了变化。例如,构件或连接子的数量发生变化,构件和连接子之间的关系发生了变化等。

(2) 系统中局部代码发生变化,这种变化是在一个构件或连接子内部进行的,不会导致软件体系结构发生变化。

(3) 软件体系结构基本组成(或配置)和局部代码都发生了变化,这种情况就更加复杂了。

基于架构的回归测试主要是针对这三种形式的演化而进行的一种软件体系结构层次的测试。在没有发生演化之前,抽取软件体系结构的测试用例是为了测试源代码。如果系统的演化是由代码演化引起的,回归测试的目标就是检查新的代码,看它是否满足初始的软件体系结构规约;如果系统的演化是由体系结构的演化引起的,回归测试的目标就是如何尽可能多地利用现有测试用例来测试新的软件体系结构规约和新的代码,以确认新的软件体系结构是否正确,以及新的代码是否与新的软件体系结构一致。

综上所述,软件体系结构是要开发的软件系统的结构在较高抽象层次上的描述,其目的是显示软件系统的高层次结构,为软件开发的后续阶段提供一个总体的软件蓝图。所以,软件体系结构规约中关于软件系统结构的描述一定要正确和准确,否则基于该软件体系结构的所有软件系统将存在结构不合理,甚至结构故障等隐含的缺陷。软件体系结构级的测试目的就是发现软件体系结构规约中存在的结构描述问题。这些问题包括总体拓扑结构是否合理,是否存在重大的安全隐患,构件接口是否合理,连接子的角色是否合理,是否存在接口不匹配问题,是否存在独立的构件和连接子,结构的复杂度如何等。

目前软件体系结构级的测试主要集中在结构测试、一致性测试和回归测试三方面。为了保证软件体系结构本身的质量,需要利用结构测试对它进行单元测试和集成测试,以确保组成体系结构的构件和连接子之间的配置不会出现问题。结构测试的目的就是发现软件体系结构在自身结构上存在的各种问题,如控制流问题、型构不兼容、接口不匹配、动态重配置问题,以及依赖关系混乱等。而一致性测试和回归测试是为了保证基于架构的软件系统的质量而必须进行的测试。一致性测试是为了检查系统实现的行为是否和在体系结构规约中定义的行为一致;如果一致,再进行其他行为的一致性测试,直到确认系统实现的所有行为和体系结构规约中定义的行为一致为止;如果不一致,则需要对软件系统的实现或体系结构进行修改,对修改以后的系统,需要进行基于结构测试和一致性测试的回归测试。这种过程反复进行,直到不再发现基于架构的软件系统问题为止。

7.6　思考与练习题

1. 什么是架构实现框架？中间件和架构实现框架之间有哪些区别和联系。

2. 架构实现框架与架构风格之间的关系是什么？

3. 哪些策略可以用来解决架构风格与中间件的不匹配问题？

4. 什么事架构腐化？针对架构腐化问题可以采取哪些应对策略，这些策略之间有哪些不同之处？

5. 如何保证设计的架构与软件实现之间的一致性？

6. 基于构件组装的框架扩展点设计的主要方法有哪些？并举例说明。

7. 框架开发过程与应用程序开发过程有什么区别？它们之间又有什么联系？

8. 常见的 Web 应用框架和移动应用框架有哪些？每个框架其特点是什么？

9. 选取一种移动应用框架开发一个跨 Android 和 iOS 平台的简单应用，体会框架是如何简化程序员的开发工作的。

10. 软件体系结构测试与一般的应用程序测试有何不同之处？

第8章 软件体系结构和软件产品线

8.1 软件复用

软件复用的基本思想是尽最大可能重用自己已有的软件资产。软件复用是一种系统化的软件开发过程,通过识别、开发、分类、获取和修改软件实体,以便在不同的软件开发过程中重复使用它们。广义的复用体包括需求、设计、代码、数据、文档等软件资产;狭义的复用体一般指代码级的软件实体。软件复用可有效缩短软件开发时间和降低成本,提高生产率,同时可改善产品质量,提高可维护性。因此,软件复用长期以来一直是软件工程领域不断追求的目标。尤其是在软件规模和复杂度日益增大,软件开发和维护成本急剧上升的今天,软件复用显得更加重要。

自 1968 年 Mcllroy 提出了软件复用概念的原型后,人们一直在尝试用不同的方法实现通过软件模块的组合来构造软件系统。软件复用从代码重用到函数和模块的重用,发展到对象和类的重用。构件技术兴起时,曾经有人预测,基于构件的软件开发将分为构件开发者、应用开发者(构件用户),但跨组织边界的构件重用是很困难的。对于一个软件开发组织来说,它总是在开发一系列功能和结构相似的软件系统,有足够的经济动力驱使它对已开发的和将要开发的软件系统进行规划、重组,并尽量在这些系统中公用相同的软件资源。于是"世界范围内的重用"开始向"组织范围内的重用"转移。软件架构模式的发展为人们实现更高层级的重用提供了实践方法。

随着软件体系结构的发展,人们逐渐认识到其横跨一类相关系统家族,是一种更高级形式的软件复用,可有效降低系统开发成本,提高产品质量,缩短产品上市时间。而软件产品线通过将软件体系结构技术、领域分析技术、再工程技术以及相关的管理技术相结合,简化了产品家族中产品的创建,可看作一种实现软件体系结构重用的软件工程技术。基于构件、架构模式技术的重用在软件复用中的主要地位逐渐被基于软件产品线的重用所代替。

基于产品线的软件复用也符合软件复用的发展趋势:从小粒度的重用(代码、对象重用)到构件重用,再发展到软件产品线的策略重用以及大粒度的部件(软件体系结构、体系结构框架、过程、测试实例、构件和产品规划)的重用,能使软件复用发挥更大的效益。软件产品线是目前为止最大程度的软件复用,可以有效地降低成本,缩短产品面世时间,提高软件质量。

虽然新的产品线技术和方法在不断涌现,但是软件体系结构和软件复用在引导产品线设计上的绝对重用性是不变的。软件产品线代表着跨产品的软件资源的大规模重用,并且是"有规划"和"自顶向下"的重用,而不是在该领域已被证明了不成功的"偶然"和"自底向上"的重用。作为指导软件产品线设计最重要的软件体系结构,产品线体系结构是重用规划的载体,是最有价值的可重用核心资源。

8.2 软件产品线

在制造业通过在产品线上装配零部件而实现产品生产已有上百年的历史,早已被证明是一种可实现高效、高质量、规模化生产的产品生产模式,现代的航空、汽车、电子等工业制造企业都建有先进的产品生产线。如今,产品线的概念甚至早已拓展到企业品牌、产品营销等更加广泛的领域。如前所述,重用作为一种降低建造成本,提高质量,缩短产品市场投放时间的产品生产方式,在软件领域也得到了广泛应用。

8.2.1 基本概念

卡内基梅隆大学软件工程研究所(CMU/SEI)对产品线和软件产品线进行了如下定义:产品线是一个产品集合,这些产品共享一个公共的、可管理的特征集,这个特征集能满足选定的市场或任务领域的特定需求。这些系统遵循一个预描述的方式,是在公共的核心资源基础上开发的。

根据该定义,软件产品线主要由两部分组成:核心资源和产品集合,如图 8-1 所示。核心资源是领域工程的所有结果的集合,是产品线中产品构造的基础。也有组织将核心资源库称为"平台"。核心资源包含产品线中所有产品共享的产品线体系结构、新设计开发的或者通过对现有系统再工程得到的需要在整个产品线中系统化重用的软件构件。核心资源也包括软件构件相关的测试计划、测试实例、设计文档、需求说明书、领域模型、采用 COTS 的构件等。产品线体系结构和构件是软件产品线中构建产品和核心资源最重要的部分。

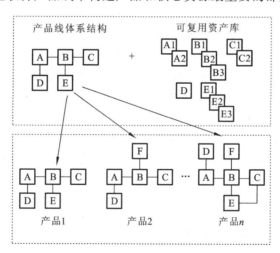

图 8-1 产品线构成示意图

软件产品线工程能够在开发成本和产品上市时间方面极大地改善软件开发过程,在软件复用方面达到了很高水平,必将成为 21 世纪占主导地位的软件生产模式。

区别软件产品线和一般软件复用方式的关键是看这种重用是可预见的还是机会主义的。一般意义上的软件复用是在开发过程中,只要发现有可复用的资产,就将其放到公共资产库中加以复用。而软件产品线却不同,它是按照预先规定的方式进行复用,即它要求在开发之前,就进行规划,以决定哪些需要复用。

在一个软件产品线中,构建新产品往往需要经过以下步骤。

(1) 从公共资产库中选取合适的构件。

(2) 使用预定义的调整机制进行裁剪,如参数化、继承。

(3) 必要时增加新的构件。

(4) 在整个产品线范围内共同的体系结构指导下,进行构件组装,形成系统。

在软件产品线中,新产品(系统)的开发从"创造"变为"组装(生成)",其中占支配地位的活动是"集成",而非"编程"。

8.2.2　软件产品线工程的特点

(1) 可变性管理(variability management)。软件产品线工程可支持一系列的产品,这些产品能够满足用户个性化需求或不同的细分市场需求。可变性是软件产品线工程中最重要的概念。软件产品线工程并不关注单个系统,而是关注整体及其变化。在整个软件产品线工程中要管理可变性,包括定义、表示、探索、实现、演进可变性等。

(2) 商务中心(business-centric)。传统的软件开发关注的是单个系统,而产品线工程强调的是整个市场产品。只有当产品线能够长期提供有效的方法支持新产品快速投放到市场,产品线工程才能够获得成功。因此,要从成本的角度考虑单个产品与产品线的关系,对单个产品的决策要与更大的产品线联系在一起。其中,最重要的是要理解产品线启动的业务目标。通常业务目标是降低人力/成本,加快上市速度,或者与质量相关,如提高可靠性或者改善可用性。这些特定目标给我们提供了进行产品线工作决策的基础,确定需要满足的需求。这些目标同时帮助我们明确投入的平衡点。

(3) 架构中心(architecture-centric)。从技术上来讲,软件开发必须利用单个系统间的相似性。软件产品线工程是以公共的产品线架构(或称参考实现)为基础的,因而经常称为以架构为中心,与其他重用方法相比,公共架构的中心角色是产品线工程成功的主要因素。为了给不同组件提供一致的描述,通常以通用的接口开发、装配并应用于不同的产品,就要在领域工程中设计参考架构。通用架构对所有不同产品中使用的组件定义了一致的环境,从而保证了对功能相类似组件的不需要重复开发,只需要考虑它们的工作环境。

(4) 两个生命周期(two-life-cycle approach)。软件产品线工程是由领域工程和应用工程构成的。理想情况下,这两种工程只是基于平台松耦合和同步,形成了完全不同的生命周期模型。领域工程与应用工程的区别是产品线工程的一个关键特性。

8.2.3　软件体系结构在软件产品线中的作用

对于核心资源库中所有资产来说,软件体系结构在其中扮演着最重要的角色。

一方面,软件体系结构在产品线上对构建产品有着重要的作用。建立一个成功的软件产品线的本质是能够识别产品族的共性与差异。软件体系结构非常适合处理这种变化,因为所有的架构都是一种满足多个实例的抽象,就其本质而言,每个体系结构都是一个关于共性和变化的声明。例如,组件接口的设计就是为了保持稳定,而接口也隐藏了所期望的变化。

在一个软件产品线上,体系结构必须包含变与不变两方面。产品线的体系结构必须具有一定的可变性。因此,确定允许变化的组件是体系结构的一部分职责。软件产品线的多个产品同时存在,只是它们的行为、质量属性、平台、网络、物理配置、中间件、比例因子等方面有所不同。

另一方面,软件体系结构能够为扩展现有产品之外的业务领域提供支撑。如前面章节所述,软件体系结构可以作为技术平台来构建新的应用程序或者新的业务模型,也可以帮助组织将业务扩展到全新的业务领域。在许多情况下,组织凭借其生产能力,即产品线体系结构所代表的核心资产基础,就可以快速进入新的市场。

产品线架构师需要考虑与产品线体系结构相关的三个问题。

(1) 确定变化点。产品线架构师可根据产品线需求定义使用范围,以确定体系结构变化点。

(2) 支持变化点。可通过变化机制来确定支持变化点。

(3) 评估产品线体系架构的适用性。

8.3 软件产品线三大基本活动

本节以 SEI 软件产品线过程模型为基础,讨论软件产品线开发的基本活动。从本质上来看,产品线开发包括核心资源库的开发和基于核心资源的产品开发,分别对应领域工程和应用工程,两者都需要技术和组织管理作为支持。核心资源的开发和产品开发可同时进行,也可交叉进行。例如,新产品的构建以核心资源库为基础,而核心资源库可从已存在的系统中抽取。图 8-2 说明了产品线各基本活动之间的关系。

图 8-2 中每个旋转圆圈表示一个基本活动,三者必不可少,紧密联系。旋转箭头不仅表明核心资产用于产品开发,还表明核心资产通常是从产品开发中形成的。

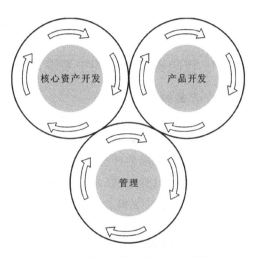

图 8-2 产品线三大基本活动之间的关系

在核心资源和产品开发之间有一个强的反馈环,当新产品开发时,核心资产库就得到更新,对核心资源的使用反过来又会促进核心资产的开发活动。另外,核心资产的价值通过使用它们的产品开发得到体现。

8.3.1 核心资产开发

核心资产开发活动的目标是建立产品的生产能力,图 8-3 描述了核心资产开发活动及其输入、输出。

核心资产开发活动和其他活动一样,是迭代进行的。其中的旋转箭头表明了从上下文(输入)到输出并没有一个直接的因果关系,同时产生核心资产的活动也可能会改变上下文。例如,扩大产品线范围(输出)可能会让系统检查现有资产(上下文之一)的可能来源。同样,一个产品约束(如快速组装产品的需求)可能会导致限制产品线体系结构(一种输出)的约束。这种约束也会反过来决定哪个已有的资产(另一个上下文因素)可以作为重用的候选。

核心资产开发不会凭空发生,而是发生在一个现有约束和资源的情景上下文中,上下文影

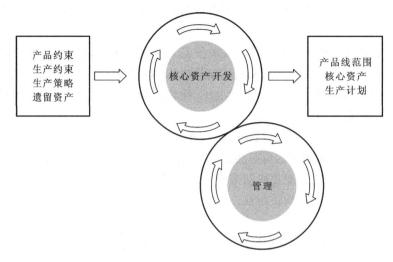

图 8-3　核心资产开发活动及其输入、输出

响核心资产开发的实现和它所产生的输出。下面详述核心资产开发的主要输入和输出。

1. 核心资产开发的主要输入

1）产品约束

构成产品线的各个产品有哪些共性和差异？它们提供什么行为特征？在市场和技术方面，它的哪些特征将在今后取得收益？遵循哪些商业、军事或者公司特有的标准？必须遵守什么性能约束？和哪些外部系统有接口？必须遵循哪些物理约束？必须满足什么质量属性？核心资产应利用共性，并以最小化的影响（权衡）产品质量属性驱动（如安全性、可靠性、可用性等）换取对产品共性和个性的满足。这些约束可以从一组预先存在的产品衍生，它们可以是新产生的，也可以是两者结合而成的。

2）生产约束

新产品上市的时间要求，一年、一个月还是多少天？实施工程师需要具有什么样的生产能力？产品开发中需要遵守哪些企业特定的标准？谁来构建产品？在什么环境下生产？核心资产提供什么变量管理机制？回答这些类似的问题可以形成一些决策，例如，是投入开发环境还是仍旧手工编码。这些答案将最终决定在核心资产中提供什么样的变化机制，将使用什么生产过程，以及最终的生产计划。这些问题对核心资产的构造、核心资产具有很大影响。

3）生产策略

生产策略是实现核心资产以及产品的总体方法。自顶向下（从核心资产开始，导出产品）还是自底向上（从一系列产品开发，抽取核心资产）？通用组件是内部生产还是购买？核心资产的生产如何管理？生产策略决定了体系结构及其相关构件的起源，以及发展路线。由产品约束和生产约束可知，生产策略也能够通过从核心资产所产生的产品驱动整个过程。产品是由核心资产自动生产还是需要装配？生产策略刻画了体系结构和相关构件获得及演化途径。

4）现有资产清单

遗留系统和现有的产品体现了组织的专业领域知识积累，并确定市场占有率。产品线架构可能会从相关的遗留系统或者已有产品中大量借鉴相关的成熟设计。这些构件可能表示该组织在该领域的核心知识产权,因此很有可能成为核心资产的重要候选构件。在生产线开始工作时可用的软件和资产是什么?是否有能够使用的库、框架、算法、工具、构件以及服务?是否有技术管理过程、筹资模式和培训资源?是否能够很容易地适应产品线?通过仔细分析,机构可以确定最适合使用的资源。然而,已有的资产并不局限于通过产品线构建的资产,外部的可用软件(Web Service、开源产品以及标准、模式和框架等)也可作为核心资产的一个重要来源,并能发挥其很好的优势。

2. 核心资产开发的主要输出

1)产品线范围

产品线范围是关于构成产品线的产品或产品线所包括产品的描述,该描述列举出所有产品的共性和彼此之间的差异,包括产品所提供的功能、性能、质量属性、运行的平台等。一个产品线要取得成功,必须定义清楚范围。如果范围过大,则产品变化太广,核心资产将不能适应其变化,产品线将会陷入传统的一次性产品开发模式。如果范围太小,则核心资产的通用性不能适应将来的变化,产品线的规模经济效益就不能实现。

产品线的范围必须将正确的产品定为目标。一般由以下几方面来决定,包括相似产品或系统、当前或预测的市场因素、业务目标(如市场的灵活性或者合并一系列相似但目前仍独立的产品开发项目)。随着市场条件、组织计划变化、新机遇的出现,产品线的范围也会随之演进。

定义产品线的范围本身就是一个核心资产,其演化和维护贯穿于整个产品线生命周期,因为它决定了其他众多的核心资产。

2)核心资产

核心资产是产品线中产品生产的基础。不是每个核心资产都需要用到产品线的每个产品中,保持协调发展、维护和演化。核心资产通常包括(但不局限于)构架、可重用软件构件、领域模型、需求、文档、测试用例、工作计划和过程描述等,其中构架是最关键的资产。

每种核心资产都应和一个附属过程相关联,以指出如何将它应用到实际产品的开发中,整个过程如下。

(1)将产品线的共性需求作为基线需求。

(2)将产品线的扩展功能作为变化的需求。

(3)如何添加指定的产品线需求之外的需求。

(4)确认体系结构所支持的变化和扩展。

这个过程可通过自动化工具来完成。产品约束、生产约束和生产策略影响附加过程的定义,这些过程遵循整体的生产方法,可以并入产品线的生产计划,如图 8-4 所示,图中描述了附加过程的概念,以及如何将它们纳入生产计划中。

此外,一些技术性不强的核心资产,如产品线的特定培训,使用产品线的特定产品商业案例,定义相关产品线的技术管理过程和在产品线中对构建产品已确定的风险。

创建核心资产的最后一步是创建一种运营概念(CONOPS),CONOPS 描述了组织如何按照产品线组织运营。CONOPS 定义了核心资产随着产品线的演化、可用资源变化、持续维护领域产品以及技术变化或者市场变化影响产品线的范围而更新。

3)生产计划

生产计划描述了如何基于核心资产库开发产品,及其扮演的两个角色。

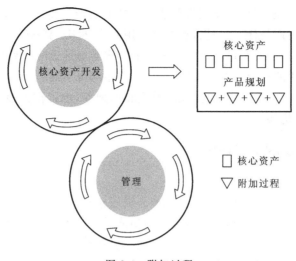

图 8-4　附加过程

（1）生产计划包括构建产品的过程，如上所述，核心资产应该定义产品开发的附加过程。这些附加过程通过一些必要的连接过程结合在一起形成一个完整的产品生产过程。设计附加过程及其连接过程的目的是满足生产策略、生产约束以及反映所选择的生产方法。生产方法是一个整体的实现方法，指定了附加过程中使用的模型、过程和工具。例如，实现变化可以通过选择各式各样具有某种特性的组件或服务，增加或删除组件，通过集成或参数化裁剪组件或使用面向方面的方法。生产方法的例子如自动或部分自动生成产品。在产品开发过程描述中，涉及用来提供产品需求变化的工具。选择不兼容的变化机制有损产品开发过程的效率，"技术预测"和"支持工具"实践域将影响生产方法的决定。

（2）生产计划还列出了项目细节，如计划表和材料清单等，有利于过程执行和管理。实际上，这些细节可以单独编档，但是从概念上讲，它们应该是生产计划的一部分。

显然，生产计划是一个重要的核心资产。图 8-5 细化了图 8-4 中生产计划的概念，把组合起来的一系列附加过程看作产品生产过程，把项目细节作为生产计划的一部分，图中还明确显示了上下文因素（产品约束、生产策略和生产约束）对生产方法的影响。

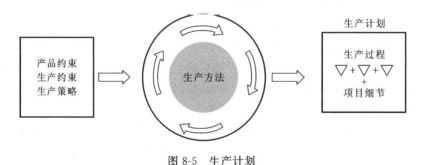

图 8-5　生产计划

8.3.2　产品开发

产品开发活动依赖于 8.3.1 节描述的 3 个输出（产品线范围、核心资产和产品计划），以及每个不同产品的具体描述，图 8-6 描述了这种关系。

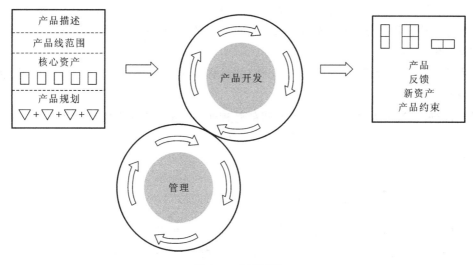

图 8-6　产品开发

成熟的产品线组织优先考虑整个产品线而不是个别产品的健壮性,但产品开发才是产品线的最终目标。图 8-6 中的箭头表明了产品开发活动的输入和输出之间存在一个不断反馈和迭代的过程。

1）产品开发的主要输入

（1）产品特定需求。

（2）核心资产开发的输出:产品线范围、核心资产和生产计划。

2）产品开发的主要输出

（1）特定产品。

（2）对核心资产开发提供反馈。

（3）增加新的核心资产和产品约束。

8.3.3　核心资产管理

核心资产管理在产品线中起着十分重要的作用。产品线活动的开展需要给定资源,并在协调与监督下完成,同时需要协调核心资产开发和产品开发迭代过程中的技术活动。这种管理（无论在技术层面还是组织层面）必须致力于软件产品线工作,它能够不断完善产品线并保持其健康和活力。管理活动不仅需要协调整个产品线开发过程的各个活动,还需对产品线的成败负责。

技术管理用来监督核心资产开发和产品开发活动,主要措施包括:确保构建核心资产和产品的人员参与了需要的活动,遵循为产品线定义的过程,并采集足够的数据来追踪过程。技术管理决定生产方法并提供了生产计划中的项目管理元素。

组织管理定义产品约束并最终决定生产策略。组织管理必须创建一个组织结构以使企业更具有意义,并确保组织单元能够得到必要的资源（如训练良好的人员）。组织管理还定义了一个筹资模型,这将确保核心资产的演化,并提供相应的资金。组织管理也编排核心资产开发和产品开发的基本活动之间的技术活动和迭代。在组织层面,组织管理能够减轻危及产品线成功实施的一些风险。组织的外部接口也需要认真管理。产品线往往会在组织的客户和供应商之间产生各种各样的关系,而这些新关系必须引入、培养和加强。组织管理中最重要的一件事就是创建一个采用计划,该计划用来描述组织期望的状态(在产品线上正常生产产品)以及达到该状态的一些策略。

技术管理和组织管理中的一些管理工作(如日程安排和预算)也可以变得可重用,从而形成核心资产。

最后,应该指派个人或小组充当产品线的管理角色,所挑选的人应该是强有力、有远见的领导者,他们可以领导大家直指产品线目标,尤其是在产品线早期面临一些困难的情况下领导者的作用显得更加重要。

8.3.4　三大基本活动的组合

在软件产品线中,三个基本活动都非常重要,而且三者之间的融合也是必不可少的(技术和商业实践的结合)。不同的组织机构可能采取不同的路线来实现这三个基本活动,它们采取的路线体现了其生产策略。产品线实践模式,尤其是 SEI 的采用工厂模式是一种帮助组织通过基本活动规划自己路线的方法。

许多组织机构将核心资产开发作为软件生产线的开端,这些组织采用了一种积极主动的方式,通过定义产品线范围来定义构成生产线的系统的集合。该范围定义提供了一种设计宗旨,该宗旨覆盖了产品线架构设计、组件设计,以及其他具有正确的内置变化点的核心资产的设计,在该范围内生产的任何产品都成为运用该变化点和体系结构的问题,也就是说,配置组件和架构,然后装配和测试系统的问题。其他的组织从现有的少量产品开始,然后用它们来生产产品线核心资产和未来产品,这种方式是被动的。

这两种方式可以进行增量式的使用,例如,积极的方式可能只用于生产最重要的核心资产,而不是全部。早期的产品使用那些核心资产,后续的产品使用更多的核心资产,因为它们被添加到集合中。最终,完整的核心资产成为了基础,早期的产品可能会也可能不会使用完整的集合来重构。被动方式的增量工作原理也是类似的,使用现有产品作为核心资产的来源,如果时间和资源允许,更多的核心资产将被添加。

积极的方式具有明显的优势,产品用最少的代码迅速推向市场,但也有缺点,它需要很大的前期投资,来生产整个产品范围通用的体系结构和组件。而且它需要大量的前期预测知识,但有些东西不一定有用。对于那些早已在特定领域有开发产品的组织而言,这不是一个很大的缺陷。但是对于一个完全没有开发经验或者现有产品的组织机构,这将是一个巨大的风险。

被动的方法以更低的成本优势进入软件产品线,因为它不会提前开发核心资产。然而,对于产品线获得成功,体系结构等核心资产必须是健壮的、可扩展的,并且适合于未来生产线的需求。如果核心资产的能力不能满足已经在运行的特定产品的集合,那么未来的产品扩展将是十分昂贵的。

不管采取什么方式,这个过程都是非常罕见的。产品的创建可能对产品线范围、核心资产、生产计划,甚至对特定产品的要求都有强烈的反馈效果。找出特定产品线成员的能力也是很重要的,在项目启动的时候,即规定了该成员并不需要承担定义范围的责任,但是最后影响了产品线的范围定义。每个新的产品都可能与其他产品相似,可以通过创建新的核心资产加以利用。随着越来越多的产品进入该领域,生产效率显得尤为重要,此时效率开始支配新的系统生成规程,从而导致了生产计划的重新制定。

8.4　软件产品线实践域

一个实践域是一组活动的集合或工作体,实施软件产品线的组织必须掌握,以便成功地实施产品线的基本工作。实践域是对产品线基本活动(如开发核心资产)的细化,通过定义一组较小且易于管理的活动,以利于达到目标。同时,实践域为组织采用产品线方法提供了起点。为了能够执行每个实践域的基本活动,要求掌握相关的实践域,这里的"掌握"意味着能够重复成功地实践。

尽管很多实践域在任何成功的软件开发中都是基本的,但在产品线方法中有其同单个系统工程不同的特性。产品线的实践域可以大致分为三类。

(1) 软件工程实践类:采用合适的技术创建和演化核心资产及产品的实践,包括体系结构定义(architecture definition)、体系结构评价(architecture evaluation)、构件开发(component development)、挖掘现存资产(mining existing assets)、需求工程(requirements engineering)、软件系统集成(software system integration)、测试(testing)、理解相关领域(understanding relevant domains)、使用外部可用软件(using externally available software)。

(2) 技术管理实践类:采用工程化方法创建和演化核心资产及产品的管理实践,包括配置管理(configuration management)、开发/购买/挖掘/委托的分析(make/buy/mine/commission analysis)、度量和追踪(measurement and tracking)、过程纪律(process discipline)、范围(scoping)、技术规划(technical planning)、技术风险管理(technical risk management)、工具支持(tool support)。

(3) 组织管理实践类:协调整个产品线活动的管理实践,包括构建商业案例(building a business case)、用户界面管理(customer interface management)、开发获取策略(developing an acquisition strategy)、投资预算(funding)、启动和制度化(launching and institutionalizing)、市场分析(market analysis)、操作(operations)、组织计划(organizational planning)、组织风险管理(organizational risk management)、结构化组织(structuring the organization)、技术预测(technology forecasting)、培训(training)。

实施这些实践域的人员需要掌握不同的知识和技能,这些类别代表的是学科而不是工作职称。图 8-7 展示了三种类别实践域之间的关系。

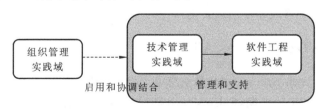

图 8-7　三类实践域之间的关系

8.5　软件产品线案例分析

软件产品线已被证明是一种可以较低的成本在较短时间内高质量地开发多样性软件产品和软件密集型系统的有效方法。本节综述一些知名公司或者组织中应用的典型软件产品线工程案例。

8.5.1　ABB

公司背景：Asea Brown Boveri（ABB）是一个全球领先的科技公司，业务领域包括为公共事业和工业客户提供电力和自动化技术。

产品：ABB 的电力技术包括高电压和低电压产品、变压器和公共事业自动化产品，自动化技术部门包含控制系统和机器人学等产品。

平台：ABB 通过软件产品线获得大量的经验。例如，ABB 燃气涡轮产品族，该产品族包括 5 个不同尺寸、燃烧技术和设备的涡轮机型号，功率范围为 35～270 MW。又如，语义图形框架支持图形应用程序开发，可以在不同工程领域实现特殊需求。再如，ABB 列车控制系统产品线，这是一个控制列车运动的嵌入式实时软件控制系统。

经验：ABB 应用软件产品线方法后的效果是非常可观的。语义图形框架在不同业务单元应用了很多年，超过十个工业应用来源于它。ABB 燃气涡轮产品族引用涡轮控制系统的体系结构，缩短了开发周期，提高了代码质量，降低了模块之间的耦合程度。对于列车生产线的控制，ABB 希望在开发其他的产品线时，有更显著的质量提升和成本节约。

8.5.2　波音公司

公司背景：波音公司是商业客机、军用飞机、卫星、导弹防御、人类太空飞行和启动系统的世界领先制造商。

产品：操作飞行程序（OFP）软件是关键任务、分布式的和实时嵌入式应用程序，支持航空电子设备。

平台：引入产品线的第一步是定义参考体系结构和概念验证，包括软件、硬件、标准和实践。最大的挑战是定义参考体系结构时，协调不同航空电子设备的子系统、任务计算硬件和系统需求。可重用的组件构成软件体系结构，通过分层和中粒度的抽象层来实现硬件独立。

经验：波音公司软件产品线的成功是基于组件之间和对特定平台依赖的减少，软件设计使组件在不同 OFP 中，易于修改和复用最大化。

8.5.3　CelsiusTech Systems AB

公司背景：CelsiusTech Systems AB 是航空电子设备和电子作战系统的主要供应商。

产品：在 20 世纪 80 年代中期，CelsiusTech 同时获得两个构建海军控制系统的合约。该系统必须具有实时性、容错性和高度分布性，必须能与雷达、导弹和鱼雷发射器及其他传感器通信。

平台：由于之前的经历，CelsiusTech 评估其复杂度之后意识到不能完成合约。即使在不同海军和不同级别舰船上服务,CelsiusTech 认识到这两个系统有大量的共性。CelsiusTech 具有广泛的领域背景,马上开始了第一个软件产品线。

经验:在激烈的市场中,面对强劲的竞争对手和少量的客户,对客户需求的快速反应能力是一个强大的竞争优势。CelsiusTech 可以快速地进入航空系统的新市场,是由于软件产品线 80%的复用率。CelsiusTech 使软/硬件的成本比率 65∶35 反转到 20∶80。

8.5.4　Cummins Inc.

公司背景:Cummins(康明斯)是全球最大的独立发动机制造商,在产品设计、研发以及服务引擎和相关技术方面是全球领先者,这些核心技术包括燃油系统、控制、空气处理、过滤、排放的解决方案和电力生产系统。

产品:软件在控制操作引擎方面变得空前重要,如电子控制点火和燃料供应方面,软件必须具有健壮性和高度可靠性。1993 年关键引擎软件项目正在进行中,另外 12 个也在计划当中。

平台:每一个开发团队工作独立且有不同的标准,如编程语言的选择、参考体系结构的定义等。项目负责人担心开发的应用程序质量,于是停止所有项目,建立一个开发核心资产的小组,另外,定义常见的软件开发过程。因此 Cummins 出现了第一个软件产品线。

经验:Cummins 经验是一贯积极的使用软件产品线方法。基于软件产品线构建了超过 100 个不同的产品。多种多样的、不同的功能集成到软件产品线:9 个基本引擎类型包括 4～18 个气缸和 4～164 升的排水量,12 种电子控制模块,5 种处理器和 10 种燃料系统。Cummins 估计生产这些软件系统需要超过 360 个软件工程师,事实上由于使用了软件产品线仅需 100 个软件工程师。生产力大约提高了 3.6 倍,投资回报率为 10∶1,另外,Cummins 很快进入了新的市场。

8.5.5　Hewlett-Packard

公司背景:HP 是全球领先的 IT 公司,涵盖了从手持设备到超级计算机等不同的业务领域。

产品:一个重要的业务领域是制造印刷技术,HP 必须维护许多不同的打印、复制、扫描和传真产品的固件。

平台:HP 发起"欧文固件合作",建立了一个软件产品线方法。几个产品团队构建一个社区,以合作的方式提供产品线。每个产品团队可以拥有新开发的或者有显著变化的核心资产的所有权,所以每个人都负责平台的质量。一个小的平台团队确保核心资产的健壮性并引导产品团队使用核心资产。

经验:软件产品线方法生产的新产品具有 70%的复用率,20%的应用资产是基于对核心资产的修改,只有 10%需要编写新的代码,核心资产的复用导致显著的业务优势。相比早期产品的开发,新固件的开发只需要 25%的人力资源,尽管减少了员工,开发时间只需要原来的 33%。生产力和质量同时都得到了提高,相比早期产品,软件产品线方法可以避免 96%的缺陷。

8.5.6　LG Industrial Systems Co. ,Ltd.

公司背景:LG Industrial Systems(LGIS)是韩国一个工业电气设备、自动化和控制系统的电力设备制造商。

产品:业务领域 LGIS 是开发电梯控制系统(ECS)。由于嵌入式控制软件有多种多样的客户需求,因此需要适应快速变化的市场需求。在激烈竞争的 ECS 市场,产品需要有高度的灵活性,才能保留一个较大的市场份额。

平台:按照以前的方式,LGIS 单独开发所有的 ECS,因此不得不频繁地修改软件。但是由于变更经常是不可管理的,软件也容易出错,为了改善目前的状况,LGIS 决定开始一个 ECS 的软件产品线。产品线工程过程被分为领域工程和应用工程两部分。领域工程要经历几个阶段,如上下文分析设置领域模型的范围,检测领域的共性和差异,配置应用工程处理软件产品线的过程。

经验:软件产品线可以降低核心资产的复杂度。在旧版本中,系统由 51 个模块和 603 个功能组成。利用产品线重构之后的核心资产由 48 个模块和 295 个功能组成。

8.5.7　Lucent Technologies

公司背景:Lucent Technologies 主要是设计并开发能够驱动下一代通信网络(如电话或数据通信)的系统、服务和软件。

产品:美国的大部分电话通过 Lucent 的 5ESS 交换机来建立连接。5ESS 交换机从 1982 年开始使用,但是它必须发展来适应新兴的需求,如互联网。

平台:1994 年 Lucent 为了标准化配置控制软件和建立一个软件产品线,启动了领域工程配置控制项目。配置控制软件监控硬件组件的运行时配置和维护它们的状态,例如,移除一个硬件组件之前,配置控制软件必须检查是否有一个备份组件。此外,DECC 基于核心资产,为生成新的软件开发一个配置过程项和工具。

经验:1996 年 DECC 团队开始试用了一个不同于传统项目的软件产品线。仅仅几个月之后 DECC 团队投资了一个重构工程和开始了第一个成功的实际项目。由于引入产品线工程,在交换机的维护领域生产力水平得到了提高。

8.5.8　MARKET MAKER Software AG

公司背景:MARKET MAKER Software AG 开发和提供欧洲最流行的股票市场软件,帮助私人和专业用户跟踪股票市场。

产品:1999 年 MARKET MAKER 决定进入互联网服务市场。小型开发团队面对不同顾客的需求,不同操作平台,致使其不得不集成不同的数据库和不同生产内容的软件。产品必须能够提供不同的需求,如根据不同客户的需求用不同的表示方式显示不同信息。

平台:多样化的在线版本促使其作出了试用软件产品线的决定。通过复用股票信息系统的桌面版本,6 个开发人员的小型团队花费 36 个人月可以完成额外的软件产品线的在线市场需求。其中的一个额外需求是软件产品线的产品通过分离数据和应用层,集成到不同客户环境。

经验:产品线的每个实例必须按照客户需求构建,在客户的平台上安装和测试。20 世纪

90 年代末,在新经济繁荣的时代,MARKET MAKER 意识到在市场中快速反应是一个竞争优势,在繁荣时代后期,由于维护系统运行需要小型的、高效的团队,所以 MARKET MAKER 能够幸存下来,是因为其构造一个新产品所需开发时间减少了 50％,费用减少了 70％。

8.5.9 Philips Medical Systems

公司背景:Philips 医疗系统公司包括 X 射线、超声波或者计算机断层扫描等产品,还包括培训、业务咨询或者金融等服务。

产品:由于医学影像系统领域的日益复杂和多样性,Philips 医疗系统公司提供了软件产品线。由于产品有可能对患者产生至关重要的影响,例如,产生的辐射可能是危险的,所以客户要求产品有很高的安全性和可靠性。

平台:Philips 医疗系统公司决定使用一个精细的软件产品线方法。一个医学中间件平台作为其他软件产品线的基础,因此平台本身即软件产品线,平台引出额外的可变性需求。基于构件的参考体系结构复用已有的软件构件,逐步转换为领域构件。

经验:自从 2001 年,使用该平台的产品逐步增加,到目前为止,基于这个平台已经构建了 10 个产品组。产品组负责构造产品和维护产品线,按照原有方式,需要 1.6 倍的人数构造平台组件,现如今大部分组件不需要重新开发,小组使用该平台的产品可以节省大量时间。

8.5.10 Robert Bosch GmbH

公司背景:Robert Bosch GmbH 是一个汽车工业供应商的领先者,生产大量不同的系统,如微电子传感器和控制设备。

产品:这个研究案例涵盖了驾驶员辅助系统的例子,驾驶员辅助系统协助驾驶员监控汽车的外围。该案例研究涵盖了一个能够帮助司机监测自身车子外围的驾驶辅助系统的例子。

平台:只有少量汽车制造商刻画汽车领域的特性,其市场力量迫使供应商提供物美价廉,而且能够适应个性化需求的系统。软件产品线的概念有助于达到这些需求。Robert Bosch GmbH 的主要目标是建立一个有关驾驶员辅助系统的可配置、可集成和高性能的参考体系结构。

经验:Robert Bosch GmbH 已经达到它的体系结构目标。减少不同组件之间的依赖性,使得体系结构可以配置。系统接口通过使用 CAN 汽车标准来达到可集成性。数据并行处理来实现高性能。因此,对于不同的汽车制造商,驾驶员辅助系统的软件产品线可以用于不同的情形。

8.6　思考与练习题

1. 简述软件产品线与软件复用的关系?
2. 简述软件架构在软件产品线中所起的作用?
3. 采用软件产品线分别有哪些好处和代价?
4. 实施软件产品线过程中,哪些活动必不可少?
5. 简述软件产品线的两个生命周期模型?
6. 选择你熟悉的一个领域,分析该领域软件的共性和可变性,设想构建一个面向该领域的软件产品线,试着描述产品线的组织结构,各主要部分的职责以及产品线体系结构、产品线范围等。

参 考 文 献

布施曼,(英)亨尼等.2010.面向模式的软件架构-分布式计算的模式语言.第4卷.北京:人民邮电出版社.

布希曼等.2003.面向模式的软件体系结构卷1:模式系统.贾可荣,郭福亮,赵皑,译.北京:机械工业出版社.

陈樟洪等.2008.IBM中国开发中心系列:IBM Rational Software Architect建模.北京:电子工业出版社.

张莉,高晖,王守信.2008.软件体系结构评估技术.软件学报,19(6):1328-1339.

张友生.2014.软件体系结构原理、方法与实践(软件工程专业核心课程系列教材).第2版.北京:科学出版社.

Clements P,Shaw M. 2009. The Golden Age of Software Architecture Revisited. IEEE Software,26(4):70-72.

Clements P,Bachmann F,Bass L,et al. 2011. Documenting Software Architectures:Views and Beyond. Second Edition. Boston:Addison-Wesley Professional.

Taylor R N,Medvidovic N,Dashofy E M. 2009. Software Architecture:Foundations,Theory,and Practice. Hoboken,New Jersey:John Wiley & Sons.

Bass L,Clements P,Kazman R. 2012. Software Architecture in Practice:SEI Series in Software Engineering. 3rd Edition. Boston:Addison-Wesley.

DSCI. 42010 Systems and software engineering—Architecture Description (AD) Template. http://www. iso-architecture. org/ieee-1471/[2014-06-07].

Hanmer R. 2013. Pattern-oriented Software Architecture for Dummies. Hoboken,New Jersey:John Wiley & Sons.

Ian Gorton. 2006. Essential Software Architecture. German:Springer Berlin Heidelberg.

Kruchten P,Obbink H,Stafford J. 2006. The Past,Present,and Future for Software Architecture. IEEE Software,23(2):22-30.

Merson P,Saini D. 2009. Adventure Builder-Software Architecture Document(SAD). https://wiki. sei. cmu. edu/sad/index. php/The_Adventure_Builder_SAD[2014-06. 17].

Pohl K,Böckle G,Linden G F V D. 2005. Software product line engineering. German:Springer Berlin Heidelberg.

SEI. Software Architecture. http://www. sei. cmu. edu/architecture/[2014-06-7].

Silva L D,Balasubramaniam D. 2012. Controlling software architecture erosion:A survey. Journal of Systems and Software,85(1):132-151.

Software Engineering Institute. A Framework for Software Product Line Practice,Version 5. 0. http://www. sei. cmu. edu/productlines/frame_report/coreADA. htm[2014-06-22].

Zhu H. 2005. Software design methodology:From Principles to Architectural Styles. Oxford(UK):Butterworth-Heinemann Elsevier.